U0260130

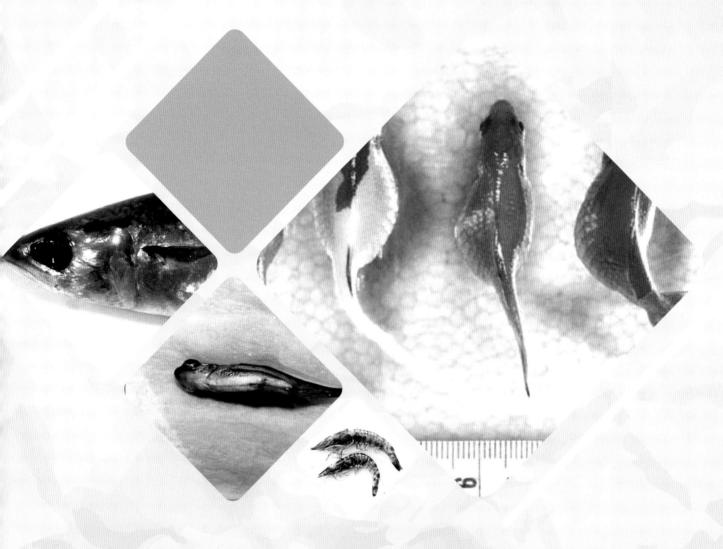

新 鱼 病 图 鉴
第 2 版
New Atlas of Fish Diseases
Second Edition

[日] 畑井喜司雄（日本兽医生命科技大学　名誉教授）
[日] 小川和夫（目黑寄生虫馆　馆长）　编著

陈昌福（日本爱媛大学　理学博士　华中农业大学　教授）译

中国农业出版社
北京

图书在版编目（CIP）数据

新鱼病图鉴：第2版／（日）畑井喜司雄，（日）小
川和夫编著；陈昌福译．—北京：中国农业出版社，
2022.11
ISBN 978-7-109-25278-3

Ⅰ．①新… Ⅱ．①畑… ②小… ③陈… Ⅲ．①鱼病－
防治－图集 Ⅳ．①S943-64

中国版本图书馆CIP数据核字(2019)第037807号

SHIN GYOBYO ZUKAN DAI 2 HAN
©Kishio Hatai,Kazuo Ogawa 2011
Originally published in Japan in 2011 by Midori Shobo Co.,Ltd.
Chinese (in simplified character only) translation rights arranged through TOHAN CORPORATION, TOKYO.

本书简体中文版由株式会社绿书房授权中国农业出版社独家出版发行。本书内容的任何部分，事先
未经出版者书面许可，不得以任何方式或手段复制或刊载。

合同登记号：图字01-2016-5362号

新鱼病图鉴（第2版）
XIN YUBING TUJIAN (DI-ER BAN)

中国农业出版社出版
地址：北京市朝阳区麦子店街18号楼
邮编：100125
责任编辑：王金环
版式设计：艺天传媒　　责任校对：吴丽婷　　责任印制：王宏
印刷：北京中科印刷有限公司
版次：2022年11月第1版
印次：2022年11月北京第1次印刷
发行：新华书店北京发行所
开本：880mm×1230mm　1/16
印张：17.75
字数：350千字
定价：198.00元

译者的话 ▶

日本是发展水产养殖业历史较久的国家，有不少水产养殖技术与经验值得我国从事水产养殖的相关人员借鉴。

受中国农业出版社委托，现将畑井喜司雄和小川和夫先生编撰的《新鱼病图鉴（第2版）》一书译成汉语出版，目的是帮助我国读者了解日本水产养殖动物疾病的流行状况、诊断方法与防控技术。

承蒙好友江育林研究员、王桂堂研究员、汪建国研究员、钱冬研究员和李安兴教授的不吝赐教，帮助我避免了译文中不少错误，在此谨对诸位先生深致谢意！

因本人才疏学浅，译文中错漏之处在所难免，祈望读者诸君教正！

陈昌福
2022年8月于江西庐山

编著者序言 ▶

　　日本的鱼、贝类养殖具有悠久的历史，养殖技术与方法居世界领先水平，以养殖鱼、贝类种类众多而著称。然而，由于日本的国土面积狭小，这种现实状况迫使养殖业者采取高密度、集约化的养殖方式，同时他们也被迫采取一些非理性的养殖方法追求高效益。因此，鱼、贝类各种疾病的发生也就成了水产养殖业者面临的最大问题。毫不夸张地说，养殖业的历史就是一部与疾病作斗争的历史。发生疾病后，即使没有造成大量鱼、贝类死亡，也常常为强传染性、高致死性疾病的暴发埋下可怕的隐患。掌握有关疾病的相关知识，以便对鱼、贝类的各种疾病能采取正确而切实可行的防控对策，是发展安全、高效水产养殖业面临的大课题。

　　《鱼病图鉴》作为一本通俗易懂的水产养殖动物疾病类图书，在1989年5月出版发行。斗转星移，在不知不觉中，该书自发行以来已经度过了17年的岁月。虽然这本书在很多人进行鱼病诊断和学习鱼病知识方面发挥了重要作用，然而毕竟经过了近20个春秋，在今天看来，书中内容已经显得比较陈旧，有很多地方应该加以补充和修正了。尤其是随着一些物种学名的变更以及病原体种类和水产养殖种类的增多，还出现了许多在当时尚不知晓的新疾病。由于养殖模式的变更，在过去曾经造成很大危害的一些疾病，现在也已经不再发生和流行了。此外，由于从国外进口水产品，一些水产养殖动物已经不在日本养殖了。因此，这部分鱼、贝类的疾病在日本也已经显得不重要了。

　　这本图鉴囊括了迄今为止所知的38种鱼、贝类的疾病。其中不仅包括了诸如鰤、鲷、牙鲆、红鳍东方鲀，鳗鲡、鲑科鱼类、香鱼、鲤等主要养殖对象的疾病，同时也包括了如黑鲷、石鲷、竹筴鱼、真鲈、金鱼、对虾等鱼、贝类疾病。所罗列的疾病虽然种类繁多，但是关于这些疾病的介绍，已经大多在《水产养殖》杂志上进行了连载，本图鉴是以连载的内容为基础进行的再编辑。这个连载栏目几经名称和刊载体例的变更，越来越受到人们的青睐，迄今为止已经连续刊登了26年。这本新图鉴在收录这些连载疾病资料时，发现了一些在病名、内容等方面不太确切的地方，以及同一作者的写作内容出现了大幅变动、同一疾病内容但作者发生了变更等情况，还有一些疾病已经不太重要了等。对于这些问题，在新图鉴的编辑过程中都进行了相应调整。同时，也发现了已连载的鱼病资料中遗漏的一些重要疾病，对于这些内容，在新图鉴编辑过程中也都进行了补充。本图鉴最终收录了235种疾病的资料。

　　另外，虽然以前的《鱼病图鉴》包括了水产用医药品的内容，可是每当再版发行时，这方面内容都有可能发生混乱，且每年如此。也就是说，现在能够在水产养殖中使用的水产用医药品，只限于在特定的鱼种和疾病中使用。考虑到这种情况，决定在《新鱼病图鉴》中不再收录水产用医药品方面的内容。在本书"对策"栏目中删除了关于医药品方面的含糊记述，只收录了能合法使用的水产用医药品。

　　在这本《新鱼病图鉴》中，将每种疾病按照症状、病因以及对策进行分别介绍，力求通俗易懂、简明扼要。因此，本书不但适合从事鱼病研究的人员，同时也能够作为水产养殖业者及有关企业单位人员和相关院校学生的案头参考书加以利用。

　　最后，向本书编辑过程中在百忙中赐稿的诸位作者致以诚挚的谢意！同时，对从策划到出版发行付出辛劳的绿书房的植田直厚、岛越美纪、井上佐保子等各位深表谢意！

2005年11月

畑井喜司雄　小川和夫

　　本书发行以来已经6年过去了。借本书第2版修订的机会，在征得原作者允许后，对原书中记载的需要修正的疾病进行了修正。在此，谨对在本书修正工作中给予了极大帮助的绿书房的川音泉女士表示衷心感谢！

2011年12月

畑井喜司雄　小川和夫

目录 ▶

鲑科鱼类
Salmonids

收载鱼病

病毒病

病毒性出血性败血症（VHS）/传染性造血器官坏死病（IHN）/传染性造血器官坏死病（IHN）（大型鱼）/疱疹病毒病/病毒性吻部基底细胞上皮瘤/传染性胰坏死（IPN）/病毒性旋转病/红细胞包涵体综合征（EIBS）

细菌病·真菌病

【细菌病】 弧菌病/疖疮病/细菌性鳃病（BGD）/柱形病/细菌性冷水病（BCWD）/链球菌病（海豚链球菌感染症）/细菌性肾病（BKD）

【真菌病】 水霉病/水霉病（卵）/内脏真菌病（稚鱼）/鱼醉菌病/胃膨胀症/赭霉菌病

寄生虫病

鱼波豆虫病/肠道鞭毛虫病/斜管虫病/车轮虫病/武田微孢子虫病/黏孢子虫性昏睡病/三代虫病/四钩虫病/棘头虫病/鱼虱病/鲑鱼虱病/鲑颚虱病/鲴病/鳕鱼虱病/钩介幼虫病

其他疾病

肾上皮细胞瘤/疹病

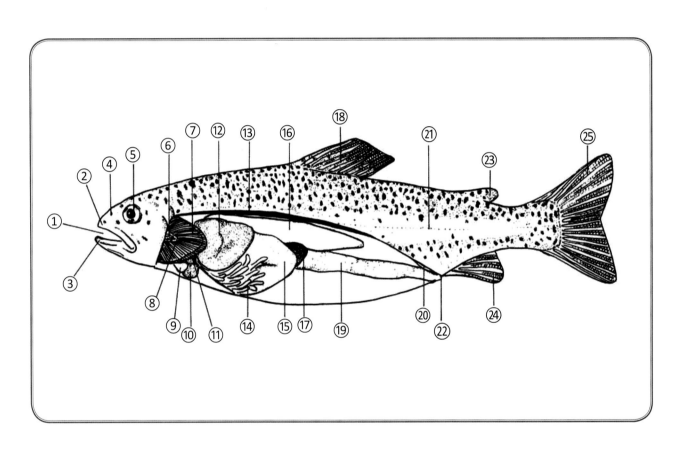

①口 ②上颌 ③下颌 ④鼻孔 ⑤眼睛 ⑥鳃耙 ⑦鳃丝 ⑧鳃弓 ⑨动脉球 ⑩心室 ⑪心房 ⑫肝脏
⑬肾脏 ⑭幽门垂 ⑮胃 ⑯鳔 ⑰脾脏 ⑱背鳍 ⑲肠道 ⑳膀胱 ㉑侧线 ㉒肛门 ㉓脂鳍 ㉔臀鳍 ㉕尾鳍

病毒性出血性败血症（VHS）
Viral hemorrhagic septicemia

图1

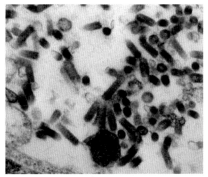

图2

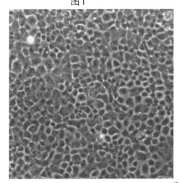

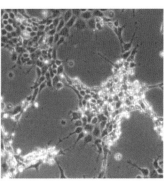

图3

病毒性出血性败血症（Viral hemorrhagic septicemia, VHS），最初发现于丹麦的虹鳟养殖场，是一种很早就被人们熟知的虹鳟疾病。该病是20世纪初至80年代中期以欧洲为中心流行的淡水鱼类传染病。随后，在北海、波罗的海以及白令海产的海水鱼类中也分离到了VHS病毒（VHSV）。到目前为止，VHSV的宿主已经超过了20种鱼类。

另外，由于海水鱼对VHSV多呈隐性感染而不显示出明显症状，因此，有人认为VHSV最初是来源于海水鱼类。虽然有人提出包括日本在内的亚洲各国尚不存在VHSV感染情况。但是，最近在以濑户内海沿岸为中心的牙鲆养殖中，已经发生了这种疾病，而且在日本西部海沿岸的野生海水鱼体内也已经检测到了这种病毒。

【症状】

患VHS的病鱼体色变黑、眼球突出、腹部膨胀、贫血、体侧和鳍条基部出血，肝、肾等脏器出血、肿胀以及褪色，骨骼肌中有点状出血（图1）。进行病理组织学检查时，可见肾脏等泌尿系统和造血组织坏死，部分肝脏、脾脏坏死以及骨骼肌明显出血。从体长5cm的幼鱼到200~300g的成鱼均可感染这种疾病。

【病因】

该病病毒属于弹状病毒科粒外弹状病毒属。为单股负

链RNA病毒，有囊膜，子弹状，大小为（45~100）nm×（100~430）nm（图2）。最适增殖温度为10~20℃。被VHSV感染的细胞，表现为细胞逐渐变圆而出现细胞病变（图3左为未感染的细胞，图3右为病毒感染的细胞），并从细胞培养瓶底部脱落。

VHSV可分为4种基因型，其中3个基因型分布于欧洲，1个基因型分布于美国西海岸和亚洲的最东部。但是，对这些病毒进行血清学分型是很困难的。一般认为，来自野生海水鱼的VHSV株对虹鳟的致病性弱于来自养殖虹鳟的VHSV株。

【对策】

对该病尚无有效的治疗方法，可采用防治水生动物病毒病的基本措施进行预防。譬如，从没有发生该病历史的养殖场引进受精卵、种苗，采用碘制剂消毒受精卵以及发眼卵。将受精卵置于经过消毒的孵化槽，用不含病毒的净水进行孵化和种苗培育。清除水源中的野杂鱼，将幼鱼放置于上游水域中饲养，避免与成鱼和亲鱼混养。另外，世界动物卫生组织（OIE）将VHS列为"需要申报的疫病"，日本已将VHS定为鲑科鱼类的特定疫病和牙鲆的新疫病。

（西泽丰彦）

由同样病因引起的出现类似病状的其他鱼种
河鳟、褐鳟、狗鱼、茴鱼、白鱼、大菱鲆

传染性造血器官坏死病（IHN）
Infectious hematopoietic necrosis

图1

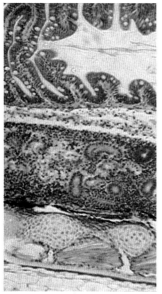

图2

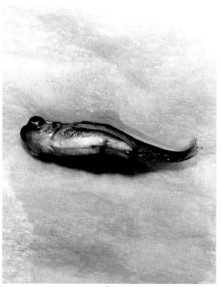

图3

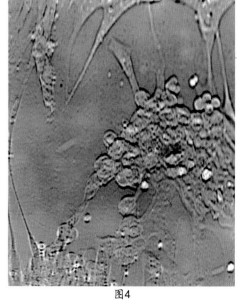

图4

（图片2由山崎隆義提供）

传染性造血器官坏死病（IHN）是一种发生于鲑科鱼类稚鱼、仔鱼，并能导致高死亡率的病毒性疾病。虽然该病最初是于1971年在北海道的养殖虹鳟中发现的，但是，追索其病原的来源，发现是从美国阿拉斯加引进的虹鳟受精卵携带有该病毒所致。随后，该病广泛危害日本本州各地的养殖虹鳟和本地鳟。

【症状】

病鱼的典型症状为鱼体侧呈线状或V字状出血（图1），贫血导致鱼体鳃丝呈白色，也可见线状出血。解剖患病鱼体检查时，可见其肾脏明显贫血。进行病理组织学检查时，可见其肾脏和脾脏造血组织有坏死现象（图2），这也是这种疾病名称的由来。从卵黄囊被吸收后的鱼苗到3g左右的稚鱼死亡率最高。大型稚鱼或这种疾病流行后期的病鱼多见有腹腔积水，大多数患病鱼体呈现腹部膨大、眼球突出的症状（图3）。最近也发现成鱼发生这种疾病的病例，防治该病成为现在养殖业中需要解决的问题。

【病因】

这种疾病病毒属于弹状病毒科粒外弹状病毒属。诊断该病时除使用鲑科鱼类细胞系外，还可使用EPC、FHM等细胞。细胞病变是以培养细胞变圆和形成葡萄串样变化为特征（图4）。快速诊断这种疾病常用单克隆抗体法和RT-PCR法。了解患病史的有效方法是采用ELISA方法检查鱼体中的抗体。

【对策】

将发眼卵用聚乙烯吡咯酮碘（有效碘50mg/L，15min）消毒后，用不含病毒的养殖用水进行饲养，这样会有效地防止这种疾病的发生。因为10g以上的大型稚鱼、成鱼也能发生这种疾病，现在人们正期待着疫苗的开发成功。

（吉水守）

由同样病因引起的出现类似症状的其他鱼种
无

传染性造血器官坏死病（IHN）（大型鱼）
Infectious hematopoietic necrosis virus

图1

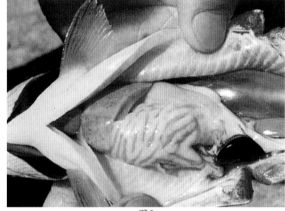

图2

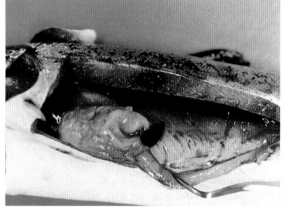

图3

　　传染性造血器官坏死病（IHN）作为鲑科鱼类稚鱼阶段的病毒病已经为人们所熟知。但是，日本自1970年发生这种疾病以来，该病偶尔在大型鱼（10g以上）中也有发生，且发病率且有缓慢增加的趋势。自1980年以来日本全国都发生过这种疾病，人们开始注意到成鱼也能发生这种疾病。

【症状】

　　患病的大型鱼与仔鱼、稚鱼发生传染性造血器官坏死病的症状大致相同。不过，大型鱼患这种疾病时，比较少见在仔鱼、稚鱼患这种疾病时经常呈现的肌肉内出血的病变。病鱼体色变黑（图1：稚大麻哈鱼），游泳缓慢，然后死亡。解剖检查时可见病鱼有贫血症状[鳃、肝脏（图2）、肾脏褪色]，在腹膜、脂肪组织及肝脏等处可见点状出血和肌肉内出血等病变（图3）。体表一般没有出血点，即使有出血点也比较少。不过，这些症状不是在所有患病鱼体上均能见到。除贫血症状外，多数鱼体不显示异常症状。虽然累积死亡率大多在60%以下，但是，有时也能达到90%。有鱼体越大死亡率越低的倾向。死亡时间可持续1~3个月。

【病因】

　　IHN病毒为这种疾病的病原体。该病在日本广泛流行期间（1974~1975年）所分离到的病毒株，虽然对大型鱼不显示致病性，但从大型鱼中分离到的病毒株则显示出了对大型鱼的致病性。而且不同病毒株的致病力不同。

　　检查不同产地的虹鳟时发现，虹鳟对IHN病毒的敏感性依地域不同而有所差异。并且有迹象表明，河鳟、马苏大麻哈鱼的幼鱼比较容易感染该病毒而导致发病。

【对策】

　　与前述对稚鱼、幼鱼的处理方法相同。已经证明在隔离饲养的基础上，对养殖水进行紫外线消毒，对预防该病有效。但是，由于处理的量大、所需费用高，这种措施实施起来还是比较困难。

　　为了防止高致病性的IHN病毒进入养殖区，一定要严格处理从其他地方引进的活鱼。另外，尽量避免在易发病的河鳟、马苏大麻哈鱼的幼鱼期进行鱼种的移动、筛选等作业。

（中居裕）

由同样病因引起的出现类似症状的其他鱼种
无

疱疹病毒病
Herpesviral disease

图1

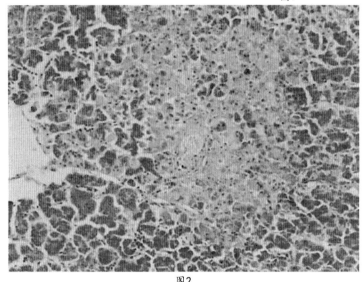

图2

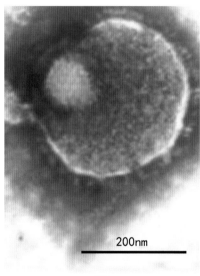

图3

　　1970年，该病毒从十和田湖孵化场大量死亡的淡水饲养的红大麻哈鱼以及北海道的马苏大麻哈鱼稚鱼中分离得到。自1988年起，淡水及海水养殖的银大麻哈鱼也发生了这种疾病。该病成为导致鲑科鱼类幼鱼和成鱼大量死亡的主要疾病。1992年北海道的虹鳟发生了这种疾病，现已蔓延到山梨县、静冈县、长野县等虹鳟的主产县。和银大麻哈鱼同样的大型鱼也因这种疾病造成了死亡。

【症状】

　　水温6~14℃的1~5月，海水养殖的银大麻哈鱼会发生这种疾病，表现为体表糜烂、溃疡和肝脏出现白斑等特征性症状（图1）。进行病理组织学观察时，可见肝脏出现巢状坏死（图2）。在部分患病后痊愈的鱼体中，以口部为中心形成肿瘤，因而降低了商品价值。虹鳟在冬季水温6~10℃时发病，与银大麻哈鱼发病时症状相同，但到目前为止，尚未见到病鱼出现肿瘤形成。

【病因】

　　该病病毒属于疱疹病毒科的鲑疱疹病毒Ⅱ型（Salmo-nid herpesvirus 2, SaHV-2）。病毒直径220~240 nm，在病毒囊膜的内部有20面体的衣壳（直径100~110 nm）（图3）。用CHSE-20等细胞在15℃下可分离出该病毒，用RTG-2细胞培养能形成多核巨细胞（合胞体）。

　　从美国的虹鳟中分离的鲑疱疹病毒（Herpesvirus salmonis）属于SaHV-1型，与SaHV-2型在血清学上有差异。到目前为止，属于SaHV-2型的鲑科鱼类疱疹病毒仅在日本被分离到。

【对策】

　　由于该病病毒不侵入鱼卵内，用聚乙烯吡咯酮碘（50mg/L，15min）消毒鱼卵，然后用无病毒的净化水进行饲养繁殖，可以防治这种疾病。

（熊谷明）

由同样病因引起的出现类似症状的其他鱼种
无

病毒性吻部基底细胞上皮瘤
Viral perioral basal cell epithelioma

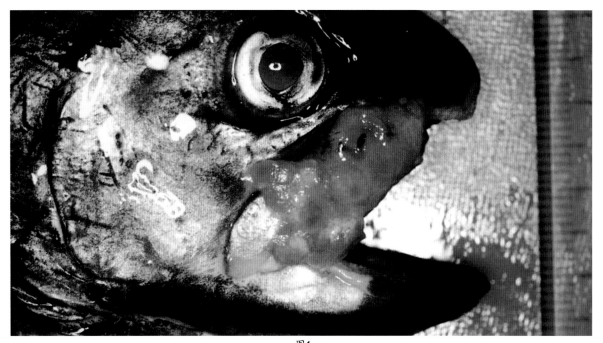

图1

图2

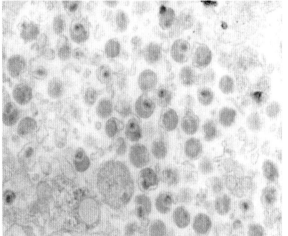

图3

　　该病由鲑科鱼类的疱疹病毒（OMV）引起的，发生于马苏大麻哈鱼以及银大麻哈鱼。虽然不引起死亡，但由于病鱼外观呈现特征性病变而成为水产养殖业中面临的问题。该病目前尚无完善的防治对策。

【症状】

　　这种疾病症状主要是马苏大麻哈鱼和银大麻哈鱼的口腔，特别是在鱼体颊部至颌部多发生肿瘤。养殖的鱼从1龄开始出现肿瘤。包括野生鱼在内，成鱼的发病率一般在10%以下。但是，有时发病率接近100%，即非常大比例地出现肿瘤异常增殖。[图1示养殖的马苏大麻哈鱼口部（腔）发生肿瘤，图2示野生马苏大麻哈鱼的颌部肿瘤]。

【病因】

　　鲑科鱼类的异样疱疹病毒科鲑疱疹病毒属的马苏大麻哈鱼病毒（Oncorhynchas masou virus, OMV）是该病的病原（图3：将野生溯河马苏大麻哈鱼上颌发生肿瘤的组织上清

液接种于RTG-2细胞中进行培养所观察到的该病病毒）。在实验条件下，该病病毒首先引起稚鱼期鱼类肾脏感染，然后引起肝脏坏死，受到感染后痊愈的鱼易发生肿瘤。在实验条件下，以马苏大麻哈鱼最易发生肿瘤，大麻哈鱼、银大麻哈鱼、虹鳟也可发生同样的肿瘤。在日本，养殖以及野生马苏大麻哈鱼、银大麻哈鱼曾经广泛发生这种疾病。但是，现在已经几乎见不到这种疾病了。

【对策】

　　确认发生该肿瘤后，对从同一群亲鱼获得的鱼卵坚持用碘制剂彻底消毒，直到发眼期，同时彻底消毒饲养池以及用具等。停止移动鱼，以防止疾病的扩散。

（吉水守）

同样病因引起的出现类似症状的其他鱼种
无

传染性胰坏死（IPN）
Infectious pancreatic necrosis

图1

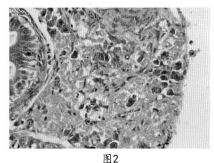

图2

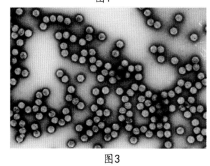

图3

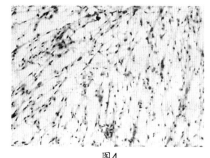

图4

（图由佐野德夫提供）

传染性胰坏死是鲑科鱼类稚鱼期的一种病毒病。日本曾在1960～1970年期间流行该病。不过，20世纪80年代中期以来，该病发病率逐渐降低。近年来，几乎没有因IPN感染引起鱼类大量死亡的问题了。1980年以来，该病在欧洲及南美洲给刚移入海水饲养的大西洋鲑造成很大的危害。

【症状】

患病鱼呈现食欲丧失、体色变黑、眼珠突出、腹部膨胀的症状（图1）。除排泄线状黏液便之外，还可见到原地转圈游泳等异常的活动现象。解剖检查时可见幽门垂附近有点状出血，但是，不是所有病例中均能见到这种症状。对病鱼进行病理组织学检查时，可见病变特征为胰腺的广泛性坏死（图2），在其肾脏也可见坏死现象。发生这种疾病时，依发病时鱼体的大小和饲养水温的不同，发病情况及受害程度会有很大的不同。鱼体规格越大、饲养水温越低，病程越容易转为慢性型，危害程度也有逐渐变小的倾向。

【病因】

这种疾病由属于双RNA病毒科的IPN病毒引起（图3）。IPN病毒能耐受氯仿、乙醚、pH 3及60℃处理30min的条件，在饲养水中也能长时间保持毒力。虽然对这种病毒可以进行血清学分类，存在血清型不同而致病力强弱不同的倾向。但是，也并不存在严格的相关性。分离病毒时，经常采用RGT-2以及CHSE-214等细胞，受病毒感染的细胞呈特征性的丝状细胞萎缩和核浓缩的细胞病变（细胞变性，图4）。

从大约20种鱼、贝类中分离到与IPN病毒类似的病毒。这些病毒多数来源于正常的鱼、贝类，对鲑科鱼类没有致病性的居多。一般将包括IPN病毒在内的这些病毒统称为水生双RNA病毒。

【对策】

IPN病毒对紫外线的感受性很低。虽然用碘制剂对发眼卵消毒被认为是有效的，但也有报道指出这种病毒可通过侵入碘制剂消毒过的受精卵传播。不过，通常还是用紫外线和碘制剂对受精卵进行消毒。在欧洲和南美洲开发的注射用亚单位疫苗已进入实用化阶段。人们已经发现不同品系的虹鳟对这种疾病的敏感性不同，也已经找到与抗病性有关的标记基因，有望据此开展针对这种疾病的抗病育种。

（冈本信明）

由同样病因引起的出现类似症状的其他鱼种
大西洋比目鱼

‖病毒性旋转病
Viral whirling disease

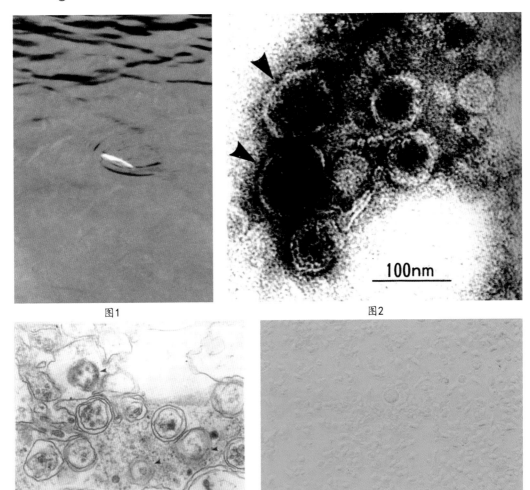

图1　　　　　　　　　　　　　　图2

图3　　　　　　　　　　　　　　图4

虹鳟及银大麻哈鱼的稚鱼有旋转游泳的现象很早就已知。在养殖场经常可以见到这样的情况：养鱼池水面上有一尾到数尾转圈游动的鱼。在秋天至冬天，可见到成鱼（鱼体重为30~700g）或是横卧于池壁、池底，或是像树叶一样上下漂游。这些现象除了鱼可能有寄生虫感染之外，也有部分鱼是由畸形所致。但是，出现旋转运动主要还是病毒病的特征。

【症状】

患病稚鱼无外观症状，解剖检查时也见不到异常变化，在成鱼常见有脊椎骨异常状态（骨扭曲）。脑部出现病变的鱼会出现如图1所示的旋转游泳。

【病因】

从游泳异常的病鱼脑中分离到了该病病毒（图2、图3）。在病鱼的神经轴索发现有异常变化。分离到的病毒在增殖温度、敏感细胞等方面除具有鱼类病毒特有的性状之外，还与鸡白血病病毒（反转录病毒）相似。但是，到目前为止尚未确定该病毒的种属。用细胞培养该病毒时能形成与IHN病毒极为相似的细胞病变（CPE）（图4）。由于在感染的CHSE-214等许多细胞上形成CPE后细胞发生再修复，故在含有病毒状态下的细胞可繁殖，形成持续感染状

态。受到病毒感染的鱼体也多为带毒状态，不显示无任何异常症状而继续生存。

这种疾病在日本北部地区广泛分布。在感染鱼类的种类上，以银大麻哈鱼为多见，其次为虹鳟和马苏大麻哈鱼。此外，红点鲑、大麻哈鱼、红大麻哈鱼等也出现感染情况。除上述鲑科鱼类以外，香鱼也有感染。在实验条件下，硬头鳟也能感染，远东哲罗鱼呈持续感染状态。在出现病鱼的鱼池中，有20%~40%正常鱼被该病毒感染。发病时多见IHN病毒、EIBS病毒混合感染情况，出现混合感染时对鱼类的危害会增大。

【对策】

由于从采卵亲鱼的卵巢液中能分离到病毒，因此有必要彻底消毒鱼卵。对各种消毒药、紫外线以及臭氧的敏感性方面，这种病毒与IHN相似，甚至比IHN稍敏感。因此，前面对IHN的防治对策对这种疾病也是有效的。

（吉水守）

由同样病因引起的出现类似症状的其他鱼种
虹鳟、马苏大麻哈鱼、红点鲑、大麻哈鱼、红大麻哈鱼、香鱼、硬头鳟、远东哲罗鱼

红细胞包涵体综合征（EIBS）
Erythrocytic inclusion body syndrome

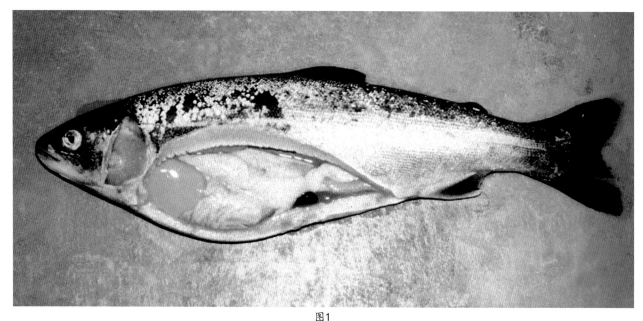

图1

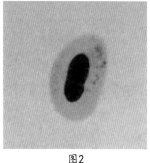

图2

图3

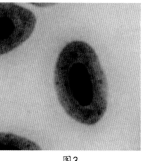

图4

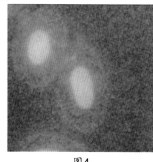

图5

自1986年开始，在银大麻哈鱼的海水养殖场开始发生这种疾病。水温8~10℃的2～5月，死亡率可达养殖鱼数量的10%~30%。内陆水产养殖的情况是在水温15℃以下的5～7月，5g以上的稚鱼发生这种疾病，而且在多数情况下与冷水性疾病并发。美国的大麻哈鱼、挪威及爱尔兰的大西洋鲑亦有发病的报道。

【症状】

死亡鱼和重症鱼均出现极度贫血和肝脏变黄、胃内积水（图1），这些症状是该病的特征性病变。感染初期，在红细胞胞浆内见有直径1μm左右的包涵体，该包涵体用姬姆萨染色时为淡青色（图2），用PAS染色时为紫红色（图3），用吖啶橙染色时为橙红色（图4）。另外，包涵体消失后继续贫血，红细胞压积变为10%以下，并出现部分鱼死亡现象。鱼体在恢复期体内会出现大量的幼稚红细胞，并且也能观察到红细胞核的分节等现象（图5）。在感染实验中已经证实，虹鳟、白鲑以及马苏大麻哈鱼对这种病毒具有易感性。但是，到目前为止尚未见到银大麻哈鱼以外的自然病例。

【病因】

这种疾病的致病性病毒是属于RNA病毒中的EIBSV，平均直径为75nm，有囊膜。通过电子显微镜能观察到红细胞胞浆内的大量包涵体。用鱼类细胞系分离病毒尚未取得成功。该病毒可能是有囊膜病毒，然而目前尚未确定其分类学地位。

通过感染实验已经证实，这种疾病的病原在淡水或海水中能水平传播。鱼的所有发育阶段均可感染，在水温16℃以上时可迅速康复。病愈个体能获得极强的免疫力，即使进行再次人工感染也不会发病。由于EIBSV在幼稚红细胞内增殖，因此，生长越快的鱼症状越严重。

【对策】

在内陆水产养殖场，应彻底消毒鱼卵和饲养池，避免和易成为病毒携带者的虹鳟混合饲养，此举十分重要。水温上升对这种疾病有治疗作用，轻度患病鱼在16℃以上的水温条件下约2周，即可痊愈。对于海水养殖场，应避免高密度饲养，要经常进行潮汐换水，降低水中病毒的浓度。避免投喂饵料过剩，调节生长速度等措施对防治这种疾病有效。

（熊谷明）

由同样病因引起的出现类似症状的其他鱼种
大麻哈鱼、大西洋鲑

弧菌病
Vibriosis

图1

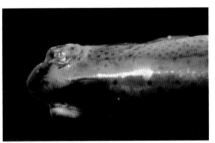

图2

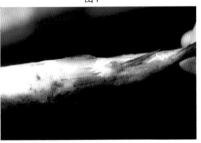

图3

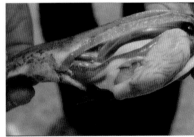

图4

　　除虹鳟外，银大麻哈鱼、马苏大麻哈鱼、大麻哈鱼、红点鲑等鱼类也发生弧菌病。从幼鱼到亲鱼均可发生这种疾病，但以100g左右的虹鳟更易发生（图1）。这种疾病可全年发生，而在水温15℃以上的初夏至秋天具有更易发病的倾向。

【症状】

　　多数患病鱼游泳不活泼，在排水口周边浮游；外观上体色变黑，眼球突出、发红（图2）；具有鳍条基部、体侧部发红，肛门发红、扩张等（图3）症状。解剖检查时可见如下特征性病变：肠管卡他性炎症（图4）、肝脏有出血斑、脾脏肿大等。

【病因】

　　该病是由革兰氏阴性、具有运动性的短杆菌，血清型为J-O-1（A）、J-O-3（C）的鳗弧菌（*Vibrio anguillarum*）以及J-O-1（A）的病海鱼弧菌（*Vibrio ordalii*）感染所致。

【对策】

　　通常认为这种病原菌是养鱼池的常在菌，如果条件改变随时都可能致病。因此，应避免由于过高密度饲养等病因造成对养殖鱼类的应激性刺激，这是非常重要的事情。一旦发生这种疾病，可进行投药治疗。现在，预防这种疾病已有市售的疫苗，如果正确接种，就可以在鱼体达到上市规格之前避免发生弧菌病。

（畑井喜司雄）

由同样病因引起的出现类似症状的其他鱼种
马苏大麻哈鱼、山女鳟、大麻哈鱼、银大麻哈鱼、香鱼、红点鲑

疖疮病
Furunculosis

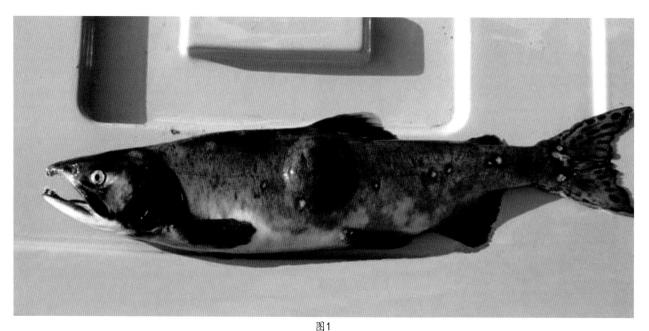
图1

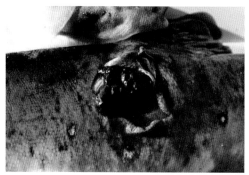
图2

图3

图4

　　自1890年开始，疖疮病作为鲑科鱼类的传染病已被人们所认识，并被进行了深入研究，已经有很多研究论文。虽然对该病的研究已经有一个多世纪的历史，然而，还不能说对这种疾病已经确立了防治对策，这种疾病仍然是鲑科鱼类养殖业的极大危害。

【症状】

　　由于这种疾病形成典型的局部脓肿（图1），故将这种疾病称为"疖疮病"。该病在鱼体侧或尾部形成特征性的脓肿患部。也有脓肿破溃后形成溃疡的情况（图2）。不过，在红大麻哈鱼等易感鱼类中不形成这样典型的症状，多数情况下只在肝脏、脂肪组织出现点状出血而死亡（图3）。故在很多情况下，单凭症状不容易与传染性造血器官坏死病相区别。

【病因】

　　这种疾病由革兰氏阴性的属于气单胞菌属的杀鲑气单胞菌（*Aeromonas salmonicida*）及其亚种引起。该病病原无运动性，除产生的褐色色素是其特征之外，其他方面均与气单胞菌属的特性不同。

　　培养这种致病菌48~72 h后产生特征性的水溶性褐色色素（图4），培养基被染成褐色。从病鱼中分离到的菌株也有这种特征。因此，比较容易对这种致病菌进行种类鉴定。

　　在诊断上，除了进行病原菌的分离培养外，已经建立荧光抗体法、PCR等方法，但会出现非典型菌株的假阳性反应，故确诊时仍有必要进行病原菌的分离培养。

【对策】

　　关于治疗这种疾病的方法，现在已经确认口服磺胺类等抗菌药是有效的。近年来，由于耐药菌株的出现，有效治疗变得更为困难。国外已经开发了这种疾病的疫苗，并以实验预防为目的正在应用。由于以前实验规模等原因，尚未确认疫苗的有效性，该病疫苗尚未上市出售，也就是还没有进入实际应用阶段。

　　在普通琼脂培养基中加入考马斯亮蓝（CBB）后制成CBB琼脂培养基，用于培养该致病菌时，能从外表正常的个体体表和鳃以及成熟亲鱼的肾脏、体腔液中检出这种致病菌。日本的养鱼业在防治这种疾病方面也和其他国家一样，通过明确致病菌的存在部位，切断其感染路径是防治的关键举措。

（野村哲一）

由同样病因引起的出现类似症状的其他鱼种
无

细菌性鳃病（BGD）
Bacterial gill disease

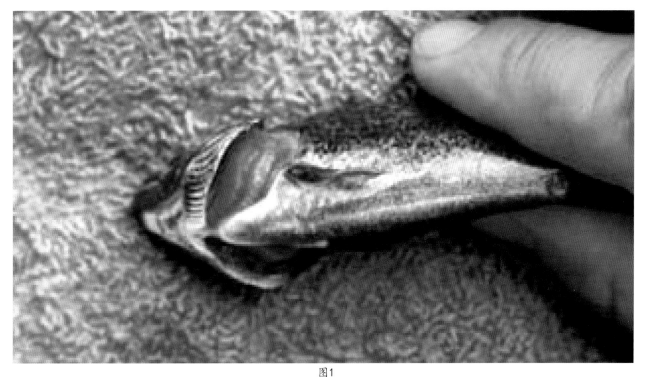

图1

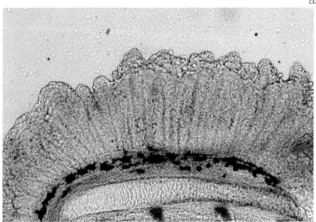

图2

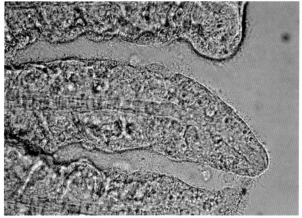

图3

　　这种疾病主要发生于虹鳟、红点鲑、山女鳟、大麻哈鱼、马苏大麻哈鱼、银大麻哈鱼、红大麻哈鱼、白鲑等鲑科鱼类的稚鱼。在一定的饲养环境下，成鱼也能发生这种疾病。当稚鱼发生这种疾病时，病程发展很快，一旦发生这种疾病，不迅速采取切实措施将造成严重损害。

【症状】

　　患病鱼不活泼，离群，聚集于水流平缓的鱼池壁边以及鱼池角，摄食停止或摄食量大幅度降低。外观上出现体色变黑等异常现象。由于鳃部分泌大量黏液，鳃盖呈现开启的状态（图1）。随着病情的发展，病鱼死亡数量急增，并出现鳃小片融合、鳃丝棍棒化的现象（图2）。由于这些病变使鳃功能发生障碍，妨碍呼吸，导致重症鱼因窒息而死亡。

【病因】

　　这种疾病的病原是嗜鳃黄杆菌（*Flavobacterium bran-*

chiophilum）。在重症病鱼中不易观察到这种致病菌，故在进行细菌检查时应选择症状轻微的病鱼。将一部分鳃丝放在载玻片上，400倍左右的显微镜下观察鳃组织表面，确认是否有长杆状菌体（图3）。菌体无滑行或伸曲运动性。用胰蛋白胨琼脂培养基进行分离培养时（15~20℃，5d）形成圆形、淡黄色、半透明的微小菌落。

【对策】

　　早发现、早治疗是极其重要的。将发病鱼群在3%~5%的食盐水中浸泡1min，或者在1%的食盐水中浸泡1h能够有效治疗该病。用后一种方法反复处理发病鱼群效果更佳。发生该病与高密度养鱼、饲养水含氧量过低、氨浓度过高以及过量投放饵料有关。保持良好的饲养环境能预防该病。

（降幅充）

由同样病因引起的出现类似症状的其他鱼种
香鱼

柱形病
Columnaris disease

图1

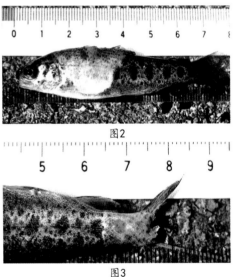

图2

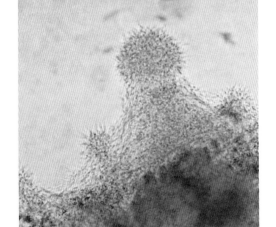

图3

图4

（图由森川进提供）

这种疾病通常发生于鳗鲡、鲤等温水性鱼类。在高水温时，虹鳟、香鱼等也能发生这种疾病，夏季使用水温18℃以上的河水养殖虹鳟也能发生这种疾病。

【症状】

病原菌在有氧环境下繁殖，所以患这种疾病时在鱼鳃（图1）、体表（图2）、吻、尾柄（图3）、鳍条（图2、图3）等部位形成病灶。由于病原菌能产生强力分解蛋白质的蛋白酶，故患部的组织发生糜烂、崩解、坏死以及缺损等病变。因此，特征性症状表现为鳃腐烂、鳍条腐烂、尾腐烂以及吻腐烂等。

【病因】

这种疾病由革兰氏阴性运动性柱状黄杆菌（*Flavobac-terium columnare*）引起。这种菌虽然无鞭毛，但滑行运动和伸曲运动均很活跃，在患部基质上形成圆柱状构造为该菌特征（图4）。

由于这种致病菌在常用的细菌培养基上不生长，在分离培养时需用胰蛋白胨琼脂培养基，在该培养基上形成周边呈树根状黄色扁平的菌落。

【对策】

用食盐水浸泡患病鱼对于治疗这种疾病有效。

（畑井喜司雄）

由同样病因引起的出现类似症状的其他鱼种
鳗鲡、鲤、香鱼

细菌性冷水病（BCWD）
Bacterial coldwater disease

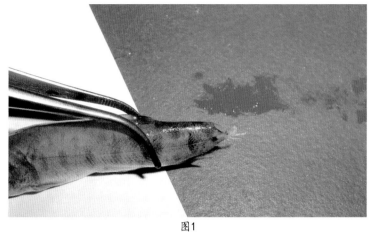

图1

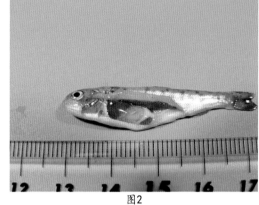

图2

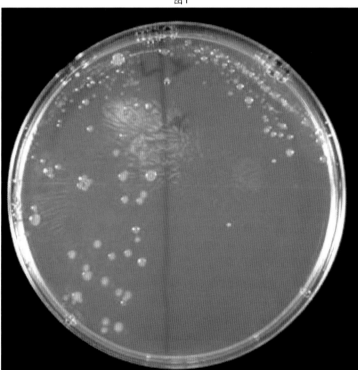

图3

图4

图5

1987年在日本德岛县琵琶湖出产的香鱼稚鱼发生了这种疾病，1990年在岩手县及宫城县的银大麻哈鱼孵化场也确认了这种疾病。该病开始为稚鱼多发，最近也有成鱼发生。

【症状】

鲑科鱼类的稚鱼发病特征为尾柄部糜烂、溃疡以及缺损等（图1）。体色变黑和贫血症状仅凭肉眼观察很难与IHN区别（图2）。在成鱼患病时，多见内脏各器官的贫血变化（图3）。鳍条的前端裂开、相互摩擦及折断的症状在稚鱼和成鱼发病时是一样的。

【病因】

病原菌为嗜冷黄杆菌（*Flavobacterium psychrophilure*）。在分离培养时多用改良的胰蛋白胨琼脂培养基或

TYES培养基，如在这些培养基中加入血清，会对细菌的生长有促进作用。将病鱼患部的部分体表组织、肝脏、肾脏接种于培养基，经15℃、5d左右的需氧培养后，出现边缘圆形或是不规则的黄色菌落（图4）。用特异性血清凝集反应或荧光抗体法可鉴定该细菌（图5）。另外，目前正在普及分子生物学鉴定方法。

【对策】

由于已知该病原菌能侵入受精卵内，因此用碘制剂消毒发眼卵是无效的。另外，在实验室条件下已证实疫苗有免疫效果，但离实际应用还需要时间。

（山本淳）

由同样病因引起的出现类似症状的其他鱼种
香鱼、宽鳍鱲

链球菌病（海豚链球菌感染症）
Streptococcicosis

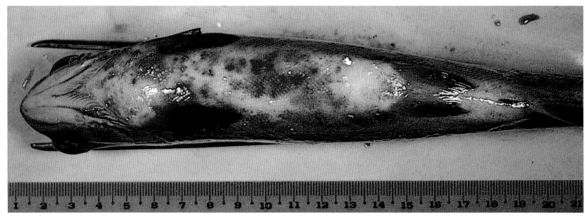

图1

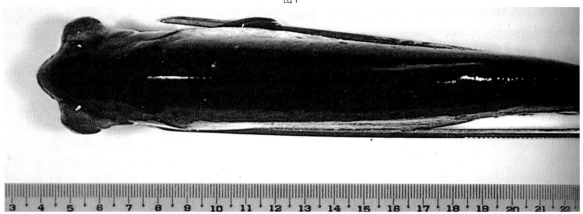

图2

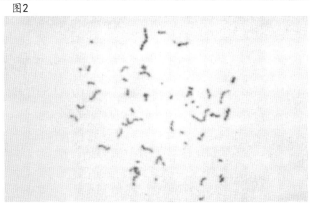

图3

图4

（图4由降幡充提供）

　　鲑科鱼类的链球菌病在日本见报道于虹鳟、马苏大麻哈鱼以及银大麻哈鱼。通常在高水温时发生这种疾病。有人报道在养殖银大麻哈鱼时，由淡水过渡到海水的驯化期内，这种疾病的发生引起了养殖鱼类的大量死亡。

【症状】

　　患病鱼体的主要外部症状为腹部膨胀以及出血，肛门扩张，鳍条基部发红、出血以及眼球突出（图2）。内部器官的病变特征为肠管炎症，脾脏及腹腔内壁出血等（图3）。

【病因】

　　病原菌为革兰氏阳性链球菌，在血液平板上显示出β溶血，属于海豚链球菌（*Streptococcus iniae*，图4）

【对策】

　　避免过量投喂饵料和饲养密度过高是防治这种疾病的重要措施。现在虽然还没有市售的疫苗，用虹鳟完成的实验结果表明注射疫苗可以获得良好的预防效果。最近，注射疫苗预防该病的效果已经在牙鲆中得到认可，并已有市售的商品疫苗。

（酒井正博）

由同样病因引起的出现类似症状的其他鱼种
牙鲆、石鲷、香鱼、鳗鲡

细菌性肾病（BKD）
Bacterial kidney disease

图1

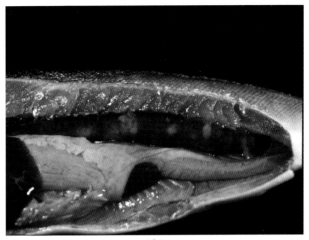

图2

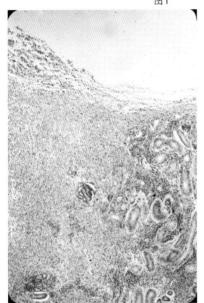

图3

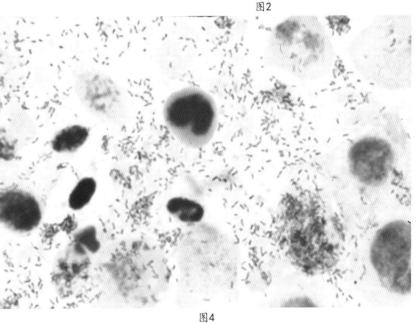

图4

　　该病过去只是在欧洲、美国流行的鲑科鱼类细菌病，通常称为BKD。在日本，1973年北海道的大麻哈鱼、红大麻哈鱼首先发生了这种疾病，之后蔓延到日本各地。自从开始养殖银大麻哈鱼之后，细菌性肾病对该鱼类形成了严重威胁。由于银大麻哈鱼是日本原本没有的鱼类，其受精卵是由美国引进的，被病原菌污染的受精卵成为了该病发生的主要原因。

【症状】

　　患病鱼外观可见腹部膨胀、体色变黑、眼球周围出血或突出等症状（图1）。特征性的病变多见于肾脏。病鱼进行解剖检查时，可见其肾脏肿大（特别是后肾），患部表面现有白点至白斑状的病变（图2）。病灶组织坏死（图3：左边为坏死组织，右边为正常的组织）。用病灶组织的涂抹标本就可以观察到大量的革兰氏阳性杆菌（图4：姬姆萨染色）。这种疾病为慢性疾病，银大麻哈鱼在淡水饲养

期间被感染，进入海水养殖阶段后发病情况会开始增多。

【病因】

　　病原菌为鲑肾杆菌（*Renibacterium salmoninarum*），该菌形态多为双杆状，其生长的适宜温度为15~18℃，氧化酶反应阴性，不分解明胶。分离培养这种细菌极为困难，需要采用含有胱氨酸的特殊KDM-2培养基。

【对策】

　　虽然部分病原菌能侵入受精卵内，但是，对引入的受精卵在发眼卵期用碘制剂消毒仍然是必不可少的。一旦发生这种疾病，有效治疗是极其困难的。虽然有时投药也有一定的效果，但多数情况下在停用药物后又会再次发生这种疾病。现在还没有研制出预防这种疾病的疫苗。

（畑井喜司雄）

由同样病因引起的出现类似症状的其他鱼种
无

水霉病
Saprolegniasis

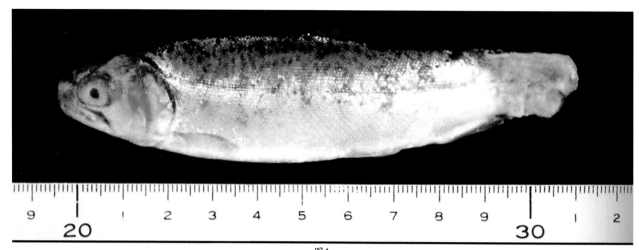

图1

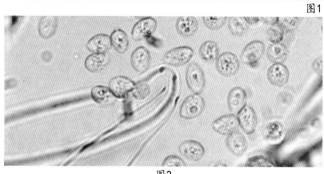

图2

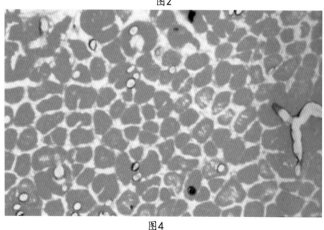

图4

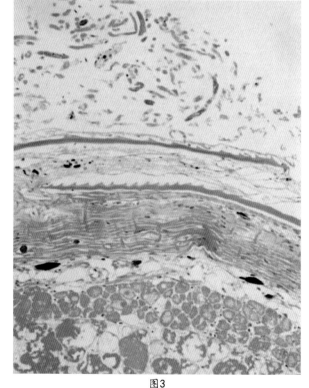

图3

　　水霉病是淡水养殖的鲑科鱼类真菌病中的一种，在产卵期的成鱼尤其多发。体长10cm左右的银大麻哈鱼幼鱼发生此病，已经出现过死亡率达到50%的案例。

【症状】

　　病鱼体表能见到棉毛状菌丝，特别是头部和尾部有容易发生感染的倾向（图1）。从病鱼体表生长菌丝前端形成的游动孢子囊中游离出大量游动孢子（图2），经短暂休眠后，从休眠孢子中游出二次游动孢子。这些孢子在水中游动，遇到寄生对象就成为新的感染源。

　　鱼体病灶处皮肤缺失，露出真皮（图3：HE染色），而且菌丝生长延长至鱼体肌肉深部（图4：Grocott's Variatien染色）。在菌丝周围未见宿主有任何特别的病理变化。推测患病鱼的死因主要是渗透压的调节机能遭到了破坏。

【病因】

　　病原为卵菌类水霉科的寄生水霉（*Saprolegnia parasitica*）。这种真菌形成长圆形的造卵器，游动孢子发芽时显示出间接发芽现象，与水中经常存在的异枝水霉（*S.diclina*）的不同之处是，异枝水霉形成圆形造卵器，显示出直接发芽现象。

【对策】

　　目前尚无有效的防治方法。

（畑井喜司雄）

由同样病因引起的出现类似症状的其他鱼种
香鱼、鳗鲡、鲤

（鲑科鱼类   真菌病）

水霉病（卵）
Water molds infection in salmonid eggs

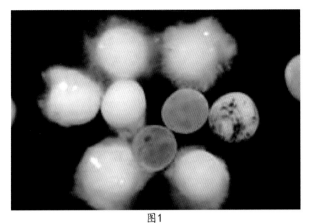

图1

图2

图3

在鱼类的死卵中寄生的"水霉"能够生长繁殖并屡屡侵害活卵（图1）。同时，呈棉毛状繁茂生长的菌丝和卵的集块会导致孵化槽的水流不畅，其结果是引起孵化槽内水体中溶解氧含量不足。以上这些原因会导致受精卵发眼率下降，因此，水霉病的防治是鲑科鱼类种苗生产中最为重要的课题之一。

【病因】

寄生的淡水性卵菌类主要属于水霉目。最近的研究结果表明，从日本6处鲑科鱼类孵化设施中的鱼卵中分离出了水霉菌属、绵霉菌属、丝囊霉菌属以及细囊霉菌属4个属的真菌，也分离到了属于露菌目腐霉菌属的真菌。这些真菌出现的概率在各处孵化设施中均有所不同。

【对策】

将受精卵用孔雀石绿溶液定期浸泡（1mg/L，1h，每周处理2次；或是2.5~5mg/L，30min，每周处理1次）是最为有效的防治方法，而且是从很早以前就一直采用的方法（图2）。不过，由于排放该溶液会造成严重环境污染，后来人们提出了采用活性炭吸附孔雀石绿后再排放废液的方法，并且也得到了广泛的应用（图3）。但是，由于修正后的《药事法》的实施，自2005年8月开始，已经禁止使用孔雀石绿药品了。目前人们正在寻找孔雀石绿的替代品，但至今尚未找到比孔雀石绿疗效更好的药剂。在防治鲑科鱼类受精卵水霉病方面，过氧化氢有可能成为备选药物。可是，当这种药物的浓度达到1 000mg/L时，虽然对虹鳟受精卵尚无大碍，但对大麻哈鱼、红点鲑的受精卵就已经具有毒性了。目前市场上已经有铜离子防霉装置。另外，在欧洲已经允许使用的一种杀菌剂——Pronobol，该杀菌剂在日本作为水霉病的防治药物也已经被允许使用。

（山本淳）

由同样病因引起的出现类似症状的其他鱼种
香鱼、西太公鱼

内脏真菌病（稚鱼）
Visceral mycosis

图1

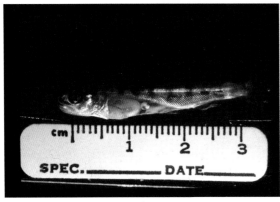

图2

图3

这种疾病是由虹鳟、大麻哈鱼、马苏大麻哈鱼等鲑科鱼类的稚鱼体内寄生水霉属真菌导致。1974年在岐阜县虹鳟养殖场首先发病，其后这种疾病在各地均有发生。

这种疾病的发生，大致限于投放饵料后的1~2周龄的稚鱼，病程为2~3周。死亡率多为20％以下。但如果混合感染了其他疾病，尤其是与病毒性疾病并发时，就可能造成很大的危害。

【症状】

在发病的鱼池中，鱼群的一部分聚集在池底或排水口附近，静止或缓慢地游泳。如果每日观察鱼的游泳状态可及早发现病鱼。患病特征为鱼体颜色变黑及由于腹腔内积水使腹部膨胀（图1），在膨胀部位多见有不明显的出血斑。剖开鱼体腹腔观察时，可见其内脏器官被霉菌菌丝覆盖成为一团，也有的菌丝成了白色团块（图2）。经常可以见到霉菌菌丝从鱼体内长出体表，此时剖开鱼体腹腔，

可见其腹壁和内脏粘连在一起，而且不容易剥离。

【病因】

一般认为这种疾病是水霉属的异枝水霉（*Saprolegnia diclina*）寄生而引发的。图3所示为寄生的水霉菌丝将鱼类脾脏和消化道覆盖的情形。

【对策】

对发病后的鱼类尚无有效治疗方法。作为防治措施，必须切实加强饲养过程中的卫生管理。如果在发病期投放饵料过多导致剩料，就给水霉繁殖营造了的适宜环境。因此，应进行彻底换水，不让稚鱼池内有残留的剩水。同时，采取精心投放饵料、经常清洁鱼池等措施，对于防止这种疾病的发生是十分必要的。

（本西晃）

由同样病因引起的出现类似症状的其他鱼种
无

鱼醉菌病
Ichtyophonosis

图1

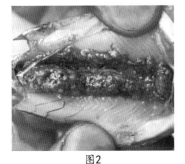

图2

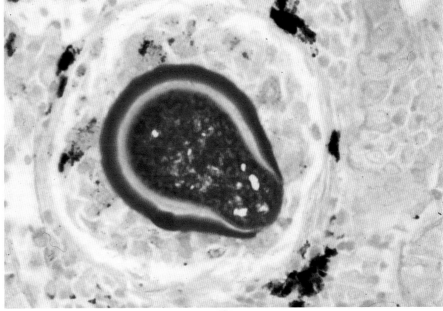

图3

图4

1965年在北海道首先确认发生了这种疾病。之后于1968～1969年在静冈县也发生了这种疾病，后来在崎玉县、三重县等地也有该病流行。此后在各地都常年有这种疾病发生。因为该病已成为慢性病，即使发病也不会造成鱼类一次性的大批死亡。但是，当养殖场进行选鱼等养殖作业之后，特别是叠加某种应激性刺激后，就可能发生鱼类大批死亡的现象，这是需要特别注意的问题。

这种疾病虽然主要危害虹鳟，但在香鱼、五条鰤、杜氏鰤等鱼类的鱼种饲养阶段也可能受到这种疾病的危害。

【症状】

外观表现为幼鱼体色变黑及消瘦，成鱼体色变黑、腹部膨胀（图1）、眼球突出。解剖检查时，可见鱼体的主要病变为全身性的贫血变化，在心脏、肝脏、脾脏、肾脏等脏器可见有白色或红色的结节（图2：肾脏）。

诊断这种疾病时，一般是对部分病鱼肾脏组织做镜检，发现有大量的多核球状体便可确诊（图3）。在患病鱼的组织内多核球状体发芽（图4），形成丝状体，并将其内部形成的大量丝状体孢子释放到组织内，这种孢子再发育成为多核球状体。

【病因】

这种疾病是由霍氏鱼醉菌（*Ichtyophonus hoferi*）感染所致。迄今为止，该菌被分属于接合菌类虫霉菌目。不过，现在有人认为它应该是一种原生动物。该菌在20℃或以下温度条件下生长良好。

【对策】

对于这种疾病尚无有效的治疗方法。

（畑井喜司雄）

由同样病因引起的出现类似症状的其他鱼种
香鱼、五条鰤、杜氏鰤

‖ 胃膨胀病
Tympanites ventriculi

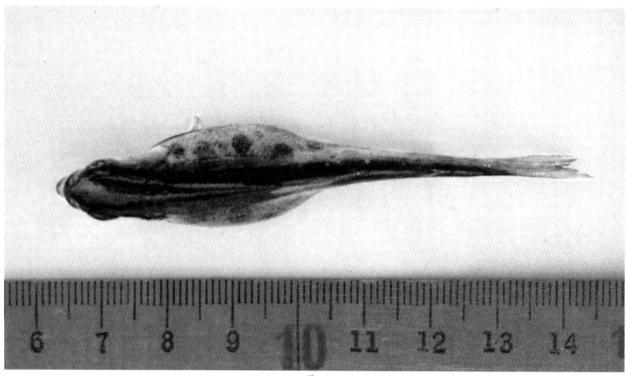

图1

图2

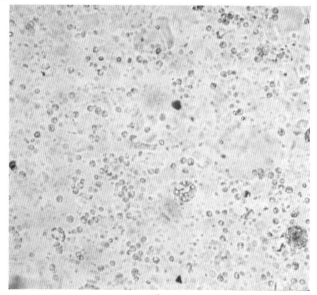

图3

这种疾病散见于鲑科鱼类，是一种由酵母菌引起的疾病，也是一种与鱼体规格大小、季节无关的慢性疾病。患病后的鱼通常由于不能摄食饵料而衰弱死亡。

【症状】

患病鱼外观上腹部显著膨胀（图1），因此患病鱼不能正常游泳，表现为缓慢的游泳动作。解剖检查时发现鱼体腹部膨胀是胃极度扩张所致（图2）。

【病因】

患病鱼胃内充满灰褐色的污浊液体，在其中有大量的气泡。取胃内容物镜检时，可发现大量出芽状态的酵母菌（图3）。进一步将胃内容物培养后，可培养出卵圆形 [（3~4）μm×（3.5~6）μm] 或者长卵形 [（2~3）μm×（6~15）μm] 酵母菌，该酵母菌被鉴定为清酒假丝酵母（*Candida sake*）。由于用人工感染的方法尚未成功地复制出这种疾病，所以现在还不清楚这种疾病的发病机理。

【对策】

对这种疾病尚无有效的防治对策。

（畑井喜司雄）

由同样病因引起的出现类似症状的其他鱼种
无

赭霉菌病
Ochroconis infection

图1

图2

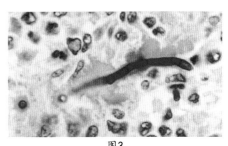

图3

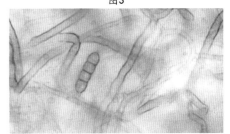

图4

在日本，人们知道鲑科鱼类的不完全菌病是由清酒假丝酵母（*Candida sake*）引起的胃膨胀以及由未鉴定的丝状菌引起的稚鱼内脏真菌病。实际上还不只这些，1984年发生的一种黑色真菌病——赭霉菌病，导致养殖大麻哈鱼发生了死亡。赭霉菌病常见于2龄的成鱼，虽然不会集中造成大批死亡，但是能造成长时间持续出现死亡现象，是该疾病的特征。

【症状】

外观特征为病鱼肛门轻度发红、贫血、腹部膨胀（图1），并且有时在鱼体表出现小圆形溃疡。解剖检查时可见部分鱼体肾脏出现白斑、轻度肿胀。对重症鱼进行观察时，可见在其肾脏后部出现明显的肿胀现象（图2）。部分患病鱼体还有大量腹水。进行病理组织学检查时，可见到大量的菌丝（图3：PAS染色），并且在病灶处形成结节。

【病因】

病原菌的分生孢子、分生孢子柄是由呈锯齿形的分生孢子形成细胞生成的，这些分生孢子呈淡褐色、长圆形，由4个细胞性孢子组成（图4）。因此，可以推测，这种菌与已知感染美国大鳞大麻哈鱼肾脏的病原菌大麻哈鱼赭霉菌（*Ochroconis tshawytschae*）相似。不过由于两者在分生孢子的大小及表面构造上还存在若干差异，这种菌被鉴定为赭霉菌未定种（*Ochroconis* sp.）。

【对策】

对于这种疾病尚无有效的治疗方法。

（畑井喜司雄）

由同样病因引起的出现类似症状的其他鱼种
无

鱼波豆虫病
Ichthyobodosis

图1

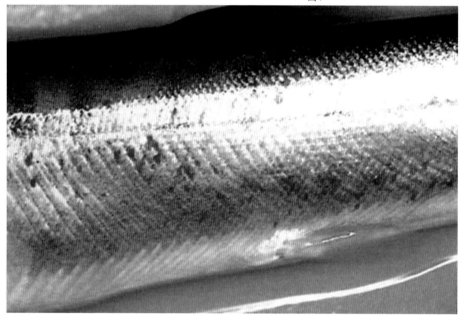

图2

图3

图4

图5

　　这是一种由纤毛虫类在鱼体表寄生引起的鲑科鱼类疾病，该病不只是发生于淡水环境，在海水养殖中也能发生。该病的寄生虫在日本北部孵化场中的存在率约为40％，能对养殖场的大麻哈鱼、驼背大麻哈鱼以及马苏大麻哈鱼等鱼类种苗造成危害。

【症状】

　　受感染的鱼体最初大量分泌黏液，有的鱼似乎在用体表摩擦池壁。如果寄生虫的数量增加，表皮细胞可能出现坏死、脱落。有时也见到鱼体表有小的点状出血（图1、图2）。在淡水中饲养的受感染的鱼，在高密度放养等不良养殖条件下，可出现大批死亡的情况。不过，一般而言，这种疾病不会造成很高的死亡率。被感染的鱼类种苗适应海水的能力会显著降低，因此，鱼类种苗入海后短期内出现大批死亡的可能性很大。

【病因】

　　病原是属于鞭毛虫类的鱼波豆虫（*Ichthyobodo* sp.），虫体寄生于稚鱼、幼鱼的体表、鳍条以及鳃的表皮细胞而造成危害。虫体体长8~13μm，寄生时虫体为纺锤形（图3、图4）。该虫的细胞口突起（细胞口入口孔），延伸至宿主细胞内摄取细胞内的营养。虫体离开宿主后呈圆形（图5），一边缓慢旋转，一边飘游。一般具有2根（很少有4根）鞭毛。

【对策】

　　在鲑科鱼类寄生的飘游鱼波豆虫，虽然在海水中也有增殖的可能，但是在5％的食盐水中浸泡5min能驱除鱼体上90％的寄生虫体，浸泡10 min时能驱除99％以上的寄生虫体。另外，用1％的食醋（pH为4.3）浸泡5min能驱除80％的虫体，浸泡10min能驱虫99％以上。需要注意的是，所有的这些驱虫方法都会对患病鱼体造成不良影响。因此，驱虫前必须进行预备试验，以确定安全的浓度和适宜的浸泡时间。

（浦和茂彦）

由同样病因引起的出现类似症状的其他鱼种
无

肠道鞭毛虫病
Spironucleosis

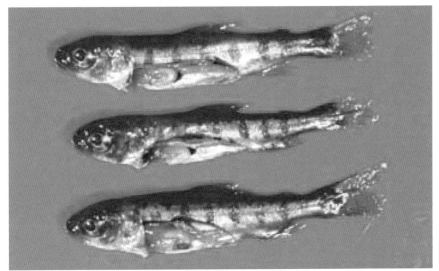

图1

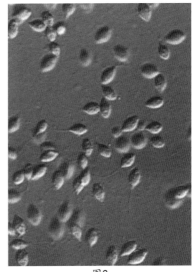

图2

图3

图4

　　虽然很早就知道在虹鳟等鲑科鱼类的消化道中寄生有鞭毛虫类的寄生虫，但对其危害性一直都不清楚。最近的研究结果已经明确了该寄生虫的分类地位和危害性。

【症状】

　　大量寄生了这种寄生虫的稚鱼，食欲会下降且出现消瘦的症状（图1），在水面附近无力地浮游。将稚鱼肠管内容物涂片后立即进行显微镜观察，可见到炮弹形的虫体快速游动的现象（图2）。虫体多数分布于肠管的前端，幽门垂附近分布较少，且不会在胃中寄生。虽然尚未确定由该虫引起的病理组织学变化，但是有时也可以观察到肠管上皮细胞的坏死情况（图3）。用马苏大麻哈鱼稚鱼完成的人工感染实验结果表明，寄生虫的数量在感染4周后达到高峰，患病稚鱼出现了统计学上有意义的生长发育下降的结果，其累计死亡率（8周时间）达到20％左右。

【病因】

　　病原寄生虫为鞭毛虫纲锥鞭毛目的鲑旋核鞭毛虫（Spi-ronucleus salmonis）。过去在日本饲养的虹鳟、马苏大麻哈鱼在消化管内寄生，且被鉴定为鲑六鞭毛虫（Hexamita salmonis）的寄生虫，与这种寄生虫是同一类别的寄生虫。该寄生虫的营养体体长为9~12μm，宽5~7μm，呈纺锤形。虫体前端具有3对长17~31μm的鞭毛。还有1对贯通虫体的鞭毛管延伸至虫体后端（图4）。准确的种类鉴定需要通过透射电子显微镜观察确定。

【对策】

　　已经有研究报道指出，实验性地口服磺胺类药对控制这种疾病是有效的，但是尚未达到实用阶段。对这种寄生虫的感染途径、生活史方面尚有许多不明之处。因此，该病目前尚无有效的防控对策。

（浦和茂彦）

由同样病因引起的出现类似症状的其他鱼种
无

斜管虫病
Chilodonellosis

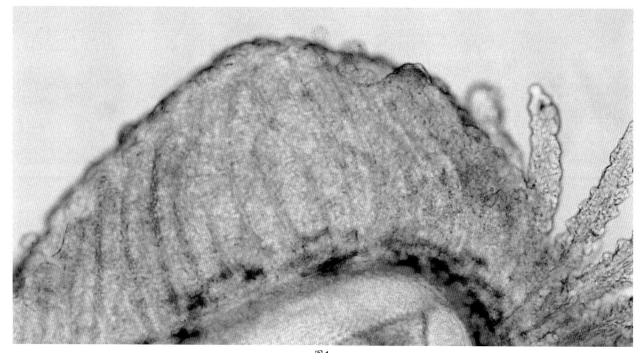

图1

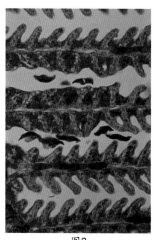

图2

图3

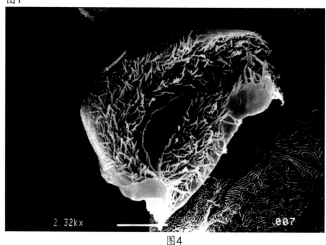

图4

这种疾病是由纤毛虫类寄生虫引起的淡水鱼疾病，在北半球广泛发生。在日本，该病发生于虹鳟、马苏大麻哈鱼等鲑科鱼类的稚鱼、幼鱼。

【症状】

患病鱼体色变黑、鳃盖开启、无力地在水面附近游动。虽然至今人们对病原寄生虫的致病性尚存疑问，不过，通过感染实验已经证实该虫能使鳃上皮细胞变厚，鳃小片及鳃丝融合，进而导致患病鱼生长发育受阻并引起慢性死亡。

【病因】

由原生动物中的纤毛虫类鲤斜管虫[*Chilodonella piscicola*(=*C.cyprini*)]寄生所致。这种虫体可使鳃上皮细胞显著增厚，引起呼吸障碍（图1、图2）。主要寄生部位是鳃丝的表面，如果寄生的虫体数量增加，在鳍条、体表上也可观察到这种寄生虫。这种寄生虫为扁平状卵形，体长50~80μm。长圆形的大核居于虫体中央（图3）。腹面的左侧有12~14列纤毛，右侧有11~13列纤毛（图4），背面无纤毛。在腹部前端有细胞口，用筒状的器官摄取宿主的细胞营养。

【对策】

该寄生虫一般只分布于鱼类鳃丝上（图2）。寄生的刺激使鳃丝上皮肥厚，进而扩展为该虫的寄生场所。由于水质恶化、细菌性鳃病等其他原因导致的鳃小片肥厚，非常容易成为该虫寄生的帮凶。因此，保持良好的养殖环境，防止形成鳃部病变与防治该病密切相关。

（浦和茂彦）

由同样病因引起的出现类似症状的其他鱼种
多种淡水鱼

车轮虫病
Trichodinosis

图1

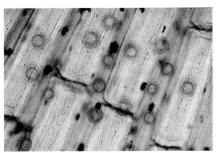

图2

图3

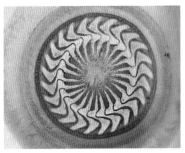

图4

这种疾病由属于纤毛虫类的车轮虫寄生引起的。在日本虽然这种寄生虫的危害不是很严重，但通过人工感染实验以及分布调查，结果均证实这种寄生虫对养殖鱼类是有危害性的。

【症状】

车轮虫寄生于宿主体表及鳍条（图1、图2），偶尔也寄生于其鳃部。用大麻哈鱼稚鱼作为宿主进行人工感染实验结果表明，寄生虫的数量在感染2周后激增，第3周平均可达5 700个虫体，随后开始减少。寄生虫数量增加时，被感染的鱼体出现在水面跳跃等异常行为，6周内累计死亡率达50%。在虫体寄生部位的表皮层出现不同程度的肥厚（图3），对幼鱼的生长发育及其对海水适应能力方面未见有明显影响。推测大量寄生虫的纤毛运动和摄取养分活动对幼鱼产生过度刺激，可能与受感染幼鱼的死亡有关。

【病因】

病原是原生动物中纤毛虫类的褐鳟车轮虫（*Trichodind*

truttae），该虫寄生于宿主体表是这种疾病的发生原因。虫体上面呈圆形，直径115~145μm，为车轮虫中的大型虫。腹面长有22~26个齿状体（图4）。

【对策】

这种疾病在使用河水养殖的设施中发生率高，一般认为寄生于野生鱼的虫体为这种疾病的感染源。采用食盐、食醋浸泡可以驱虫，但容易复发。人工感染实验的结果表明，即使不驱虫，只要宿主上皮细胞出现大量的PAS阳性黏液细胞，寄生的虫体数量就会自然减少。当鱼类被鞭毛虫类的飘游鱼波豆虫（*Ichthyobodo necator*）及鲑旋核鞭毛虫（*Spironucleus salmonis*）寄生时，也可见到同样的现象。一般认为PAS阳性黏液的增加，可能是对外部寄生虫产生的非特异性防御反应。

（浦和茂彦）

由同样病因引起的出现类似症状的其他鱼种
无

武田微孢子虫病
Microsporidian infection

图1

图2

图3

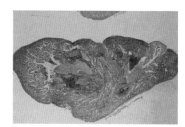

图4

图5

这种疾病最初是1933年由武田志麻之辅报道，在千岁市的孵化场的虹鳟中发生。发生该病的鱼类包括生长在北海道千岁川、阿寒湖及库页岛等水域的鲑科鱼类，野生鱼也可以发生这种疾病。迄今为止，该病仍然能对养鱼业造成危害。

【症状】

病鱼外观症状虽然不明显，但严重患病的鱼体部分体表发生凹陷（图1），心脏显著肥大（图2）。将这样的病鱼解剖后发现，在体侧肌肉（图3）、心肌（图2、图4）有大量的白色营养型团块（孢囊样体）。被感染的鱼对低氧环境抵抗力差，有时伴随着肌纤维细胞溶解、断裂及坏死，病鱼出现死亡。

【病因】

病原为武田微孢子虫。自从这种寄生虫被发现以来，屡屡被鉴定为匹里虫（Plistophora）、格留虫（Glugea）以及小孢子虫（Nosema）。后来将未确定分类学地位的种属都归纳为微孢子属（Microsporidium）。不过，最近已将这种寄生虫分属于卡巴塔那属（Kabatana），变更后的名称为武田卡巴塔那（Kabana takedai）。虫卵细胞呈柱状，内含很多核，分裂后变为单核细胞并多次重复该过程

（卵块发育期）。单核细胞成为母孢子，再一次分裂后形成2个分生孢子的母细胞（孢子生殖期），然后变为成熟孢子（图5）。孢子为卵圆形，长3~5μm。不形成与宿主细胞浆分界明显的来源于寄生体的膜构造。利用人工感染实验已经证实，孢子不能直接感染鱼。在千岁川发生的武田微孢子虫感染是在第四发电厂贮水池及其下游出现的。从第四贮水池流出的浮游生物（涡鞭毛虫类的角毛虫、须足轮虫以及桡足亚纲的无节幼体）中检出了武田卡巴塔那虫的DNA片断。因此，这些浮游生物可能参与了武田卡巴塔那虫对鱼类的感染过程。

【对策】

当饲养水体的水温在11℃以下时，可抑制虫体的发育。但是，将被感染的鱼移入高于11℃水体里时，虫体可再次发育。因此，靠控制水温防治这种疾病并不是万全之策。在千岁川，鱼被感染时期一般是7月中旬至10月初。因此，在这段时间内，不使用河水养鱼便可防止该寄生虫病的发生。

（浦和茂彦）

由同样病因引起的出现类似症状的其他鱼种
无

黏孢子虫性昏睡病
Myxosporean sleeping disease

图1

图2

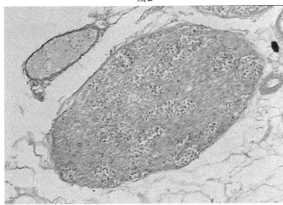

图3

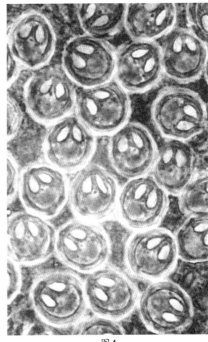

图4

这种疾病只发生于养殖大麻哈鱼和马苏大麻哈鱼，而同环境下人工饲养的虹鳟、红点鲑则不会发生这种疾病。

【症状】

每年的5月下旬至6月上旬为这种疾病的流行期。患病鱼如同睡着一样横卧池底（图1），只见鳃盖活动。此时如果用网捞鱼，多数鱼会逃走。患病鱼除了有体侧肌肉痉挛症状外，未见其他症状，也未见内脏器官有异常变化（图2）。

【病因】

这种疾病由属于黏孢子虫的村上碘泡虫（*Myxobolus murakamii*）寄生所致。这种碘泡虫在鱼体末梢神经组织内集群寄生，集群为10μm左右的孢子（图3、图4）。现在已经有研究结果证实，形成这种孢子是在发病的1个月之后，

在出现横卧症状时只发现有直径2~5μm的营养体。由于水栖的寡毛类动物能释放放线孢子虫，因此被重点怀疑其参与了碘泡虫的感染过程。不过，调查研究还在进行中，现在还不知道这种寄生虫确切的感染途径。

【对策】

如前所述，怀疑放线孢子虫是病原感染鱼的媒介，媒介经由河水流入养殖场。从感染实验的结果来看，这种疾病的感染期间为2~4月。因此，在这段时间内可以改用地下水养鱼，或是将鱼转移到其他场所，以避免感染。除此之外，尚无其他更好的方法。

（村上恭祥、饭田悦左）

由同样病因引起的出现类似症状的其他鱼种
无

‖三代虫病
Gyrodactylosis

图1

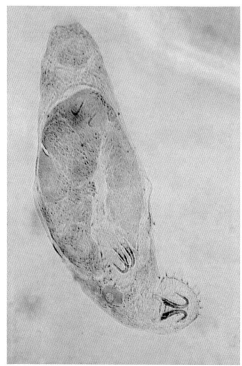

图2

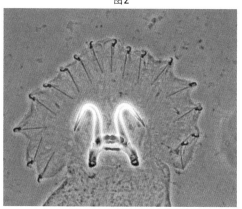

图3

（图1由浦和茂彦提供）

　　该病病原是一种在养殖的虹鳟、大麻哈鱼及马苏大麻哈鱼的体表常年都能见到的寄生虫（图1）。

【症状】

　　受感染的鱼体通常无明显的外观症状。只要寄生虫数量不多就不会成为严重问题。不过在当年幼鱼鱼体上，如果有大量虫体寄生，可能会导致其摄食不良、衰弱，这也是比较常见的。

【病因】

　　由属于单殖亚纲的马苏三代虫（*Gyrodactylus masu*）寄生于鱼体鳍条、体表、鳃而引起（图2）。三代虫为大型寄生虫，体长可达0.7~1.0mm。该虫为胎生，在虫体中央部有子宫。由于在子宫内的仔虫能再孕育仔虫，故称为"三代虫"。这种寄生虫为胎生，离开宿主的幼虫借助水流可直接感染其他的鱼体。

　　通常认为这种寄生虫不会感染淡水鲑科鱼以外的鱼类。虫体后部有皮膜状固着盘，在虫体中央有一对钩状结构，在虫体背、腹侧各有1根连接片，在固着盘周围有8对边缘小钩（图3）。虫体摄取宿主的上皮组织。在欧洲，寄生于鲑科鱼类的唇齿鲥三代虫（*Gyrodactylus salaris*）的危害更为严重，当寄生虫侵入本来没有分布的地域后，可引起大西洋鲑的大批死亡。如果从分布有唇齿鲥三代虫的地区引入鲑科鱼类的活鱼，会有将有害寄生虫种类区系扩散的危险。

【对策】

　　尚未进行防控对策研究。对寄生三代虫的淡水鱼类全部用盐水浸泡的方法，对于鲑科鱼类恐怕也不现实。

（小川和夫）

由同样病因引起的出现类似症状的其他鱼种
无

四钩虫病
Tetraonchosis

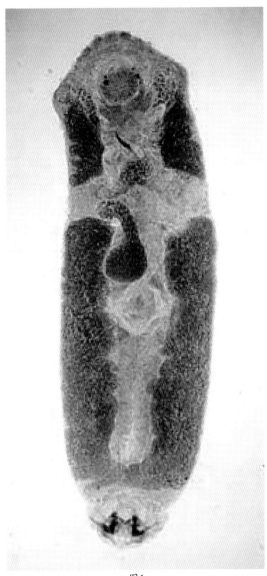

图1

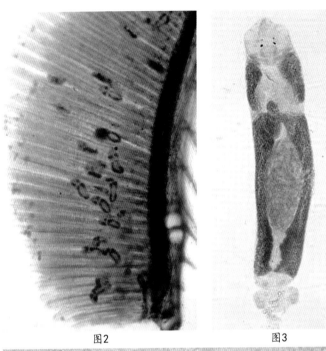

图2

图3

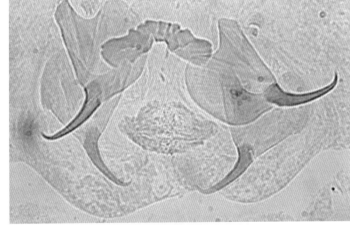

图4

在养殖的大麻哈鱼、马苏大麻哈鱼的鳃丝上经常见到寄生有带眼点的、1mm大小的寄生虫体（图1）。

【症状】

大量寄生时可致患病鱼死亡。在北海道患病死亡的鱼体中发现，1龄的大麻哈鱼的鳃部共寄生了1 000条左右的虫体，鳃部分泌大量黏液。在水体交换不良的养鱼池中，就可能会出现这种寄生虫的大量寄生。

【病因】

由单殖亚纲的粟色四钩虫（*Tetraonchus awakurai*，图2）或突吻四钩虫（*Tetraonchus oncorhynchi*，图3）寄生所致。粟色四钩虫的体长约1 mm，突吻四钩虫可达1.5mm。虫体的后部有皮膜状小吸器，在中央部有2对钩和1个连接片以及一对扇形片（图4：粟色四钩虫的吸器）。四钩虫有8对边缘小钩，该结构在粟色四钩虫中已经退化而不易见到。虫体前端附近有2对眼点，乍一看好像是指环

虫。但其肠管不分支、呈棒状结构，这与指环虫有所区别（指环虫肠管分为2支，在末端合一）。

上述两种四钩虫在虹鳟中都有寄生，不过未见造成实际危害。在大麻哈鱼和马苏大麻哈鱼中，经常以两种四钩虫混合寄生为主。突吻四钩虫比粟色四钩虫的虫体稍大，呈细长形，且占据虫体中部的卵巢也较大。根据这两点可区别上述两种寄生虫。

【对策】

尚未进行防控对策研究。应该注意的是，在运送活鱼时如果有四钩虫大量寄生，会出现鱼呼吸功能下降，造成大量死亡。

（小川和夫）

由同样病因引起的出现类似症状的其他鱼种
无

棘头虫病
Acanthocephalosis

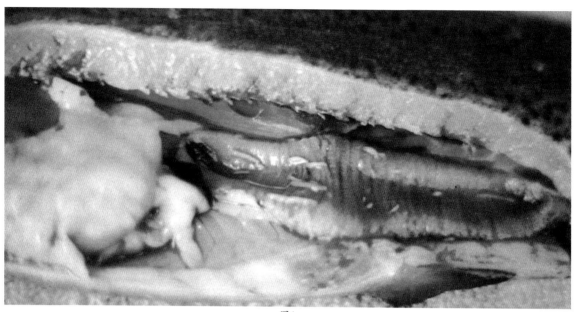

图1

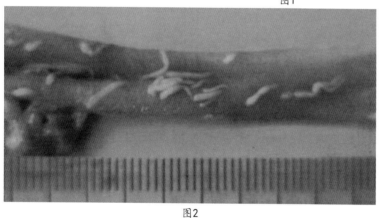

图2

图3

这种疾病发生于养殖的鲑科鱼类，特别是虹鳟易发这种疾病，而且可常年发生。发病的地点虽不多，但散见于日本各地的水产养殖场。

【症状】

解剖检查宿主的肠管，便可发现有长为数毫米至2cm的黄色虫体寄生其中（图1、图2）。宿主在有大量虫体寄生的情况下，外观也未见有异常表现或症状。不过，寄生虫固着部位的宿主组织出现增生并形成肿块。

【病因】

由棘头虫属（*Acanthocephalus*）的寄生虫寄生引起。在日本，从养殖的鲑科鱼类中发现了除头槽棘头虫（*A.opsariichthydis*）外，还有其他3种棘头虫（*A. minor*、*A. acerbus*、*A. lucidus*）。此外，还发现有伪长棘吻虫属的萨米盖伊伪长棘吻虫（*Pseudorhadinorhynchus samegaiensis*）的寄生。

棘头虫类都是用虫体前端的吻（图3）穿进宿主肠壁并固着，从而吸取营养。这种寄生虫雌雄异体，在宿主肠道内交配后，雌虫产出的卵随着宿主粪便进入水中。养殖场

内的棘头虫以池水中或自然水体中的等足类浮游动物为中间宿主，从养殖场逃到自然水体中的虹鳟及误入该水域的野生鱼类为该寄生虫的终末宿主，这是该寄生虫的生活史。

在养殖鱼类中，该寄生虫的传播途径大致是：寄生了感染幼虫的浮游动物随水流进入养殖池后，鳟类将这种浮游动物吞食而被感染。通常，鱼体规格越大，寄生这种寄生虫的数量越多。

【对策】

目前尚没有驱除这种寄生虫的方法。为了抑制中间宿主浮游动物的繁殖，尽量清除蓄水池及养鱼池内的剩余饵料和排泄物，这是十分重要的。另外，注意避免鳟类逃到自然水域及没有养鱼的池塘里。同时还要清除这些水域中的其他鱼类。

（长泽和也）

由同样病因引起的出现类似症状的其他鱼种
鲤科鱼类、鰕虎鱼科等的淡水鱼

鱼虱病
Caligosis

图1

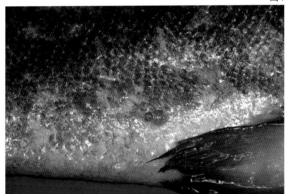

图2

图3

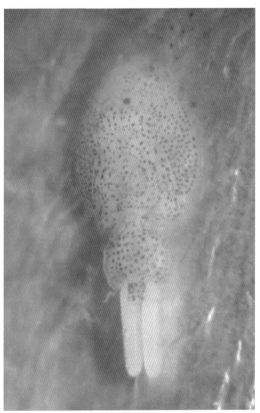

图4

　　北海道鄂霍次克沿岸的汽水湖中养殖的虹鳟会发生这种疾病，由于虫体大量寄生导致很多养殖鱼死亡。因此，在这种疾病的发生区域，湖水中的养殖业甚至不得不停止。

【症状】

　　寄生虫主要寄生在鱼类体表（图1），寄生部位呈白斑状变色（图2），有时也伴有出血情况。虫体以宿主上皮细胞为营养，所以，患部经常露出表皮的基底部（图3）。

【病因】

　　这种疾病由属于桡足类的东方鱼虱（Caligus orientalis）寄生引起。该虫附着期的幼虫，以前额丝固着于宿主体表而实现寄生。一般成虫体长4~7mm，雌虫的生殖节里有1对卵囊（图4）。这种寄生虫为分布于东亚地区的广盐性

桡足类，宿主范围很广。在海水中养殖的罗非鱼或野生的鲻、鲫也能大规模地发生这种疾病，因此该病成为严重的问题。

【对策】

　　将鱼移入淡水中可减少虫体的寄生数量，也能抑制虫体的繁殖。不过彻底驱除这种寄生虫需要1周以上的时间。有以下防治实例：将养殖场所移至陆地，使用过滤后的汽水湖水养鱼，该方法可以有效地防止鱼虱病发生。

（浦和茂彦）

由同样病因引起的出现类似症状的其他鱼种
罗非鱼、鲻、鲫

鲑鱼虱病
Lepeophtheirosis salmonid fish

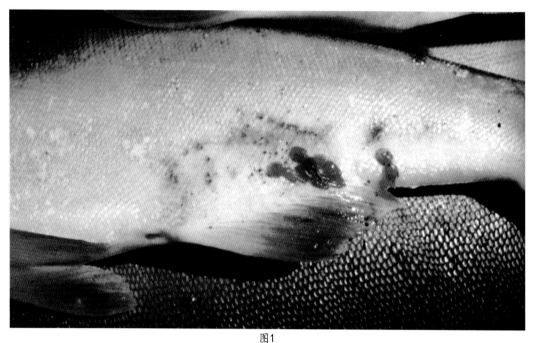

图1

图2

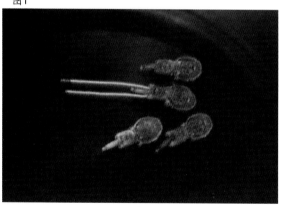

图3

（图1由粟仓辉彦提供）

这种疾病发生在洄游回归日本的鲑科鱼类亲鱼。虽然在日本东北沿岸海域养殖的银大麻哈鱼中也有鱼虱的感染，但尚未成为严重问题。

【症状】

由于大量虫体寄生，损伤了大麻哈鱼或驼背大麻哈鱼的体表。肉眼可见出血现象（图1）。虫体除了大量寄生于臀鳍基部周围之外（图1、图2），在头部、背部也多有寄生。一般认为，因寄生形成的皮肤伤口，可成为病原菌等再次感染的门户。

【病因】

这种疾病由属于甲壳纲桡足亚纲的鲑疮痂鱼虱（Lepeophtheirus salmonis）寄生引起（图3）。这种虱摄食宿主的体表组织。鱼体越大、年龄越大，寄生这种虫体的数量越多。该鱼虱属海水种类，因此，当宿主进入淡水水域时该寄生虫便脱落。在入海后的鲑科鱼类幼鱼也有该虫寄生。

这种鱼虱的寄生成了令欧美养鲑业者头疼的问题。

与欧美相比，该病在日本的银大麻哈鱼养殖中尚未成为严重问题。这是因为银大麻哈鱼的养殖期很短（秋天至次年初夏），加之银大麻哈鱼对鱼虱的敏感性较低。可是，如在相同的海面同时养殖了虹鳟，则可导致该鱼虱的大量寄生，对此应该注意。鱼虱侵入银大麻哈鱼养殖场的途径是：秋天将至时，洄游回归河川的银大麻哈鱼亲鱼通过养殖场附近，鱼虱雌性成虫放出无节幼体的幼虫，此幼虫便侵入养殖场。

【对策】

日本尚未详细研究这种疾病的防治对策。不过，将马苏大麻哈鱼收集到蓄养池时，为治疗因鱼虱感染造成或因操作所导致的鱼体外伤，需要对鱼体进行抗生素药浴。在其他国家有采用药浴或清扫鱼体进行驱虫的措施。

（长泽和也）

由同样病因引起的出现类似症状的其他鱼种
偶尔感染汽水性雅罗鱼

鲑颚虱病
Salmincolosis

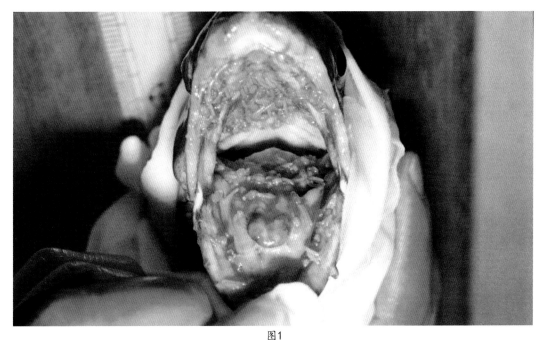

图1

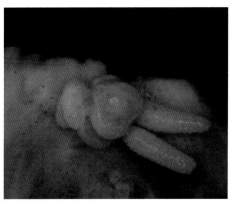

图2

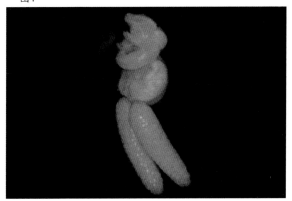

图3

（图1由青森县营浅虫水族馆提供，图2、图3由浦和茂彦提供）

这是一种在养殖场、水族馆饲养的鲑科鱼类的散见性疾病。

【症状】

在鱼体鳃腔、口腔壁可见数毫米大小的黄白色虫体寄生（图1、图2），偶尔也在鳍条基部等处有寄生。虫体用叫做"颚"的固着器穿入宿主的组织，导致寄生部位皮肤增厚。虫体在鳃丝前端寄生时，寄生部位出现组织缺损；虫体在鳃腔寄生时，和虫体接触的鳃丝部位发生损伤。

【病因】

这种疾病由大麻哈鱼鲑鱼虱属（Salmincola）的桡足类寄生引起。一般认为，在日本的鲑科鱼类，主要指大麻哈鱼、马苏大麻哈鱼，只有大麻哈鱼鲑鱼虱（加里弗尼亚鲑鱼虱，Salmincola californiensis, 图2、图3）寄生。可是近年来发现，在养殖场、水族馆饲养的红点鲑类还寄生有红点鲑鲑鱼虱（S. carpinonis, 图1）；在北海道的远东哲罗鱼还寄生有远东哲罗鱼鲑鱼虱（S. stellatus）。

鲑鱼虱寄生于大麻哈鱼鳃盖的内侧，其余两种鲑鱼虱寄生于口盖部或口床部。随着本州广泛开展红点鲑类养殖活动，红点鲑鲑鱼虱寄生范围有扩大蔓延的倾向。鱼体越大、年龄越大，并且越在下游的养殖场的鱼，寄生的虫体数量越多。虫体大量寄生时，鱼体略见消瘦；虫体寄生数量较少时，多数宿主外表上未见明显变化。在使用地下水、泉水的养殖场，红点鲑鲑鱼虱的寄生数量没有大的季节变化，常年可见。

【对策】

现在尚无有效的治疗方法。用镊子等工具可直接从鱼体表面摘除虫体。通常认为，鲑鱼虱进入大麻哈鱼养殖场是引进了寄生该虫的鱼造成的。因此，在引进、移动鱼时先要确认有无该虫的寄生，如果确认有该虫寄生就不要移动鱼，这是十分重要的。

（长泽和也）

由同样病因引起的出现类似症状的其他鱼种
无

鲺病
Argulosis

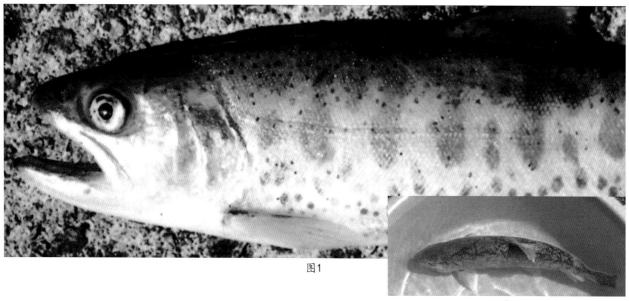

图1

图2

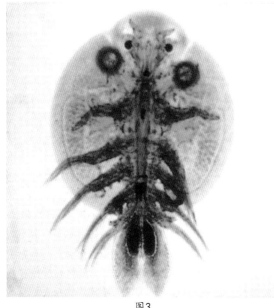

图3

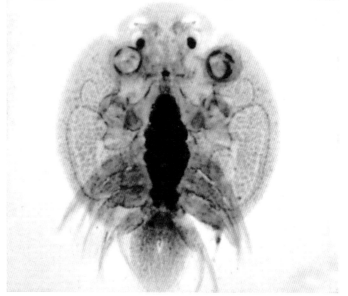

图4
（图1、图2由森川进提供，图3、图4由志村茂提供）

这种鲺为冷水性寄生虫，鲺作为淡水鲑科鱼类的寄生虫早就被人们所认识（图1）。

【症状】

被鲺寄生的鱼体受到应激性刺激时，常常以池壁摩擦身体。寄生部位由于虫体毒腺作用会出血。在虫体大量寄生所造成的皮肤伤口处（图2：因虫体转移造成皮肤损伤的马苏大麻哈鱼）常见有水霉附生。

【病因】

该病由属于甲壳亚纲鳃尾类的白鲑鲺（*Argulus coregoni*）寄生所致。虫体扁平，大致呈圆形。雄虫（图3）体长7.0~9.3mm，雌虫（图4）体长7.0~11.1mm。虹鳟、大麻哈鱼、马苏大麻哈鱼可寄生该虫。但是，宿主不只限于鲑科鱼类，在低温水中的金鱼也能寄生该虫。该虫用毒刺将毒液输入宿主皮内，摄食溢出的血液。4对胸足很发达，能游泳。雌虫产卵时离开鱼体，在池壁、水草上产卵。卵块由300个左右的卵组成，卵在20℃经5周孵化。由春至夏可往复繁殖1~2个世代。冬季成虫死亡，卵可以越冬。

【对策】

可利用白鲑鲺的产卵习性杀死虫卵。方法是在池内设置板子，使该虫在这些板子上面产卵。该虫喜欢在黑、红色的板上以及鱼池下层产卵。经过一段时间后，在虫卵孵化前取出板子，将其干燥便可杀死虫卵。

（小川和夫）

由同样病因引起的出现类似症状的其他鱼种
香鱼、金鱼

鳕鱼虱病
Rocinelosis

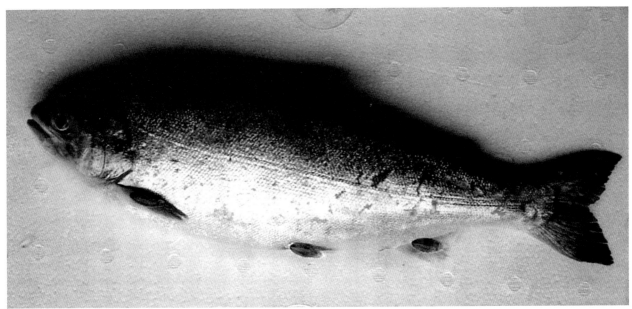

图1

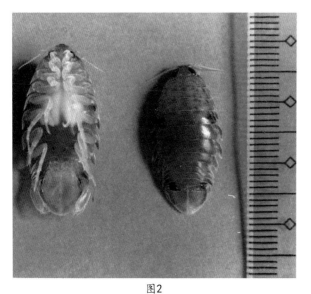

图2

图3

　　该病寄生虫为等足类的一种，主要寄生于银大麻哈鱼的鳍条。该病是能引起弧菌继发感染的一种疾病，发生于北海道太平洋沿岸海水养殖的银大麻哈鱼。

【症状】

　　在银大麻哈鱼的鳍条悬挂着一种体长15~40mm的等足目的一种寄生鱼虱，在其寄生部周围有出血（图1）。患部有弧菌病的典型症状。

【病因】

　　这种鱼虱为甲壳纲等足目的鳕鱼虱（斑点虱，*Rocinela maculata*，图2）。这种虱本来是从太平洋及日本海

10~150m深的海中采集到的。因此，通常知道该虱寄生于鳕等鱼类。寄生于其他动物的等足目鱼虱，其胸肢全部为钩状结构，而鳕鱼虱只有前节的3对呈钩状结构（图3）。

【对策】

　　作为治疗继发感染的弧菌病的对策，口服抗菌药有效。另外，将发生该寄生虫病的网箱悬挂于水深6~7m的位置，是防治该虫的有效方法。

（粟仓辉彦）

由同样病因引起的出现类似症状的其他鱼种
鳕

钩介幼虫病
Glochidium infection

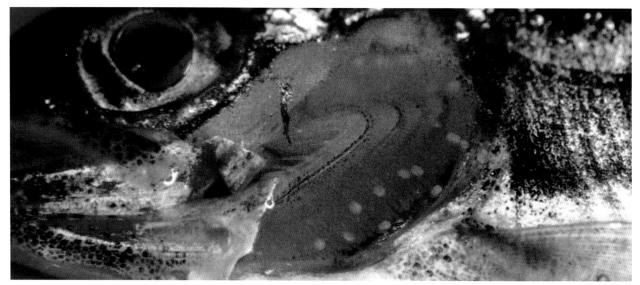

图1

图2

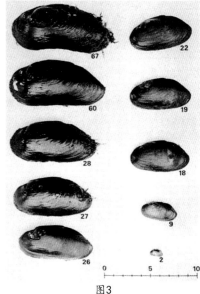

图3

（图1、图2由浦和茂彦提供）

从有珠母贝栖息的河流中引水养殖鲑科鱼类的养殖场易发生这种疾病。

【症状】

体表虽无明显症状，但是打开鳃盖时肉眼可见鳃丝上有大量长0.07~0.46mm的寄生虫体（图1、图2）。在2龄淡水产红大麻哈鱼体上，平均可寄生4 800个，在每年8月上旬可造成鱼较多的死亡。被大量虫体寄生后，鱼体气体交换的机能受到损害。即使只有少量虫体寄生，寄生虫脱落时会留下伤口，经此伤口可能继发感染细菌性疾病或其他寄生虫病。

【病因】

该病的寄生虫体为珠蚌目珍珠蚌科的珍珠蚌（*mar-garitifera laevis*；图3标本采集于北海道的暑寒别川，图中个体右下角的数字为年龄，如左上第一个年龄为67岁）的幼虫。

【对策】

每年的7月下旬至8月中旬，向河川里大量投放珍珠蚌幼虫。因此，在此期间引用河水作为养殖用水时应过滤，或在此期间避免引用河水，便可防治这种疾病。

（粟仓辉彦）

由同样病因引起的出现类似症状的其他鱼种
无

肾上皮细胞瘤
Nephroblastma (=Wilms' tumor)

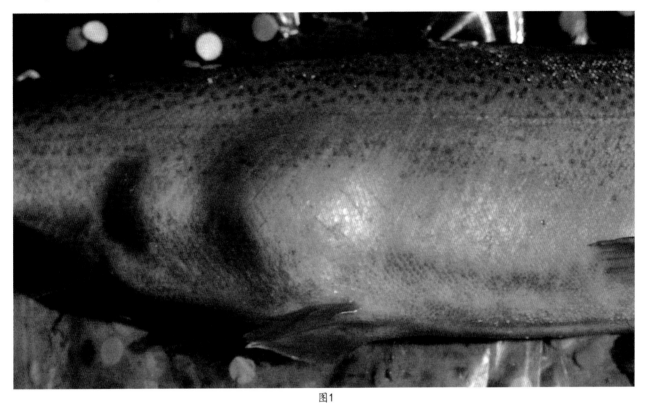

图1

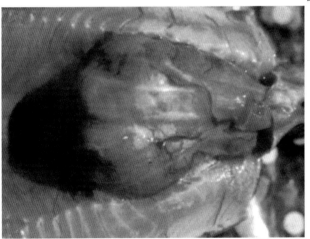

图2

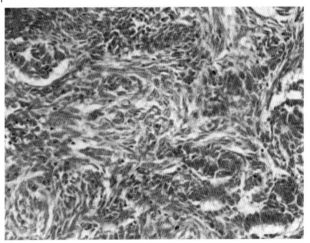

图3

这种疾病是发生于肾脏的肿瘤。其发生概率非常低，不造成患病鱼死亡。

【症状】

患病鱼的腹部有乒乓球大小至鸡蛋大小的肿块（图1）。解剖检查时在肾脏见有乒乓球大小至鸡蛋大小的肿瘤（图2）。

【病因】

肾实质部的肾小管、肾小球的上皮细胞变性增生。因此，除了形成非机能性的肾小管、肾小球之外，还出现了未分化的纺锤形细胞、平滑肌细胞、横纹肌细胞等异常分化的细胞（图3），形成了大大小小的肿瘤细胞。这些肿瘤细胞有时浸润到正常的肾组织。

【对策】

因为还不清楚肿瘤病的病因，故还没有针对这种疾病的对策。不过，这种肿瘤没有引起鱼类的大量死亡，因此发现病鱼后立刻将其淘汰掉即可。

（宫崎照雄）

由同样病因引起的出现类似症状的其他鱼种
这种疾病也见于日本鳗鲡，是否为同一病因尚不清楚

疹病
Rsah

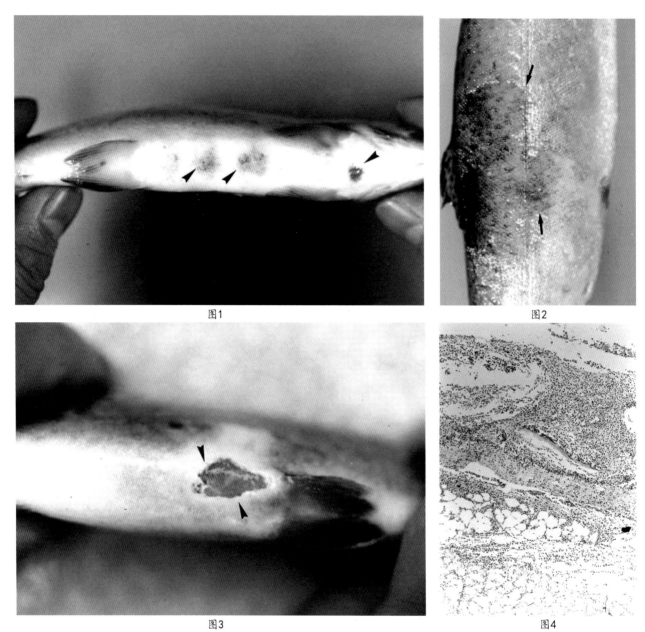

图1

图2

图3

图4

（图由Jose Roberto Kfoury,Jr.提供）

这种疾病最常见于体重为120g左右市售规格的虹鳟，患病率可达48％。使用河水养殖的场所在水温上升的夏季有多发这种疾病的倾向。这种疾病不引起鱼类的死亡，但是患病后会降低鱼的商品价值，因而，这种疾病成为需要解决的问题。

【症状】

在症状上分为三种类型：①点状出血型（图1）；②形成黄斑型（图2）；③溃疡型（图3）。通常认为病程的发展规律是按照①→②→③的顺序变化，将①、②、③型在相同条件下混合后发现，均可自然痊愈。因此，有人认为这三种类型是相同的疾病。患病部位只局限于鱼体的体表。在病理组织学检查时发现，无论哪种类型，均以大量单核细胞浸润为特征（图4）。

【病因】

病因不明。目前尚未检出该病的病原体。在同一养殖场内，随着养鱼用水使用次数的增多（在上游水和下游水的鱼池），发病率升高。虽然还没有明确病因，但是美国报道过的虹鳟黄腹病与这种疾病相似。

【对策】

将发病鱼移到新鲜水域，2个月内可痊愈。

（冈本信明）

由同样病因引起的出现类似症状的其他鱼种
无

香鱼
Ayu

收载鱼病

病毒病

异型细胞性鳃病

细菌病·真菌病

【细菌病】弧菌病/气单胞菌病/假单胞菌病（鳗致死假单胞菌感染症）/细菌性出血性腹水病/细菌性鳃病（BGB）/细菌性冷水病（BCWD）/链球菌病（海豚链球菌感染症）/细菌性肾病（BKD）/抗酸菌病

【真菌病】胃真菌病/真菌性肉芽肿/鱼醉菌病/点霉菌病

寄生虫病

格留虫病/三代虫病/变头绦虫病/鳋病

其他疾病

灯笼病

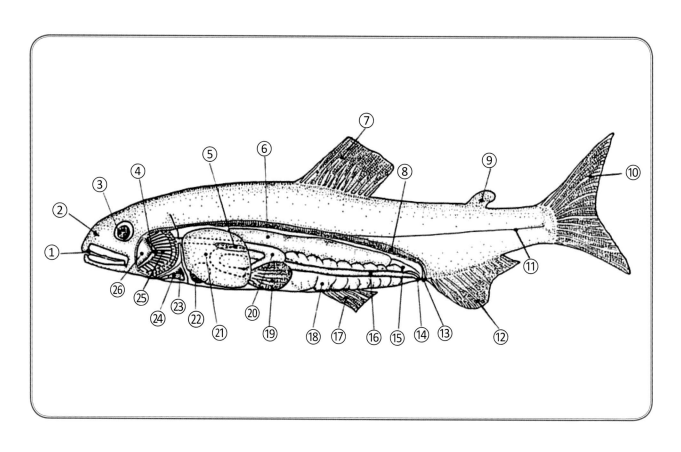

①吻　②鼻孔　③眼睛　④鳃弓　⑤脾脏　⑥鳔　⑦背鳍　⑧肾脏　⑨脂鳍　⑩尾鳍　⑪侧线⑫臀鳍
⑬泌尿生殖孔　⑭肛门　⑮腹腔内壁　⑯肠道　⑰腹鳍　⑱卵巢　⑲幽门垂　⑳胃　㉑肝脏　㉒胆囊
㉓心房　㉔心室　㉕鳃丝　㉖鳃耙

异型细胞性鳃病
Atypical cellular gill disease (ACGD)

图1

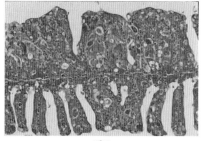

图2

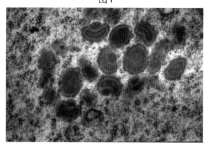

图3

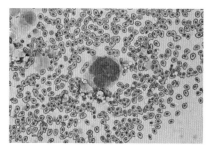

图4

这是一种曾经将患病鱼称为"傻瓜"的疾病。这种疾病虽然从日本关东到九州各地养殖香鱼中都有发生，但是野生香鱼是否发生这种疾病尚不清楚。发病时的水温为16~28℃，常见于4～10月。疾病与鱼体重大小没有关系，死亡率大约为10%，有时甚至达到100%。

【症状】

患病鱼游泳不活泼，摄食不良，显示出缺氧状态，在短时间内大量死亡。鳃丝肿胀，褪色并伴有出血点（图1），出现大型的异型细胞，鳃小片之间愈合，由于鳃丝棍棒化导致鳃表面积显著减少（图2）。在养殖现场经常出现与细菌性鳃病的病原菌（长杆菌）混合感染的状况。

【病因】

由痘病毒科的香鱼痘病毒（*Plecoglossus altivelis* Pox-virus，PaPV）感染香鱼鳃上皮细胞而发病，形成大型的异型细胞。从异型细胞的细胞质中观察PaPV，形成大小为250~300nm的特征性粒子（图3）。确诊需要采用特定引物进行PCR诊断。

【对策】

上午第一次投饵时，如果发现摄食不良的现象，应该立即停止投饵。接着，可以采用简易的诊断方法，即采用Diff Quik法对病鱼鳃压片进行染色后，检查有无异型细胞的出现（图4）。如果发现异型细胞，应在尽量保持水体溶解氧充分的条件下，采用0.5%~0.9%的盐水浸泡病鱼12h。在同时能观察到异型细胞和长杆菌的情况下，采用1.0%~1.2%的盐水浸泡病鱼1～2h。进一步采集病鱼的鳃组织进行PCR确诊。

（和田新平）

由同样病因引起的出现类似症状的其他鱼种
无

弧菌病
Vibriosis

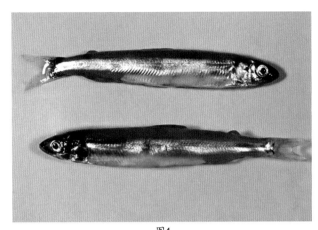

图1

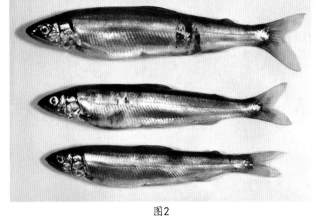

图2

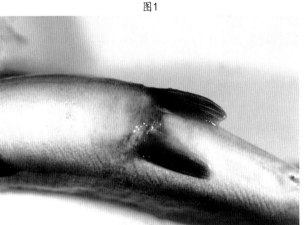

图3

图4

　　无论是否经鱼类种苗传播，弧菌病在整个育成、成熟阶段均有发生，但主要在水温上升的夏季流行。这种疾病传染性很强，短时间内可造成很大危害，是对香鱼养殖危害最严重的疾病。特别是在1973～1980年，因为致病菌株存在多重耐药性造成了巨大的危害，甚至到了危及香鱼养殖业存亡的程度。这种状况随着疫苗的研发成功而有了转机。经过近10年的努力，到了1988年，日本率先开发成功了用于预防该病的疫苗。不过，1990年以后，这种疾病的发生已大幅度减少，现在该病在香鱼养殖业中已经不是大问题了。

【症状】

　　香鱼的幼鱼未见明显症状，偶见胸鳍及其基部出血，另外在躯干部也偶尔形成白点或白色浊污部位（图1）。在幼鱼及成鱼体侧等部位形成斑状或带状的褐色部位，随着病程发展形成出血、溃疡。成鱼的典型症状为眼球出血、各鳍条出血、体表出血或形成溃疡、肛门出血及扩张等（图2、图3）。

　　解剖检查时可见有肝脏淤血，脾脏、肾脏肿大，重症鱼的上述器官出现软化和脆化。也有病鱼的肠管严重充血（图4），出现重度炎症的现象。

【病因】

　　这种疾病是由鳗弧菌（Vibrio anguillarum）或者病海鱼弧菌（Vibrio ordalii）感染所致。确定病原菌时需要进行细菌学检查，但是，在大多数情况下需要针对鳗弧菌进行。这种菌为弯曲短杆菌，具有1根鞭毛，最适的培养条件是食盐浓度为0.5％～3.0％，培养最适宜温度为23~28℃。尚不明了这种致病菌在自然界的生态状况，不过一般推测该菌存在于沿海水域或海底泥中。在琵琶湖的野生香鱼、杂鱼及浮游生物等体内没有分离到该菌。

　　病理组织学检查结果表明，鳗弧菌的感染途径为经皮感染。另外，鳗弧菌有3个主要血清型（J-O-1、J-O-2、J-O-3），其中90％为J-O-1型，疫苗也是针对这种血清型研制的。

【对策】

　　关于防治对策，1989年开始的接种疫苗是最有效的。而治疗方面，由于这种疾病发生后会导致严重死亡，因此，尽早采取切实可行的处置方法是至关重要的。总之，要注意选择有效药物及正确的使用方法。

（城泰彦）

由同样病因引起的出现类似症状的其他鱼种
鲑科鱼类、鳗鲡、海水养殖鱼

气单胞菌病
Aeromonas infection

图1

图2

图3

图4

这种疾病最早见报道于少雨、高水温的1967年夏天，当时在日本关东、东北、中部及九州等河川普遍流行由气单胞菌（Aeromonas）引起的传染病。

随后的1977年，在中国台湾也报告了发生于养殖香鱼的气单胞菌病。1978年在日本确认了养殖香鱼中有这种疾病的流行。从此以后，每年夏季到秋季，该病发生于以生产冷冻香鱼为主要目的育成香鱼，并造成不小的损失。

但是，自1990年代中期开始，在每年12月至次年4月，香鱼幼鱼散见这种疾病。关于这种疾病的实际发生情况以及危害状况等还不明了。

因此，在这里主要介绍夏季至秋季较大型鱼所发生的病例。这种疾病多发于20℃以上的较高水温时节。

【症状】

上市前50g以上的成鱼有发病倾向，病鱼眼球突出、出血（图1），背部和尾柄后部的皮下出血，肛门发红，从腹部的腹鳍至尾鳍有出血斑等，这是该病的特征性症状（图2到图4）。

另外，有报道在河川中的病死鱼特征为吻部变红、皮肤糜烂等，与养殖鱼发生这种疾病时的症状有些差异。

【病因】

由属于弧菌科的嗜水气单胞菌（Aeromonas hydrophila）感染所致。该菌为水中常在菌，是典型的条件性致病菌。

这种细菌为革兰氏阴性短杆菌[（0.6~0.8）μm×（1.0~2.0）μm]，有运动性，发酵葡萄糖产气。在普通琼脂培养基上生长十分旺盛。在5℃条件下不生长，而在10~37℃条件下能生长。

【对策】

将养殖用水改换为低温水（17℃左右）可以缓解病情，降低死亡率。还没有治疗这种疾病的药物和方法。

（城泰彦）

由同样病因引起的出现类似症状的其他鱼种
无

‖假单胞菌病（鳗致死假单胞菌感染症）
‖*Pseudomonas* infection

图1

图2

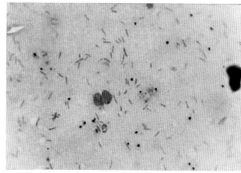

图3

这种疾病在1982～1984年间仅散见于静冈县范围内养殖的香鱼中。发病鱼群均来自海水养殖的种苗。这种疾病广泛发生于体重2～3g的香鱼幼鱼至50~60g的养成香鱼，死亡率为1％~20％。但从那时以后，未见有发生这种疾病的报道。

【症状】

患病鱼游泳时可见到躯干患部呈灰白色，病情如进一步发展便形成溃疡。初看容易让人联想到弧菌病、真菌性肉芽肿病的症状（图1、图2）。外观症状为眼球及其周围、鳃盖、鳍条基部、体侧等处有出血点及带状出血斑，眼球突出等（图1）。解剖检查可见鳃及肝脏褪色，腹腔内出现混有血液的腹腔积水。

【病因】

该病与鳗鲡红点病有相同症状，是由鳗鲡败血性假单胞菌（*Pseudomonas anguilliseptica*）感染而引起的细菌性疾病（图3）。但是，从鳗鲡和香鱼体内分离到的病原菌，均对分离出该菌的鱼种具有极强的致病性，并且存在血清学上某些差异。

【对策】

该病的致病菌有极强的嗜盐性，在0.1％以下盐浓度的淡水环境中迅速死亡。因此，在盐水浸泡等高盐环境下处置鱼时要特别注意避免感染这种细菌。

在治疗上，可选用允许使用的抗生素，在确认病原菌对药物敏感的前提下使用。

（花田博）

由同样病因引起的出现类似症状的其他鱼种
鳗鲡

细菌性出血性腹水病
Bacterial hemorrhagic ascites

图1

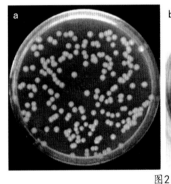

图2

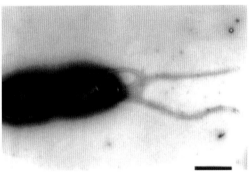

图3

自1990年前后开始，该病发生于日本德岛县等地的香鱼养殖场，为一种细菌性疾病。由于没有在香鱼上允许使用的水产用医药品，因此，该病和细菌性冷水病一样，成为了养殖香鱼中棘手的疾病。

这种疾病在从放养10d后的香鱼幼苗到上市规格的成鱼中均可发生。为防止前期发生的细菌性冷水病而采取的提高水温等措施，以及投药时都容易诱发这种疾病出现。此时如不限制投放饵料量，就可能出现大量死亡。

【症状】

外观可见肛门扩张、出血，有大量的含有血液的腹腔积水是这种疾病最显著的特征性症状（图1）。但是，在个别病例中也有无腹腔积水的情况。除香鱼外，刺鲃也可感染这种疾病。

【病因】

病原菌为杀香鱼假单胞菌（*Pseudomonas plecoglos-sicida*），用普通琼脂培养基从病鱼的肾脏等内脏中容易分离到该菌（图2a）。有意思的是，分离到的菌株有两类情况，一类是有大量鞭毛且有运动性的菌株（图3，长

度=1μm），另一类是无运动性的菌株。这两类菌株均分离自同一发病群体且两者混合存在。这两类菌株在致病力方面，对香鱼的感染实验中未见差异。其LD$_{50}$值为每尾鱼10~100cfu，显示出极强的致死性。另外，还从一个病例中分离到了能产生水溶性褐色色素的菌株（图2b）。因此，要注意与产生同样色素的杀鲑气单胞菌（*Aeromonas sal-monicida*）进行鉴别。

【对策】

如前所述，实施防治细菌性冷水病的措施后易发生这种疾病。为了彻底控制细菌性冷水病而进行投药，可出现明显的细菌转换现象，即出现细菌性出血性腹水病。为了防止发生这种疾病，投药后要限制投放饵料，这是非常重要的。另外，有研究报告证明，灭活疫苗以及用噬菌体（感染细菌的病毒）对防治这种疾病具有可能性。但是，这些研究报告结果均尚未进入实用化阶段。

（中井敏博）

由同样病因引起的出现类似症状的其他鱼种
刺鲃

细菌性鳃病（BGD）
Bacterial gill disease

图1

图2

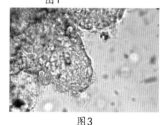

图3

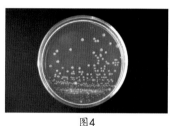

图4

自1975年左右开始，养鱼者就知道了这种疾病。进入1980年后，在香鱼主产地德岛县和歌山县的养殖场每年都发生这种疾病，造成了不小的损失，成为从初春到初夏的一种主要鱼病。

【症状】

流行于3～6月，发病时的水温为14~18℃，10~20g的育成鱼多发，50~60g的成鱼也可以发病。

发病后的香鱼首先是丧失食欲，鱼群摄食量下降。病鱼漂浮于水流较慢的池角及进水口附近。病鱼鳃盖开启，几乎是静止状态漂浮于水面。这种病鱼不能进行逆水游泳，脱离鱼群，沿水流方向漂流至排水口附近直至死亡。

即使有人接近，患病鱼也几乎无潜入水下的反应，有反应的个体也很衰弱。

死鱼外观呈"く"状弯曲，此外无其他症状。但是，在多数的病鱼鳃部见有淤血、肿胀、异常分泌的黏液（图1）。另外，病鱼的鳃丝肥厚、融合，有时也可见到轻度贫血和点状出血斑（图2）。对这样的病鱼鳃丝进行镜检时可见无数的细长细菌，这是该病的特征（图3）。

【病因】

这种疾病的病原菌和鲑科鱼类细菌性鳃病的病原菌相同，为革兰氏阴性、5~15μm的长杆菌，称为嗜鳃黄杆菌（*Plavobacterium branchiophilum*）。在胰蛋白胨琼脂培养基上形成正圆形黄色的菌落（图4），不能作滑行运动。

【对策】

预防这种疾病的饲养管理措施是不要过量投放饵料。

通常认为发生这种疾病与养殖环境因素有关。在早春时节，剧烈的水温变动以及天气变化均可诱发这种疾病。因此，在这些方面应予以注意。

一旦发病，病程发展很急，病鱼摄食下降，鳃盖开启并漂浮于水面，应尽早发现有此异常现象的鱼，并立即停止投放饵料，越早采取措施损失越小。作为治疗的有效方法，可用0.7%~1.0%的食盐水浸泡1~2h。

（城泰彦）

由同样病因引起的出现类似症状的其他鱼种
鲑科鱼类

细菌性冷水病 (BCWD)
Bacterial cold-water disease

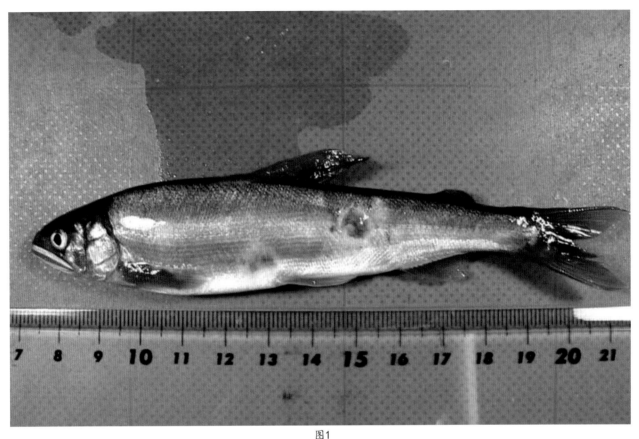

图1

图2

图3

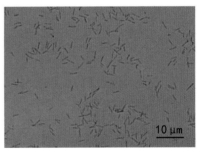

图4

这种疾病自1987年首次确认发生在德岛县的养殖场以来，对全日本的香鱼养殖场均造成了危害。另外，1993年又报道了在广岛县河川中发生这种疾病。随后，在各地的河川中均证实了有这种疾病的危害存在，给香鱼养殖业造成了严重的损害。

【症状】

病鱼体表糜烂、溃疡（图1），下颌部出血（图2）以及缺损，鳃及内脏各器官贫血（图3）等为这种疾病的特征。在幼鱼期表现为体表白污，尾部周边糜烂、溃疡。水温在15~20℃时发病率最高。在野外河川中，以5~7月发生这种疾病最多。

【病因】

病原菌为革兰氏阴性的嗜冷黄杆菌[*Flavobacterium psychrophilum*，大小为（2~7）μm×（0.3~0.75）μm]

（图4）。这种菌有滑行运动性，但很微弱，不易观察到。分离该菌时使用改良的胰蛋白胨琼脂培养基，形成黄色菌落。从病鱼的肾脏、患部、鳃等处可分离到这种细菌。对分离到的细菌可用PCR法、特异性抗血清反应进行鉴定。

【对策】

香鱼引进放养前要确认鱼的带菌情况以及进行彻底消毒，以防止这种细菌的侵入，这是最重要的。

在治疗上使用磺胺类药物是有效的。另外，利用这种细菌在25℃以上时几乎不能生长的特性，对养殖水加温也有防控这种疾病的效果。但是，即使采取了这些措施治疗，仍有再发生该病的可能性。

（三浦正之）

由同样病因引起的出现类似症状的其他鱼种
鲑科鱼类、宽鳍鱲

链球菌病（海豚链球菌感染症）
Streptococcicosis

图1

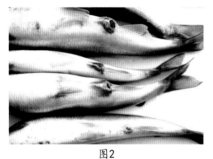

图2

图3

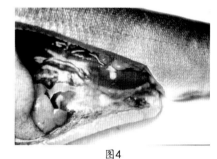

图4

这种疾病于1977年11月作为养殖香鱼的细菌性疾病首次被证实，之后散见。可是到了1980年6月以后，在日本全国范围内开始流行。由于没有确切的治疗措施而造成了很大的损失。这种疾病流行之初，主要发生于夏季至秋季水温较高的季节以及直接使用河水的养殖场。可是到了后来，环境条件不同的各种养殖场均有这种疾病发生。

【症状】

病鱼离群，游动缓慢。随着病情的发展，病鱼顺水游动，衰弱无力，漂流至排水口附近，直至死亡。

外观特征性的症状为鳃盖发红、充血，腹部有点状出血，肛门周围发红、隆起、开口（图1、图2）以及尾柄后端充血、脓肿（图3）等。常见眼球突出及眼球内出血等眼球异常现象（图1）。

解剖检查时见腹部内壁显著出血，有黄红色混浊的腹腔积水。此外，还见有肝脏淤血及腹腔内脂肪组织出血。此外，肠管肿胀并显著充血、严重的肠炎等为这种疾病的特征（图4）。

【病因】

该病由革兰氏阳性的海豚链球菌（*Streptococcus iniae*）感染引起。这种细菌呈双链形或长链状。

【对策】

对这种疾病尚未确立药物疗法。因此，对这种疾病重在预防。正确饲喂营养平衡的饵料，不增加鱼体肠道负担，放养密度适当，坚决避免过度投放饵料和高密度放养是十分重要的。五条鰤的链球菌病和香鱼链球病的病原菌种类不同，并且已经开发出了用于五条鰤的疫苗，在养殖场推广应用已取得很好的效果。对于香鱼的链球菌病，人们也期待早日研制出具有实用价值的疫苗。

（城泰彦）

由同样病因引起的出现类似症状的其他鱼种
鲑科鱼类、鳗鲡、海水养殖鱼

细菌性肾病（BKD）
Bacterial kidney disease

图1

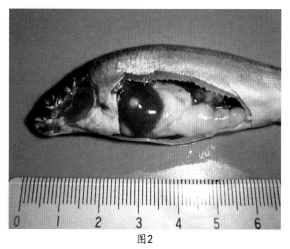

图2

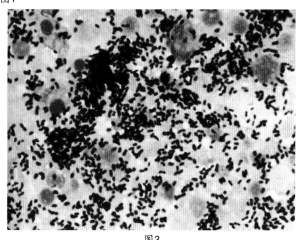

图3

香鱼的细菌性肾病（BKD），见发生于广岛县养殖的10~40g的香鱼。这种疾病和鲑科鱼类的细菌性肾病相同，特征为慢性死亡，累积死亡率可达50%。患细菌性肾病的香鱼外观特征为眼球突出（图1）和腹部膨胀，腹腔内充满大量的透明腹水。另外，在肾脏形成白色结节（图2）。在肝脏有时也见有同样的结节。这些症状和鲑科鱼类的细菌性肾病大体相同，因此根据症状比较容易诊断这种疾病。

【病因】

这种疾病的病原菌与鲑科鱼类的细菌性肾病的病原菌相同，均为鲑肾杆菌（*Renibacterium salmoninarum*），观察肾脏结节的压片标本可见大量的革兰氏阳性短杆菌（图3）。在诊断鲑科鱼类细菌性肾病时应用的荧光抗体法可用于确诊该病。也可用KDM-2培养基分离培养法、PCR法诊断该病。

【对策】

水温超过22℃的夏季见不到因这种疾病而死亡的病

例。在水温18℃及25℃条件下进行的感染实验结果表明，水温18℃时所有的香鱼发病死亡。但是，水温达到25℃时，就无死亡出现，并且从肾脏也分离不到病原菌。所以，作为治疗香鱼细菌性肾病的方法，可以考虑将饲养水温提高到25℃（或22℃）以上。

由于怀疑同时期饲养的大麻哈鱼为香鱼细菌性肾病的传染源，将患细菌性肾病的马苏大麻哈鱼肾脏饲喂健康香鱼，结果香鱼发生了细菌性肾病。因此，也就证明了是马苏大麻哈鱼向香鱼传播了这种疾病。并且，从马苏大麻哈鱼、大麻哈鱼分离出的鲑肾杆菌接种健康的香鱼后，香鱼会发病，也证明了鲑肾杆菌对香鱼的致病性。因此，为预防这种疾病发生，在怀疑患有细菌性肾病的鲑科鱼类饲养池附近不能养殖香鱼。

（永井崇裕）

由同样病因引起的出现类似症状的其他鱼种
大麻哈鱼、马苏大麻哈鱼、银大麻哈鱼

抗酸菌病
Mycobacterium infection

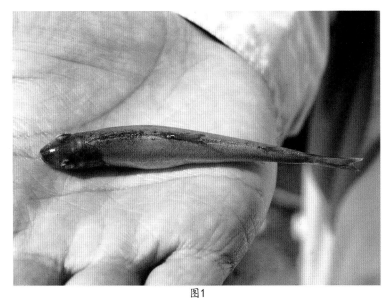

图1

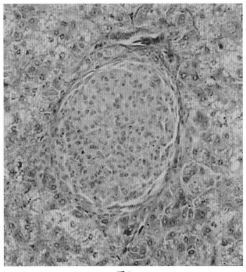

图3

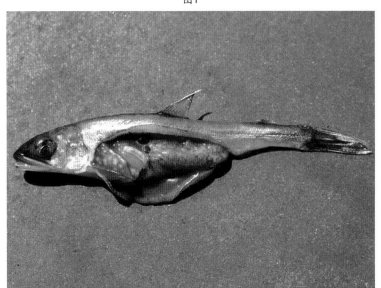

图2

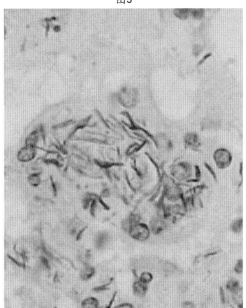

图4

这是在平均体重20~30g的养殖香鱼中流行的一种疾病，病鱼表现为腹部稍微膨胀（图1），伴随异常游泳而死亡。

【症状】

病鱼呈回旋游泳状态，时而横卧池底，时而再次回旋游动，伴随这种异常游泳状态而死亡。但是，也有未见回旋游泳症状而急速死亡的病例。

这种疾病的肉眼可见特征是病鱼的肝脏、肾脏、脾脏、心脏、消化道、鳃、肌肉有许多大大小小的白色结节（图2）。

【病因】

对白色结节进行病理组织学观察时可见到两种肉芽肿，即成熟型肉芽肿和未成熟型类上皮细胞性肉芽肿（图3）。在这些肉芽肿内有革兰氏阳性长杆菌（图4），而且

将这些细菌用嗜酸菌碳酸品红及Grocott's Variation染色也呈阳性，因此，可以判断为抗酸菌（分支杆菌，*Mycobacterium* sp.）。

根据上述这些情况，可以从病理组织学角度诊断为抗酸菌性全身性多发性肉芽肿。

【对策】

尚不清楚这种疾病的治疗方法。

当怀疑香鱼患有这种疾病时，应迅速将病鱼销毁，所有处理措施都应以防止这种疾病蔓延为原则。同时，如有可能，应将鱼体移入别的鱼池，对发病鱼池进行彻底消毒。

（畑井喜司雄）

由同样病因引起的出现类似症状的其他鱼种
无

胃真菌病
Gastric mycosis

图1

图2

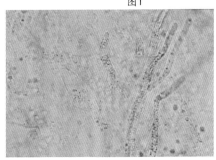

图3

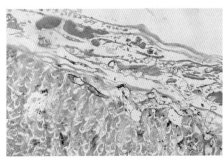

图4

该病是养殖香鱼（成鱼）胃内感染一种水霉菌所引发的疾病。

以前人们知道，与这种疾病类似的有鲑科鱼类幼鱼的内脏真菌病。不过，鲑科鱼类这种的病原体水霉是在胃幽门部形成感染病灶，从这里向全身生长菌丝，最终导致全身感染，此为该病的特征。而胃真菌病并不是香鱼幼鱼而是成鱼发病，而且水霉不从胃内向其他脏器生长。这些都是与鲑科鱼类幼鱼内脏真菌病不同的地方。

【症状】

病鱼外观未见特别的异常表现（图1）。但是，解剖后见到胃变红（图2），胃内存在黏液样物质。

【病因】

水霉从胃的黏膜上皮向黏膜下层、肌层及浆膜生长，并在那里生长繁殖（图3），这是发病病因。

将鱼从原来养殖的水温移入降低5℃左右水温的鱼池后发生这种疾病，因此认为水温降低是发生这种疾病的诱因。

从鱼体患部分离出一种寄生水霉（*Saprolegnia parasitica*），之后又从显示同样疾病特征的香鱼中分离到异枝水霉（*S.diclina*）。

因此，有人认为，发生这种疾病有宿主本身抵抗力下降的因素。图4为胃壁繁殖的水霉菌丝（Grocott's Variation染色）。

【对策】

对于发生这种疾病的鱼还没有治疗方法。但是，已经确认水温急剧变化为发生这种疾病的诱因。因此，往不同水温的鱼池里移动香鱼，特别是往低水温鱼池里移动香鱼时，应缓慢进行，使鱼逐渐适应水温环境，这个措施对于防治这种疾病的发生十分重要。

（畑井喜司雄）

由同样病因引起的出现类似症状的其他鱼种
无

真菌性肉芽肿
Mycotic granulomatosis

图1

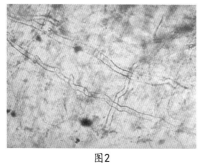

图2

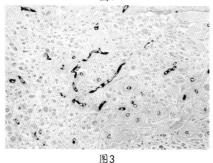

图3

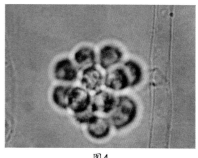

图4

这种疾病最初于1971年发生于大分县的某养殖场，之后在日本很多都府县也发生了该病，造成了不小的危害。这种病的病原为能引起水霉病的一种。与这种疾病相似的疾病是流行于东南亚的被称为流行性溃疡症候群（EUS）。

这种疾病不属于流行性溃疡症候群，而是由侵入丝囊菌（*Aphanomyces ivaddns*）引起的疾病，有人建议将这种疾病称为流行性肉芽肿性丝囊霉菌病。

【症状】

在疾病初期，鱼体外观特征为发生于体表并伴有出血点的肿胀，不久在膨胀部的皮肤表面形成出血斑（图1）。这些外观疾病特征和鱼类的弧菌病有相似的地方。但是，由于在病鱼的肿块内存在有菌丝体（图2），根据菌丝体可以与弧菌病相区别。病理组织学特征为在菌丝侵入部位形成肉芽肿（图3，Grocott's Variatien，姬姆萨染色）。后期症状为膨胀部位皮肤出现溃疡，露出肌肉中形成的红色肉芽肿。

【病因】

这种疾病是由属于淡水卵菌类水霉科的真菌——侵入丝囊菌（*Aphanomyces ivaddns*= *A.piscicida,* 译者注：杀鱼丝囊菌）的感染引发的。这种菌不感染鲤。孢子在囊内形成一列，孢子游出时在孢子囊前端呈块状休眠状态（图4）。患部内的菌丝直径为11~26μm，没有隔膜，呈不大规整的分支状态。在鱼体内几乎不能形成孢子。

【对策】

现在对这种疾病尚无对策。

（畑井喜司雄）

由同样病因引起的出现类似症状的其他鱼种
金鱼、鲫、乌鳢、鲻、蓝鳃太阳鱼

鱼醉菌病
Ichthyophonosis

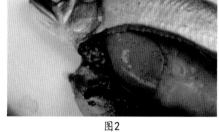

图2

图1

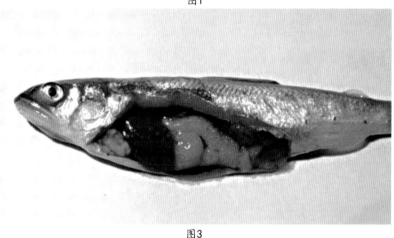

图3

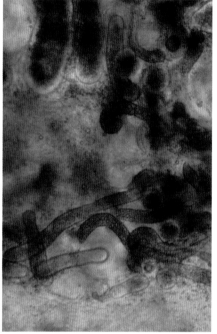

图4

有报告指出，这种疾病发生于虹鳟、日本鳗鲡等淡水鱼以及五条鰤、黑鲷等海水鱼。但1979年春夏之间，在海产香鱼中也发生了这种疾病，死亡持续了相当长的时间。强有力的证据表明，发生这种疾病的香鱼已经在海中感染了鱼醉菌，该霉菌和种苗一起进入了养殖场。最终这种疾病的发生率可达总放养量的10％以上。另外，发病时的水温为16.5~17.5℃。

【症状】

病鱼一般漂浮于含氧量较高的注水口或水车附近的水面上，呈不活泼的游泳状态，体色变黑。摄食量下降，停止投饵后鱼体死亡率暂时下降，第二天死亡率则又会增加。

在外观症状方面，重症患病鱼表现为伴随脱鳞出现黑点和腹部膨胀及腹腔积水（图1）。

解剖检查后可见的病变特征为心脏、肝脏、脾脏及肾脏形成白点或结节，重症患病鱼的这些脏器显著肿大（图2、图3）。将这些脏器的一块压扁后镜检可见大量的霍氏鱼醉菌多核球状体（图4，由于病鱼死亡，多核球状体发芽）。

从病理组织学检查结果来看，除前述的脏器之外，在肌肉、胃、鳃等部位也确认有多核球状体。这说明该病为全身感染性疾病。

【病因】

经系统分类学检查表明，以前将这种疾病寄生体分类归于接合菌纲虫霉目，现在将其分类为藻菌目霉菌科的霍氏鱼醉菌（*Ichthyophonus hoferi*）。

【对策】

迄今为止尚无有效治疗方法。从这种疾病的发生情况来看，在五条鰤养殖场附近海域捕捉的海产香鱼感染有这种疾病。因此，要特别注意避免引入鱼苗时带入该病病原。

为防止这种疾病的扩大、蔓延，要迅速清除死鱼，因为从死鱼排出的多核球状体可成为这种疾病的感染源。所幸的是，香鱼和虹鳟是不同的鱼类。在确诊发生这种疾病的养殖场，彻底消毒鱼池的同时，尽可能从未污染鱼场引进幼龄香鱼进行饲养，这样才能防止这种疾病的发生。

（畑井喜司雄）

由同样病因引起的出现类似症状的其他鱼种
虹鳟、日本鳗鲡、五条鰤、黑鲷

点霉菌病
Phoma infection

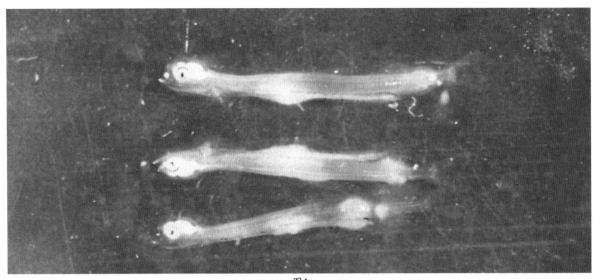
图1

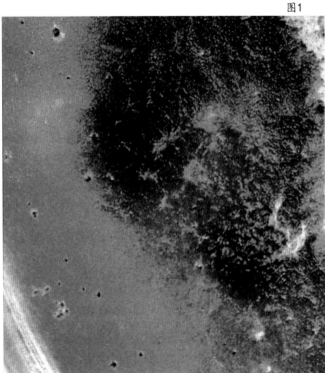
图3

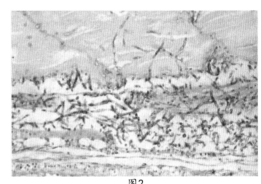
图2

图4

这是一种发生于香鱼稚鱼的内脏真菌病。在10月中旬至下旬期间，曾经出现过养成鱼（体长约16mm）死亡率达60％的情况。目前还不知道这种疾病能否感染成年香鱼和其他鱼种。该病今后有可能继续出现，因此要十分注意。

【症状】

濒死患病鱼的外观（图1）呈白色污浊状，在此处有时可见到少量的菌丝生长于鱼体外。在病理组织学观察中可见在肾脏、腹腔、鳔、肠、肝脏、胰脏、体侧肌肉等部位有生长的菌丝，不过从数量上看，以肾脏中最多（图2，从鳔向肾脏、肌肉生长延长的菌丝）。

病原菌首先经口腔侵入到鳔并在此生长发育，然后向其他器官伸长，不久可致病鱼死亡。

【病因】

这种疾病由属于不完全菌亚门分生孢子科的点霉菌（*Phoma* sp.）感染所致。这种细菌在培养基上（GY琼脂培养基）形成分生子囊（图3，黑色集落样结构），其内部生成大量透明、长椭圆形的分生孢子（图4）。在美国有类似的疾病，见于鲑科鱼类，由草茎点霉（*P. herbarum*）感染引起。

【对策】

尚无有效的治疗方法。

（畑井喜司雄）

由同样病因引起的出现类似症状的其他鱼种
无

格留虫病
Glugeosis

图1

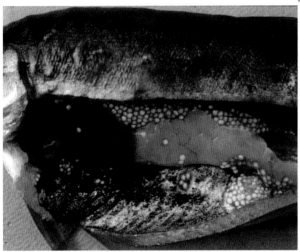
图2

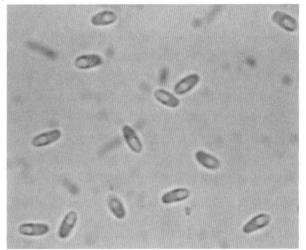
图3

这种疾病由微孢子虫类的格留虫寄生所致，被称为格留虫结节的2~5mm的大量乳白色球状物形成于香鱼的皮肤、肌肉、内脏等处。这种疾病主要危害养殖的香鱼，在河川中的香鱼和用于生产种苗的香鱼也有发生。

【症状】

患病初期以鱼体腹腔内为中心形成包囊，外观未见异常。重症病鱼的身体各部进行性地形成包囊并充满鱼体腹腔。而且，由于皮肤、皮下脂肪等处形成包囊，鱼体表各处隆起而呈现奇怪的外观（图1、图2）。

【病因】

该病由原生动物门微孢子虫纲的香鱼格留虫（Glugea plecoglossi）寄生于宿主细胞内引发。

病原体为平均长5.8μm、宽2.1μm的孢子（图3），这种疾病不只经口感染，经皮肤感染的可能性也较大。发病时的水温在18℃以上，从初期到重症经历1个月左右的时间。宿主是香鱼，但在实验条件下虹鳟也能被感染。

【对策】

有效驱除格留虫的方法：可以在发病前的某一时期，将宿主在28~29℃高水温中饲养5d，间隔7d后重复一次。

实际上，购入天然种苗后，如能尽早进行上述的高水温处理，基本上可以防止这种疾病发生。当然，水温上升后，要注意发生其他疾病的风险或对性成熟的影响。一般认为，生产种苗时，仔鱼的格留虫病来自种鱼。因此，在采卵、采精时应该确认亲鱼生殖腺内无格留虫结节。

（高桥晢）

由同样病因引起的出现类似症状的其他鱼种。
虹鳟

三代虫病
Gyrodactylosis

图1

图2

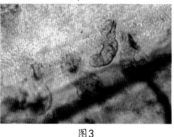

图3

图4

这是鱼类的一种体外寄生虫病，由三代虫寄生引起。该病已经给养殖香鱼带来了不少损失。1980年以后，常年发生这种疾病（多发于初春到夏季）。各研究机构的诊断结果表明，这种疾病已经给香鱼养殖场造成了不小的危害。

3月以后引进琵琶湖产的香鱼种苗时带进这种寄生虫的情况较多，其寄生状况在不同的年份相差较大。

被该虫寄生的香鱼，其摄食受到影响，因而其生长也受到阻碍。寄生虫的数量较多时，可看到每天都有数十尾香鱼死亡。

【症状】

被该虫寄生的香鱼摄食不活泼，经常可见病鱼或是在水面上异常跳跃，或是身体摩擦池壁游动。通常凭肉眼不能观察到明显症状，镜检时可见体表、各鳍条以及鳃部有该虫的寄生。另外，寄生该虫后，可见香鱼体表黏液异常分泌、充血及斑点状出血斑（图1、图2）。

【病因】

这种疾病由属于扁形动物门单殖吸虫纲的日本三代虫（Gyrodactyus japonicus）、香鱼三代虫（G. plecoglossi）和红斑三代虫（G. tominagai）寄生所致（图3、图4）。

该虫雌雄同体，大小为0.3~0.8mm，交替使用前端的黏着腺和后端的吸盘，移动于宿主的体表、鳍条及鳃等表面。繁殖方式为胎生，别名三代虫。

【对策】

迄今为止尚无有效的驱虫方法。该虫离开宿主后附着于别的鱼体表，此为寄生虫的转移方式。为防止虫体的转移，可采用降低水位、加快水流、提高换水率、不重复使用养殖用水等措施，这些方法都可以有效地防止该虫的再寄生。

另外，高密度饲养方式有助于该虫的再寄生，因此，应避免饲养密度过高。还有，寄生部位可能成为细菌感染的门户，对此应予注意。

（城泰彦）

由同样病因引起的出现类似症状的其他鱼种
无

变头绦虫病
Proteocephalosis

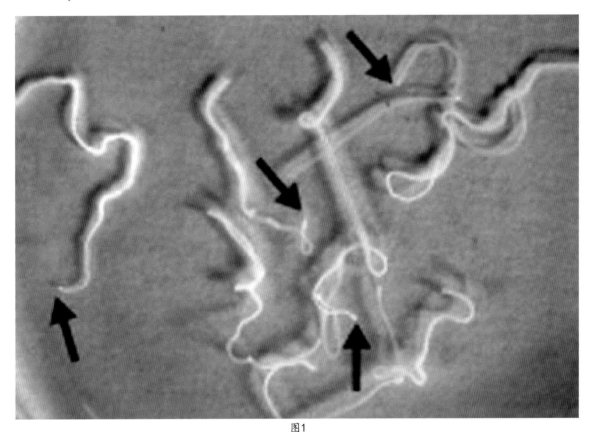

图1

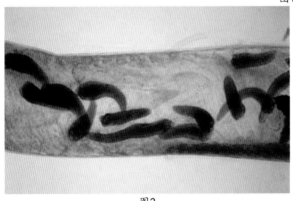

图2

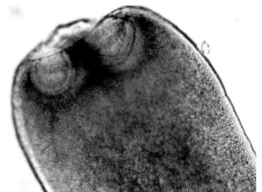

图3

（图1、图3由城泰彦提供）

在天然或人工养殖的香鱼肠管中经常可见到寄生绦虫（图1，从香鱼肠管中取出的虫体）。来源于琵琶湖的香鱼种苗在养殖过程中多有发生这种疾病，危害香鱼养殖业。不过，最近绦虫的寄生情况有所缓解。在琵琶湖野生香鱼中这种疾病减少的原因尚不清楚。虽然不会因寄生这种虫体而使香鱼死亡，但是，受感染的香鱼有可能作为残品而遭淘汰。

【症状】

未见特别的外观症状。加工香鱼过程中时有发现。实际上，在琵琶湖产的香鱼种苗体内已经寄生了该虫的幼虫（图2），该虫大量寄生时会降低香鱼种苗输出的成品率。

【病因】

病原为杯头绦虫类的香鱼变头绦虫（*Proteocephalus plecoglossi*）。这种寄生虫在头节的侧部有4个吸盘，在顶部有1个吸盘（图3）。一般体长在5mm以下，属小型绦虫，体节数也较少，一般为20~50节（图1，箭头所示为头节）。剑水蚤类为该虫的中间宿主，香鱼吃了剑水蚤后感染该虫。在琵琶湖的香鱼，从12月至次年6月被证明有该虫寄生，7月下旬以后便见不到该寄生虫了。

【对策】

在实验条件下，已经证明有几种驱虫药是有效的，但是，还没有开发出允许在水产品中使用的药物。

（小川和夫）

由同样病因引起的出现类似症状的其他鱼种
无

‖鳋病
Ergasilosis

图1

图2

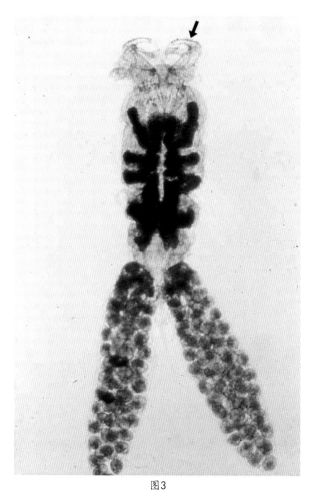

图3

（图3由小川和夫提供）

该寄生虫病成为香鱼养殖中的问题，不是因为能导致养殖香鱼大量死亡，而是该病可以影响香鱼的正常摄食，造成香鱼生长障碍。寄生虫是4～5月以后将琵琶湖产香鱼苗种引入养殖场时随着带进来的。这种寄生虫的寄生率受生存环境和宿主的影响很大，每年的变化极大。

【症状】

香鱼种苗入池后不久便出现摄食不良和持续死亡，不过危害不严重。诊断这种疾病不难，肉眼即可见出现在鳃盖外面的寄生虫卵囊，并且掀开鳃盖时就可见寄生于鳃上的虫体（图1）。但是，由于经常同时在鳃丝中寄生有三代虫（Gyrodactylus）、车轮虫（Trichodina）等其他寄生虫。因此，建议一并对鳃丝进行镜检。

虫体寄生部位是鳃丝，该虫用固定器官，即强有力的钩爪状的第二触角悬挂于鳃丝上（图2、图3，箭头所示为第2触角）。被该虫寄生的香鱼鳃瓣出现淤血、漏（渗）出性出血等。并且，由于虫体的机械性刺激，鳃分泌大量黏液，导致呼吸障碍而发生死亡。

【病因】

该病的寄生虫是属于甲壳类的宽鳍鱲鳋[Ergasilus zacconis（=Pseudergasilus zacconis）]。肉眼所见的成虫都是雌虫，大小为0.7～1.7mm，尾部有两个卵囊（图2、图3）。卵囊内约有100个虫卵，孵化后的无节幼虫进入水中。游泳能力很弱的幼虫随水流排出池外，因此，再寄生的机会减少。由于该虫没有了寄生环境，最后灭绝而见不到了。

【对策】

预防办法是避免引进寄生了该虫的种苗。不过，几乎没有因这种疾病造成大规模损害的报道。如前所述，即使该虫和香鱼种苗一起进入养殖场，如果不重复使用排出的水，该虫就很难有机会再寄生，经过不长时间便可消灭这种寄生虫。

（城泰彦）

由同样病因引起的出现类似症状的其他鱼种
以宽鳍鱲为代表的野生淡水鱼

灯笼病
Chochin-byo

图1

图2

图3

这种疾病名称的由来是病鱼患部变成了白色后游泳的样子,特别容易使人联想到提着灯笼游行的场景(图1)。该病最初于1967年被报道,以前在养殖场经常散见这种疾病。

这种疾病的发生,主要见于食欲旺盛、生长迅速的夏季养殖香鱼,在幼鱼期或成鱼期的香鱼几乎见不到这种疾病。而且,可以从这种疾病的多数病例中得出以下经验:这种疾病发生于养鱼池中,天然香鱼不会发生该病。因此,采用营养合理的饵料并适量投放,控制适宜的养殖密度等就可以预防这种疾病。

【症状】

根据滋贺县水产研究所对这种疾病的定义,该病特有症状为"背鳍前部的皮肤及肌肉组织发生椭圆形或圆形坏死,露出白色的肌肉"(图2)。

在初期,患病鱼通常在水面附近游泳,几乎不摄食,表现为神经过敏。仔细观察后发现,首先见到背鳍前部的表皮出现白斑,1~2d后症状进一步发展。如病情急剧发展的话,1周内便可出现肌肉上层缺损,露出肌肉的症状。但是,因此而造成鱼死亡的情况很少见。一般不久便有好转的倾向(图3)。但是,这样的病鱼商品价值低下,并且该

患病部位可成为再次感染细菌、水霉的门户,并因此造成更多鱼的死亡。

【病因】

经验表明,高密度饲养时易发这种疾病,低密度时可终止这种疾病的发展。因此,怀疑这种疾病的发生是伴随饲养密度而产生的某种生理性障碍。

此外,下列因素也可诱发、助长这种疾病的发生:①投放饵料不足;②注水量少,水温高;③过量投放油脂过多的饵料等。

【对策】

由于高密度饲养、投放饵料不足时易发这种疾病,因此,降低养殖密度,增加投放饵料量的措施,可以防止这种疾病的蔓延。

根据以往的经验,人们已经知道,各种营养剂、强肝剂有助于预防这种疾病和促进患部的愈合。此外,增加注水量、降低饵料中油脂添加量等措施都可以试着应用。

(城泰彦)

由同样病因引起的出现类似症状的其他鱼种
无

鳗鲡
Eel

收载鱼病

病毒病

疱疹病毒性鳃丝坏死/病毒性血管内皮坏死（鳃淤血病）

细菌病·真菌病

【细菌病】 弧菌病（弧菌病A型）/弧菌病（弧菌病B型）/头部溃疡病/红点病/副大肠杆菌病
【真菌病】水霉病/肤孢子虫病

寄生虫病

车轮虫病/凹凸病/伪指环虫病/鳔线虫病

其他疾病

气泡病/肾上皮细胞瘤

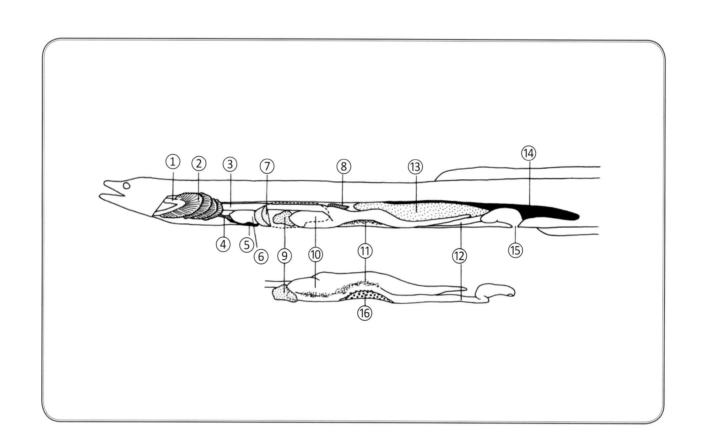

腹面图（除去肝脏后的鱼体）

①鳃弓 ②鳃丝 ③食道 ④动脉球 ⑤心室 ⑥心房 ⑦肝脏 ⑧脾脏 ⑨胆囊 ⑩胃 ⑪胰腺 ⑫肠道
⑬鳔 ⑭肾脏 ⑮肛门 ⑯生殖腺

疱疹病毒性鳃丝坏死
Herpesviral gill filament necrosis

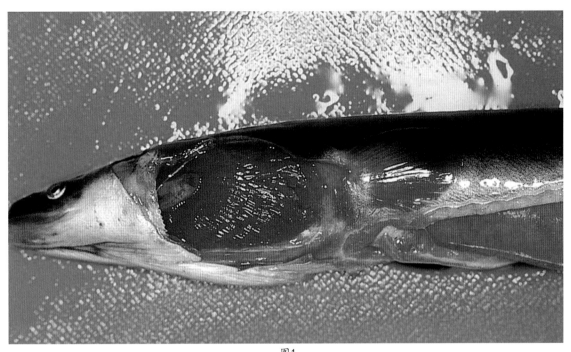

图1

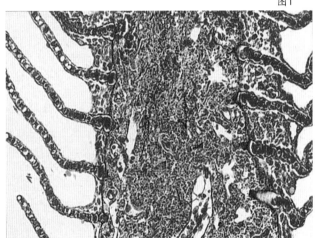

图2

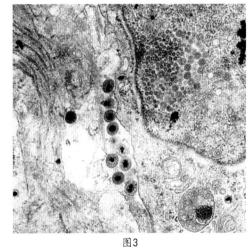

图3

这种疾病发生于加温饲养的日本鳗鲡，特别是在秋季，有易发倾向。因这种疾病引起大量死亡的病例不多。但是，由于患病时鳃丝脱落而使养鱼池水质恶化，因而有造成鱼体大量死亡的可能性。

【症状】

多数病鱼呈现体表或胸鳍发红，解剖检查时，可见鳃小片点状出血，鳃丝出血，鳃瓣前端显著缺损，肝淤血（图1）。病理组织学检查可见鳃丝中心的角鳃软骨和鳃丝动脉周围的结缔组织显著坏死，并出现炎性细胞浸润和出血（图2）。用电子显微镜检查，可在鳃丝结缔组织的纤维细胞中看见感染的疱疹病毒。在细胞核内出现大量的病毒粒子（100nm），细胞质内有大量的具有较厚囊膜的成熟病毒粒子（170~200nm）。细胞内的线粒体等微小器官显示崩解现象，胶原纤维也发生断裂，被感染的细胞受到严重损伤。在血管内皮细胞和中心静脉窦内皮细胞未见感染病

毒。这点与同样引起鳃丝出血的病毒性血管内皮细胞坏死病不同。

【病因】

疱疹病毒为这种疾病的病原，用电子显微镜观察发现，在坏死的纤维细胞内有明显的病毒增殖现象（图3）。在分离该病毒时，EK-1细胞和TO-2细胞显示出易感性，出现特征性的形成巨细胞的细胞病变（CPE）。这种病毒血清学特性与鳗疱疹病毒（*Herpesvirus anguillae*, HVA）一致。

【对策】

发病后，在2~3d内将水温升高至33~35℃，病毒便失去活性，鳃的病变趋于康复。

（宫崎照雄）

由同样病因引起的出现类似症状的其他鱼种
无

病毒性血管内皮坏死（鳃淤血病）
Viral endothelial cell necrosis

图1

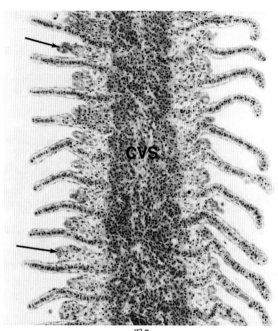

图2

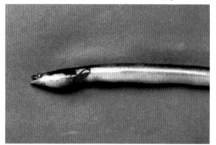

图3

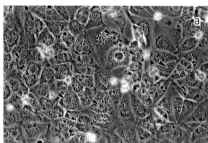
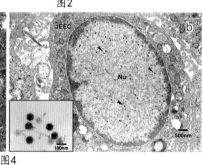

图4

　　1984年前后开始，在静冈县吉田町养殖的鳗鲡中出现伴有鳃丝中心部血液滞留、肝脏出血的一种疾病，之后该病的危害扩大至全国。现在，该病被叫做鳗鲡病毒性血管内皮坏死（Viral endothelial cell necrosis of eel, VEC-NE），是养殖鳗鲡中最重要的疾病。起初，这种疾病多发于春秋季节（特别在夏季高水温时期），在摄食活跃、生长速度较快的20~100g的新仔鳗鲡中有很强的发病倾向。现在，这种疾病常年发生，而且上市规格的鳗鲡也有发生。不过，该病为鳗鲡特有的疾病，在其他鱼类中未见发生。

【症状】

　　病毒性血管内皮坏死的特征性症状为，中心静脉窦的淤血造成肉眼可见的鳃丝中心部血管肿胀（图1），在此处进行病理组织学观察发现，有大量血液流入中心静脉窦，可称为鳃淤血（图2：CVS=中心静脉窦）。外观特征为鳃盖和鳍条发红（图3）。发病初期表现为胸鳍和鳃孔发红，不久便可见到全部鳃盖、腹部发红。在有的病鱼中也可见到鳃盖、腹部膨胀。解剖检查时见到除了鳃之外，由于肝脏大范围出血而变成红黑色，有的病鱼腹腔内见有出血、积水。电子显微镜观察发现，患部血管内皮细胞的肥大细胞

核内有直径75nm的病毒粒子。感染实验结果表明，实验开始后10d左右发病，约2周内死亡率达75%。

【病因】

　　最近对此病毒进行了分离培养，证明该病毒为直径75nm的正20面体的腺病毒（图4a、图4b）。将该病毒接种到来源于日本鳗鲡血管内皮的培养细胞（JEEC）后，可观察到以细胞核肥大为特征的细胞病变（CPE）（图4a的箭头）。在电子显微镜下可见JEEC（图4b）的肥大细胞核内（Nu）有病毒粒子（图4b）。

【对策】

　　目前，防治这种疾病的方法是，将水温升高至35℃左右并维持4~7d。在病初阶段虽然有一过性死亡率升高现象，但是可以快速终止病情发展，防止危害继续扩大。另外，在实验感染中发现，在实验前不喂料的个体，即使接种病毒后也几乎不发病。因此，建议将禁食作为一种防治措施。

（小野信一）

由同样病因引起的出现类似症状的其他鱼种
无

弧菌病（弧菌病 A 型）
Vibriosis type A

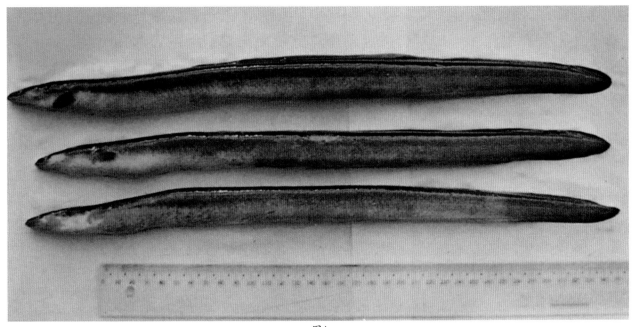

图1

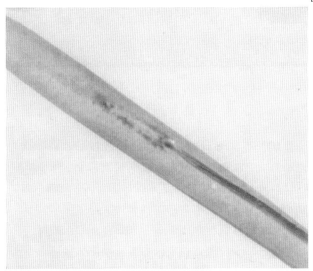

图2

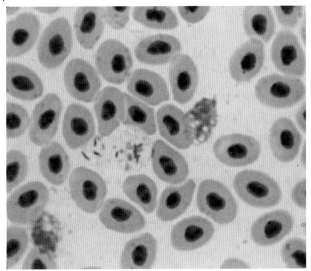

图3

　　弧菌病A型很早以前就存在于欧洲。在日本主要发生于半咸水池的鳗鲡（日本鳗鲡及欧洲鳗鲡），以及为了促进成熟而在海水中养殖的鳗鲡。弧菌病有两种病原体，一种为鳗弧菌（*Vibrio anguillarum*），另一种为创伤弧菌（*Vibrio vulnificus*）。因此，为了区别而将前者称为弧菌病A型，后者称为弧菌病B型。两种类型弧菌病均发生于含有盐分的鱼池中。但是，两者发病的水温不同，A型易发于水温在20℃及以下的环境。

【症状】

　　皮肤显著发红（图1）或是鳍条发红（图2，海水养殖的病鱼）为该病的特征。剖开病鱼腹腔可见肝脏肿大或发红。最终表现为败血症（图3，血液涂片标本中的病原菌）而死亡。

【病因】

　　这种疾病为鳗弧菌感染所致。可用能否分解蔗糖、精氨酸、赖氨酸等以及生长所需温度（鳗弧菌，10~35℃；创伤弧菌，18~39℃）等特性鉴别两种弧菌。

【对策】

　　鳗鲡对该病病原菌的易感性很低，只有在某些状况下鳗鲡的抵抗力显著降低时才发生这种疾病。因此，平时应加强饲养管理。所以，日常管理十分重要。有实验结果证实，肌肉注射灭活的病原菌有预防疾病的效果。

（室贺清邦）

由同样病因引起的出现类似症状的其他鱼种
多种淡水鱼、海水鱼

弧菌病（弧菌病 B 型）
Vibriosis type B

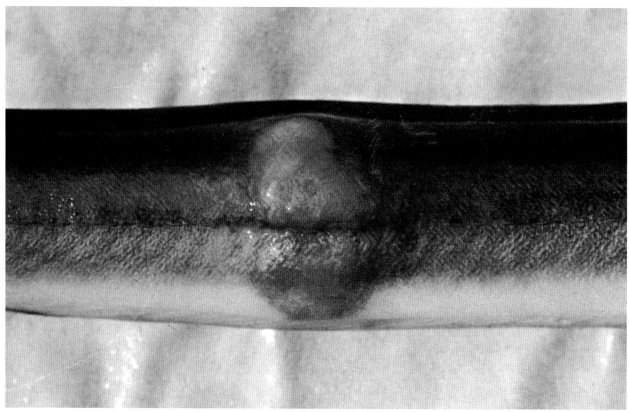

图1

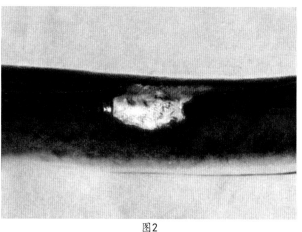

图2

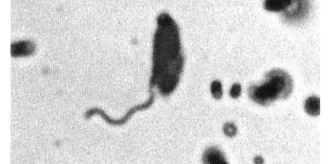

图3

　　这种疾病于1975年夏天首次发生于德岛县、高知县以及静冈县养殖的鳗鲡中，也称为溃疡病。为了与鳗弧菌（*Vibrio anguillarum*）所致的弧菌病相区别，将这种疾病称为弧菌病B型。这种疾病与弧菌病A型均发生于含有一些盐分的鱼池中。但是，该病发病水温比弧菌病A型高，只限于20℃以上的水温环境。

【症状】

　　病理特征是皮肤发红、肿胀（图1）以及溃疡（图2，恢复期的病鱼），还有鳍条发红，肛门充血、扩张，肠管发红、肿大。

【病因】

　　这种疾病是由创伤弧菌（*Vibrio vulnificus,* 图3）感染所致。该细菌作为人类的病原体早被人们所熟知。严重的肝功能障碍者通过摄食海产鱼、贝类等而感染这种致病菌，有时可导致败血症而造成较高的死亡率。

【对策】

　　这种细菌属于条件性致病菌（环境常在菌）。因此，平时加强鱼的健康管理以及环境管理是相当重要的。欧洲正在研究该病的免疫预防方法。此病原菌也是人类的病原菌。因此，处理这种疾病时要注意公共卫生安全问题。

（室贺清邦）

由同样病因引起的出现类似症状的其他鱼种
无

‖头部溃疡病
Head ulcer disease

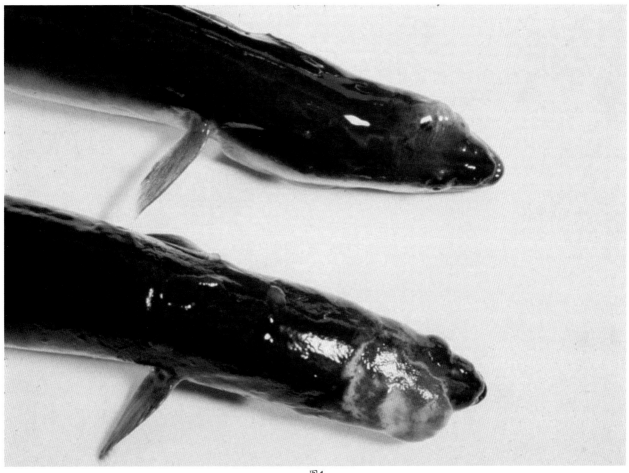

图1

　　这种疾病在1980年前后流行于南九州的养殖场，之后见于日本全国各地。如图1所示，包括口唇部在内的部位形成头部肿块或者溃疡是该病的特征，该病是鳗鲡的细菌性疾病，发生于低水温时。在普及了加温养殖技术的现在，几乎没有这种疾病的发生了。

【症状】

　　特征性的症状为在鳗鲡的头部形成的溃疡，也能见到患病鳗鲡头部发红，眼球白浊、突出，躯干部发红、溃疡，鳍条发红，肝脏淤血，胃内积水，腹膜出血等症状（图2）。另外，有时也会出现只在病鱼头部有肿块，而没有其他明显的症状的情况。

【病因】

　　从病鱼的患部进行细菌分离，各地分离到的细菌虽然在特性鉴定结果方面有些差异，但是均被鉴定为杀鲑气单胞菌（*Aeromonas salmonicida*）。将分离到的细菌接种于鳗鲡头部或鼻腔内，可引起头部溃疡并出现死亡。因此，可以证明其为该病的病原菌。急性病例只在鳗鲡头部发生病变，其他部位未见前述症状，并且也只能从头部病灶处分离到病原菌。

　　这种致病菌的增殖适宜温度为25℃左右，在30℃以上的温度条件下就不能增殖。人工感染实验证实，病原菌在

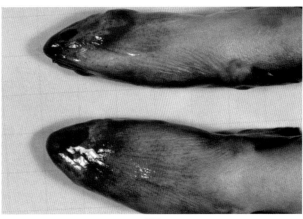

图2

15~20℃的条件下致病力很强。在养殖场这种疾病发生是以低水温期为高发期的，这可能是病原菌增殖温度特性所决定的。

【对策】

　　因为致病菌的生长受到环境温度的影响，因此30℃以上加温饲养对防治这种疾病有效。

（饭田贵次）

由同样病因引起的出现类似症状的其他鱼种
无

红点病
Red spot disease (Sekiten-byo)

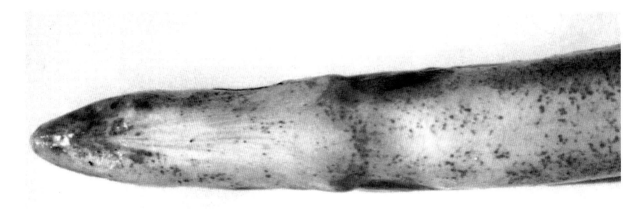

图1

图2

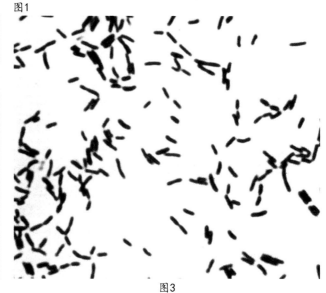

图3

这种疾病最初于1971年发生于日本各地的鳗鲡养殖场，数年间，特别是在德岛县的鳗鲡养殖场造成了很大的损害。随后这种疾病也发生于中国台湾（日本鳗鲡）、欧洲（欧洲鳗鲡）的鳗鲡养殖场。并且除了鳗鲡之外，香鱼、大甲鲹（日本）、鲑科鱼类（芬兰）等各种海水鱼也都有发病的报道。

这种疾病在水温10℃左右的春季开始流行，到了日平均水温25℃的7月终止。从主要发病地点德岛县的发生情况来看，这种疾病只发生于含盐的养鱼池，与日本鳗鲡相比，欧洲鳗鲡的受害较轻。

【症状】

病鱼的特征为全身体表有显著的点状出血（图1、图2）。这是由于病原菌在表皮基底层、真皮增殖，造成渗出性出血或局部破坏性块状出血。

此外，还有肝脏的淤血，脾脏及肾脏的萎缩，肠管发红，腹膜点状出血等症状。

【病因】

该病病原菌为鳗赤点病假单胞菌（*Pseudomonas anguilliseptica*，图3）。这种细菌在普通琼脂培养基上生长稍

慢，形成有黏性的菌落；不能分解葡萄糖等所有的糖类；在5~30℃温度条件下均可生长，但是在25℃以上的温度条件下细菌的运动性等生理活性下降；在淡水中短时间内死亡，在海水中生存较好。在人工感染实验中，与欧洲鳗鲡相比，日本鳗鲡显示出了对这种细菌的易感性。这种细菌有荚膜，一般认为该荚膜抗原（K抗原）为这种细菌的致病因子。

【对策】

现今在日本已见不到这种疾病的发生。这得益于1980年前后普及的温水饲养鳗鲡（全年水温在26℃以上饲养鳗鲡）。原因是高水温时该病致病菌的生理活性下降，同时鳗鲡的抗病力增强，致病菌的致病力下降。

在鳗鲡养殖中，只要不回到含盐鱼池以及加温养殖以前的模式（露天养殖），就不可能再发生这种疾病。这种细菌的感染症，将来可能成为海产鱼的问题，因为以前在各种海水鱼中散见有这种疾病的发生。

（中井敏博）

由同样病因引起的出现类似症状的其他鱼种
香鱼、大甲鲹、鲑科鱼类

副大肠杆菌病
Paracolo disease

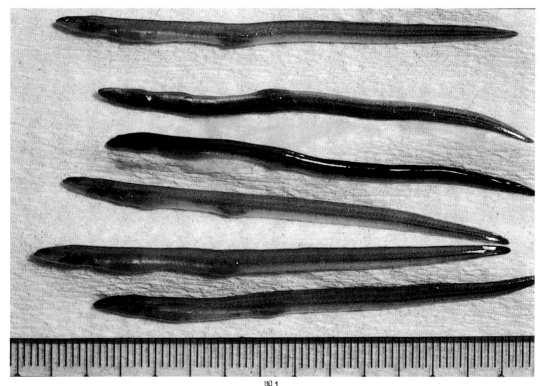

图1

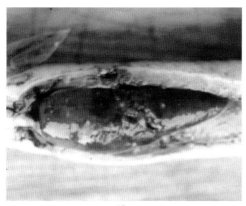

图2

图3

　　这种疾病为细菌病，从白仔鳗至成年鳗鲡中均可见到。水温25℃以上时发病，在温水养殖方式中常年可见这种疾病。在世界上，最先从日本鳗鲡中分离到这种疾病的病原菌，并命名为鳗致死副大肠杆菌（*Paracolobactrum anguillimortiferum*），也因此得出了这种疾病的病名，且这种疾病名只用于鳗鲡。该病原菌也可以引起牙鲆、罗非鱼、真鲷等鱼类发病，但现在将引起的这些鱼类的疾病均称为爱德华菌病。

【症状】

　　白仔鳗和黑仔鳗发病可见部分肝脏及肛门周围红肿（图1）。在鳗鲡肛门部位发红、肿胀，腹部发红，在肝脏、肾脏有穿孔。解剖检查时经常发现的病变特征为肝脏（图2）、肾脏发生溃疡。

【病因】

　　这种疾病由革兰氏阴性、具有运动性的迟缓爱德华菌

（*Edwardsiella tarda*）感染引起。该细菌可侵入肝脏或肾脏，并在这些脏器中繁殖（图3）形成溃疡灶。该细菌在脓肿溃疡病灶被嗜中性白细胞吞噬，但是不能完全被杀死，继续在细胞内繁殖，突破脓肿溃疡病灶的包膜，进入血管内而引起全身感染，最终导致患病鱼类死亡。

【对策】

　　口服有效的水产用医药品可以治疗这种疾病。由于致病菌耐药性问题出现，使有效治疗变得困难。一般认为白仔鳗的发病是由于摄食了带有病原菌的水蚯蚓，故投喂全价配合饲料可防治这种疾病。

（宫崎照雄）

由同样病因引起的出现类似症状的其他鱼种
牙鲆、罗非鱼

水霉病
Saprolegniasis

图1

图2

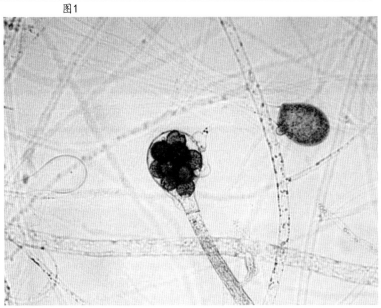

图3

这种疾病的发生仅限于鳗鲡，习惯上称其为棉罩病。很早以前就散见这种疾病，1955年静冈县大规模暴发后，这种疾病才引起人们的重视。不过，自1969年后这种疾病发病率已经开始下降。

【症状】

由于病鱼体表的菌丝茂密，呈现出棉毛状（图1）。从形成于菌丝前端的游动孢子囊中释放大量的游动孢子。释放游动孢子的特征为：在游动孢子囊内形成的数列游动孢子一起从游动孢子囊前端释放出来（图2）。

这些孢子经短暂休眠后，再次游动成为新的感染源。在多数情况下，当原发性病因存在（如细菌等的感染、外伤等）时，这些孢子作为二次病因而引起疾病。

【病因】

这种疾病的病原属于卵菌目水霉科的霉菌（*Saprolegnia* spp.、*Achlya* spp.）。作为病原性真菌的一种，异丝水霉（*Saprolegnia diclina*）的特征为在产卵器内由其他菌丝生长成产精管，其前端的产精器接触产卵器壁而形成卵孢子（图3）。

【对策】

以前曾经使用过孔雀石绿，将其泼洒池水中成0.2~0.3mg/L的浓度。不过现在法律上已经禁止使用这种方法。

（畑井喜司雄）

由同样病因引起的出现类似症状的其他鱼种
鲑科鱼类、鲤、香鱼等淡水鱼

‖肤孢子虫病
Dermocystidiosis

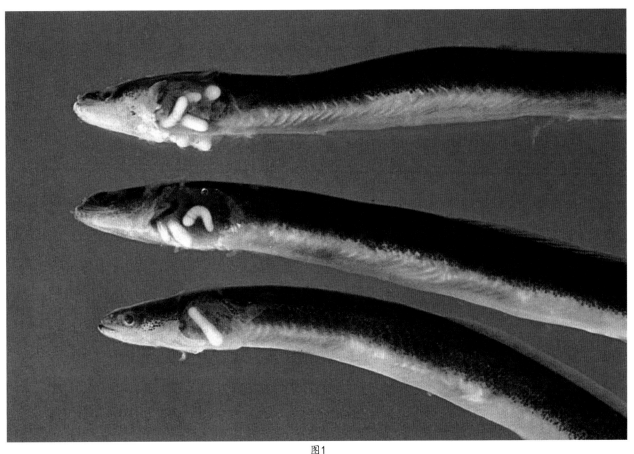

图1

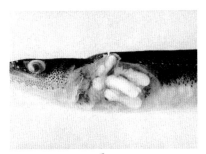

图2

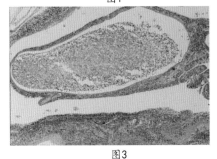

图3

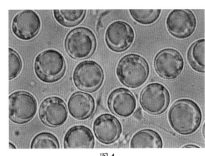

图4

这种疾病最初发生于德国，引进欧洲鳗鲡的稚鱼时将这种疾病带进了日本。

【症状】

寄生体的孢囊呈肾形、梨形等各种各样的形状（图1、图2）。多数孢囊[（0.6~1.5）mm×（1.6~4.1）mm]形成于鳃部而导致鳃盖不能关闭，在鳃的外部亦可见到孢囊。病鱼呈无力游动状态，或是呈立式游泳状态。患这种疾病一般不会造成鱼体死亡。在每尾鱼体上形成的孢囊多为2~8个。孢囊内含有无数的孢子（图3：形成于鳃上的孢囊的病理组织切片）。孢子（7.0~8.8μm）大致呈圆形，内有1个核及球状包涵体（5.2~6.2μm）（图4）。

【病因】

欧洲鳗鲡的鳃部寄生鳗肤孢子虫（*Dermocystidium anguillae*）而引发这种疾病。还不知道日本鳗鲡的发病情况。尚不明确该寄生虫的分类地位，以前将其归类于低等菌类，现在认为它可能属于一种原生动物。

【对策】

尚不清楚利用药物驱除这种寄生虫的方法。不过，将发病池水温度升高至30℃后，孢囊四周会发绿并变得模糊不清，不久便崩解而从鳃部消失。因此，有人认为，通过提高发病池水温，用"加温法"驱除这种寄生虫是有效的。

（畑井喜司雄）

由同样病因引起的出现类似症状的其他鱼种
无

车轮虫病
Trichodinosis

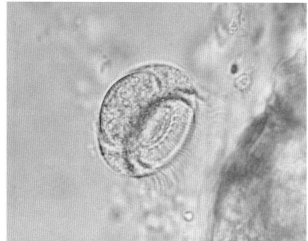
图1

图2

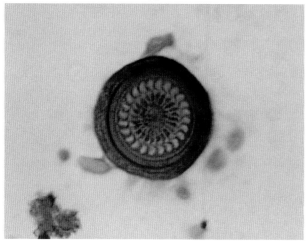
图3

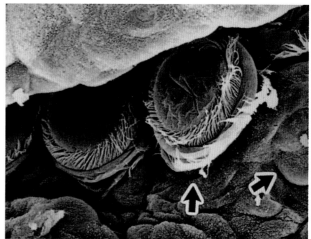
图4

　　该病是由车轮虫寄生在幼鱼的鳃、体表而引发的一种原生动物病。虫体寄生数量少时几乎见不到危害性。但是，当大量寄生虫在鳃上寄生时，可造成鱼体死亡。该病多发于梅雨季节。

【症状】
　　与其他鱼类的车轮虫病相同，由于大量虫体寄生在鳃和体表，导致鳗鲡鱼体大量分泌灰青色的黏液，鳃小片出现愈合、棍棒化等。病鱼食欲下降，游泳不活泼。未见明显的外观病变。镜检病鱼鳃丝可见特殊形状的病原寄生虫（图1）附着于鳃和体表，并可见大量虫体在附着部周围游动。和其他病原体混合感染的情况比较常见。

【病因】
　　这种疾病由大量的属于原生动物的车轮虫属（*Trichodina*）寄生所致。虫体横向观察呈圆屋顶状（图1、图2），直径30~40μm。虫体生有两列纤毛（图2），在底面有呈

几何形状排列的被称为附着盘的齿状体环的特殊构造（图3）。已知在日本养殖的日本鳗鲡中寄生有3种车轮虫，分别日本车轮虫（*Trichodina japonica*）、尖形车轮虫（*T. jadranica*）和急尖车轮虫（*T. acuta*），其中以日本车轮虫（图3）的寄生最为多见。虫体以附着盘吸附于鱼体鳃、体表，给寄生部位造成物理性损害（图4）。通常认为感染过程为虫体从病鱼向健康鱼游动，从而完成感染。

【对策】
　　这种疾病多数发生在水体交换不良的池塘。因此，当发现有衰弱的病鱼时，应加强换水，避免高密度饲养，尽快清除病死鱼和衰弱鱼等，这对于预防该病十分重要。

（今井壮一）

由同样病因引起的出现类似症状的其他鱼种
红鳍东方鲀、五条鰤、真鲈、牙鲆、鲑科鱼类、鲤科鱼类

‖凹凸病
Beko disease (Heterosporiosis)

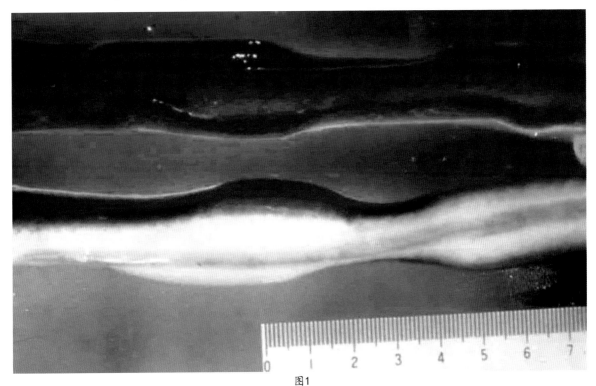

图1

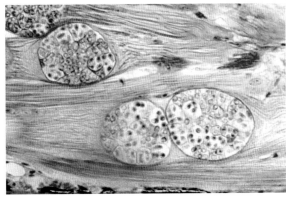

图2

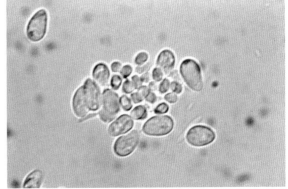

图3

这种疾病在露天养殖的鳗鲡池塘中比较常见，属于具有代表性的一种疾病。由于患病鱼体躯干部出现塌陷而呈现"瘤"的症状，因而也就失去了商品价值。实行大棚式加温养殖模式以来，这种疾病发病率出现下降趋势。不过，是否是由于加温降低了发病率还不十分清楚。

【症状】

病鱼体表外观塌陷，呈不规则的凹凸状态（图1）。体侧患部呈奶油色污浊，来源于寄生虫的蛋白分解酶使寄生部位发生溶解。寄生虫在肌纤维细胞内发育期间见不到明显的宿主反应。但是，组织中孢囊崩解而导致肌肉溶解，在患部引起巨噬细胞及各种淋巴细胞的浸润，最终受损组织可修复。病鱼的死亡率不高。

【病因】

这种疾病由微孢子虫纲的鳗匹里虫[*Heterosporis anguillarum*（=*Pleistophora anguillarum*）]寄生所致。在鱼的体侧肌肉细胞内形成孢囊，生成大量的孢子（图2）。孢子

呈米粒状，有大小两种类型。大孢子长6.7~9.0μm，小孢子长2.8~5.0μm，极管长400~440μm（图3）。即使外观呈"凹凸"状，由于在恢复期处理掉了孢子，因而几乎检查不到孢子。这种疾病为经口或经皮感染。也有可能在鱼体内形成孢子后发生再次感染（自体感染），但是尚未得到证实。寄生虫的发育受水温的影响，在20~30℃范围内，水温越高发育越快。25℃水温感染30d可形成孢囊。此外，在15℃以下几乎不发育，就是说在这样的温度下不发病。

【对策】

经常进行鳗鲡的挑选工作，发现病鱼立即清除。为了避免一起摄食时发生感染，要彻底实施分开饲养等管理方式。尚无有效的治疗方法。

（横山博）

由同样病因引起的出现类似症状的其他鱼种
无

伪指环虫病
Pseudodactylogyrosis

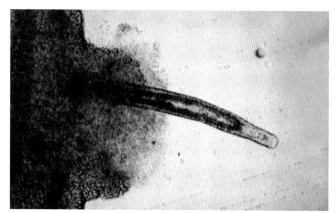

图1

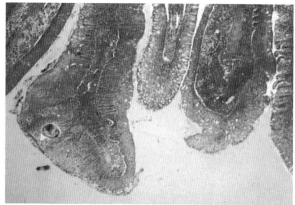

图2

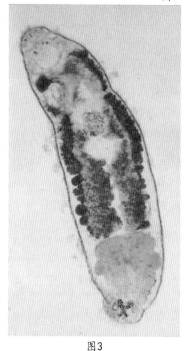

图3

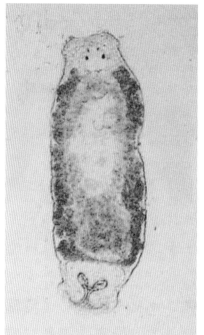

图4

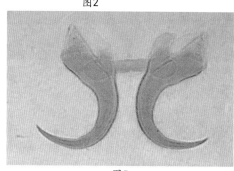

图5

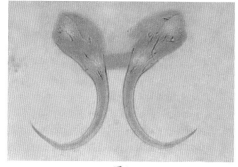

图6

　　从1960年下半年开始至1970年前后，这种疾病给欧洲鳗鲡养殖业造成很大危害。作为日本鳗鲡的寄生虫病，虽然该病没有受到人们的重视，但以大棚养鳗为主要模式的现代养鳗业呈现出大量发病的趋势。

【症状】

　　没有特征性的外观症状。诊断的依据是在显微镜下发现虫体。在虫体的固着部位，虫体形成孢囊状态的鳃组织有显著增生情况（图1）。在重症病例中，这种增生蔓延至整个鳃组织，鳃发生棍棒化现象（图2）。由于寄生了该虫而发生死亡的现象比较罕见，但是，由于虫体大量寄生影响摄食，导致鱼体生长迟缓。特别是在幼鱼期，该虫寄生的影响较大。在大棚养鳗方式中，均有寄生现象发生，寄生状态与季节和鱼体的大小无关。

【病因】

　　该病病因是属于单殖类吸虫的两种指环虫寄生于鳗鲡鳃丝。一种是短钩伪指环虫（*Pseudodactyloglus bini*，图3），该虫生活时体长约2mm，后部固着盘中央的一对锚钩长度为50~60μm（图5）。另一种是鳗鲡伪指环虫（*Pseudodactyloglus anguilae*，图4），该虫为小型虫，体长虽然只有1~1.5mm，锚钩的长度却达到90μm左右，比前面的一种锚钩更大（图6）。鳗鲡伪指环虫寄生时，见不到如图1和图2所示的宿主反应。另外，两种寄生虫混合寄生的情况较多见，但是短钩伪指环虫主要寄生于鳃丝中央至前端，鳗鲡伪指环虫主要寄生于鳃丝的基部，这种倾向十分明显。

【对策】

　　在预防方面，可排干大棚池水使鱼池干燥，以便彻底杀灭残留虫卵。

（小川和夫）

由同样病因引起的出现类似症状的其他鱼种
无

鳔线虫病
Swimbladder nematode infection（Swimbladder nematodosis）

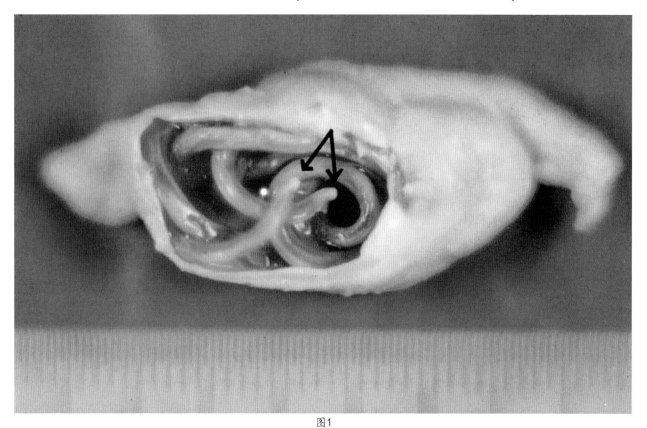

图1

图2

图3

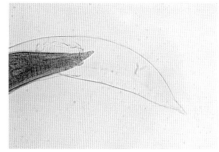

图4

这种疾病又叫鳗居线虫病，线虫寄生在日本鳗鲡、欧洲鳗鲡的幼鱼、成鱼的鳔腔内而引起发病。

【症状】

少量寄生时鱼体无明显症状，外观不易判断。大量寄生时鱼体可表现出下列症状：由于鳔腔内充满虫体而使其膨胀，并压迫其他内脏器官，引起鱼体血液循环障碍。发生炎症的鳔壁组织破裂，虫体进入腹腔。另外，在增厚的鳔壁内可见大量的器质化幼虫或是蜕皮中的幼虫。该病对欧洲鳗鲡危害较大。

【病因】

这种疾病的病原主要是球状鳗居线虫（*Anguillicola globiceps*，图1，箭头所示为球状头部）和粗厚鳗居线虫 [*Anguillicoloides crassus*（=*Anguillicola crassus*）；图

2，左♂，右♀] 两种寄生线虫。前者头部为球状，后者头部呈细尖状。中间宿主为桡足类的剑水蚤、锯缘真剑水蚤（图3），鳗鲡捕食中间宿主后被感染。离开中间宿主的虫体穿透鳗鲡胃或肠壁→体腔内→鳔壁（图4：蜕皮中）→鳔腔内（产卵、产仔）→幼虫（进入水中），该过程为鳗居线虫的生活史。

【对策】

①在进水口装上禁止桡足类通过的丝网；②采取流水养殖方式，创造使中间宿主难以停留的环境；③避免将育成池水循环流入幼鱼池。

（广濑一美）

由同样病因引起的出现类似症状的其他鱼种。
无

气泡病
Gas bubble disease

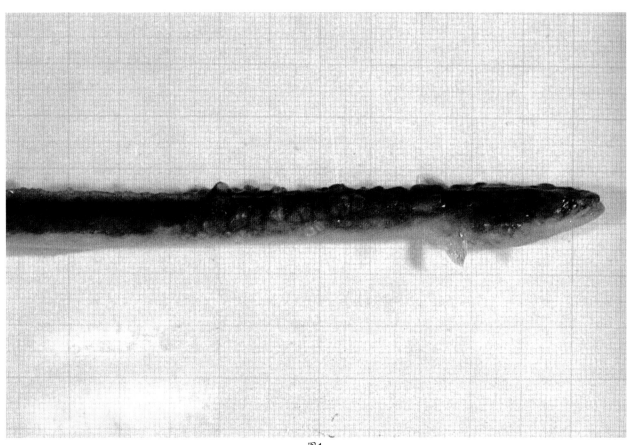

图1

图2

用含有大量氧气、氮气的水养鱼时，这些气体进入鱼体内，在鱼体表等处形成大量大小不等的气泡，有时会造成鱼体死亡。将该病称为气泡病（氧气病、氮气病）。下面将气泡病中的氮气病加以介绍。过去用泉水或地下水养殖鳟时，有因氮气病造成损害的报告。虽然这种疾病在鳗鲡养殖中没有造成危害的报道，但是，在使用地下水作为直接流水的养殖场养的鱼中，以及出现类似症状的实验室养的鱼中，均可见到氮气病。

【症状】

鱼呼吸异常，狂奔游泳而死。外观特征为头部（头的上部、眼周围、鳃盖）、颊部形成气泡（图1、图2）。病情再继续发展时，在胸鳍、背鳍、臀鳍部也可见到大量的大大小小的气泡。

【病因】

氮气病是由于使用了含有超饱和氮气的泉水或地下水而引起的。另外，用水泵扬水或使用循环水槽强制性吸引气体入水，使得水溶解气体，也能发生这种疾病。氮气饱和度达到120％以上时出现症状，超过150％时鱼可能在数日内死亡。

【对策】

将症状轻微的鱼迅速移入正常的养殖水中便可自愈。将养殖用水充分曝气，排出超饱和的氮气可以有效预防该病。

（花田博）

由同样病因引起的出现类似症状的其他鱼种
鲑科鱼类（虹鳟等）

肾上皮细胞瘤
Nephroblastoma（=Wilms' tumor）

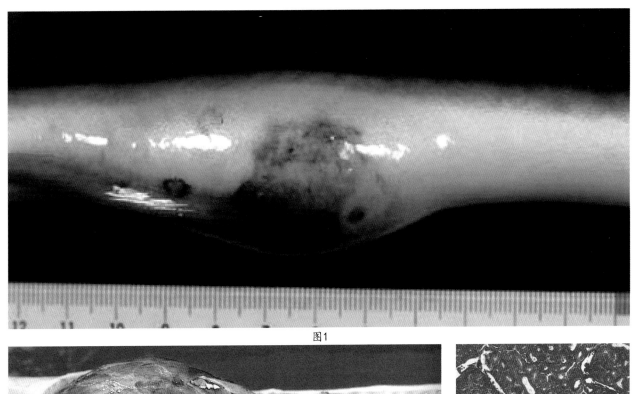

图1

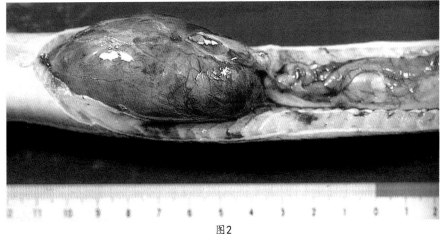

图2

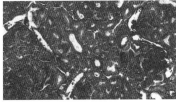

图3

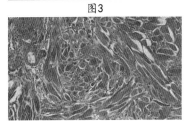

图4

　　这种疾病是因肾脏未分化细胞形成的肿瘤，过去在中国台湾养殖的日本鳗鲡中发生过。近年来，在日本各地养殖的日本鳗鲡中也有发生。肾上皮细胞瘤在虹鳟中也有散见，但是否为相同病因所致，尚不清楚。

【症状】

　　在夏末至冬季收获成鳗时，发现这种病鱼的情况较多，其发病率有时可达20%~30%。病鱼肛门后部的肾脏部位显著肿大，也有发生表面出血的现象（图1）。相反，躯干部和尾部明显消瘦。切开肿大的患部可见肿大的肾脏（图2）。组织学检查发现，由肿瘤化的上皮细胞（图3）、未分化完全的肾小球体、未分化的间叶细胞、平滑肌细胞、横纹肌细胞（图4）、软骨细胞等形成大大小小的

肿瘤。在肾脏中出现本来没有的细胞为肾上皮细胞瘤的特征，并且在肝脏中还见有转移的肿瘤细胞。

【病因】

　　推测其病因为致癌病毒的感染，或是在养殖水或饵料中混入了致癌物质所致。在部分病鱼体内分离到了病毒，而对其是否具有致癌性尚未研究。

【对策】

　　尚无有效防控对策。

（宫崎照雄）

由同样病因引起的出现类似症状的其他鱼种
无

鲤·锦鲤
Carp

收载鱼病

病毒病

鲤春病毒血症（SVC）/锦鲤疱疹病毒病（KHVD）/疱疹病毒性乳头瘤/鲤病毒性浮肿病/病毒性昏睡病/新开口病（病毒性出血病伴随开口病）

细菌病·真菌病

【细菌病】 新开口病（非典型杀鲑气单胞菌感染症）/柱形病/抗酸菌病
【真菌病】 肤孢虫病

寄生虫病

斜管虫病/鳃碘泡虫病/肌肉碘泡虫病/出血性单极虫病/肠管单极虫病/指环虫病/三代虫病/头槽绦虫病/皮肤线虫病

其他疾病

鱼鳔病/卵巢肿瘤

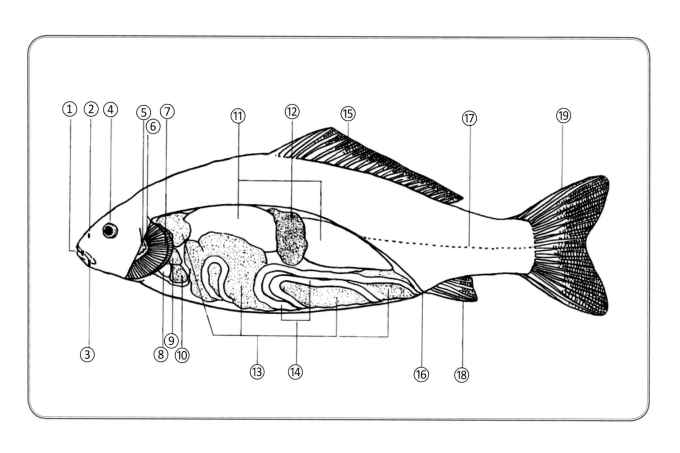

①口 ②鼻孔 ③触须 ④眼睛 ⑤鳃耙 ⑥鳃弓 ⑦鳃丝 ⑧动脉球 ⑨心房 ⑩心室 ⑪鳔 ⑫肾脏 ⑬肝胰腺 ⑭肠道 ⑮背鳍 ⑯肛门 ⑰侧线 ⑱臀鳍 ⑲尾鳍

鲤春病毒血症（SVC）
Spring viremia of carp

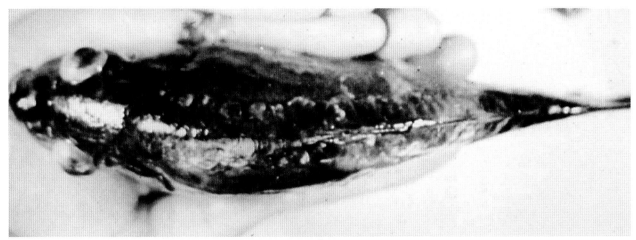

图1

图2

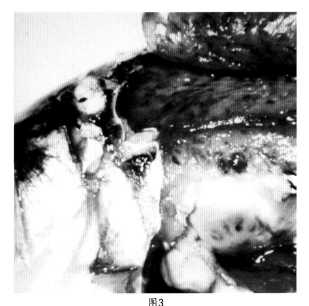

图3
（图由前南斯拉夫萨格勒布大学的Fijan教授提供）

这种疾病在欧洲、中东、美国及中国等地均有发生，截至2005年，日本尚无发病报道。这种疾病主要发生于水温18℃以下的春季。低水温时发病，虽然日死亡数量不多，但死亡持续时间很长，故总死亡率很高。在欧洲死亡率可达30%~70%，但是，水温达到18℃以上时发病，几乎不发生死亡。在欧洲，这种疾病主要危害1龄鱼，每年受损鱼总量可达4 000t左右，相当于总产量的10%左右。因此，从经济角度讲，这是一种很严重的疾病。

SVC病毒的宿主很多，鲤、金鱼、鲫、鲢、鳙、草鱼、丁𩾌、斜齿鳊（*Rutilus rutilus*）、圆腹雅罗鱼（*Leuciscus idus*）、欧洲鲇等鱼类都有体内发现该病毒的报道。不过，这种疾病对鲤的危害最大。

【症状】

被感染鱼会避开强水流，变得不活泼，反应迟钝；体色变黑，部分病鱼眼球突出，或因大量腹水而导致腹部膨胀（图1）。但是，有些急性死亡病例有时见不到上述症状。这种疾病最典型的症状为严重贫血（图2）和肌肉点状

出血（图3）。

【病因】

由属于弹状病毒的SVC病毒感染引起。

【对策】

最重要的是采取彻底的防疫措施。如前所述，该病毒感染谱广。该病即使在日本有发病情况，也不知其危害程度。病鱼可通过尿、粪、黏液等排泄体内的病毒。幸存病鱼几乎检不出病毒，但是，在产卵期的生殖液中有时可检出病毒。因此，有必要对发眼卵进行消毒。鲤发眼卵可耐受有效碘浓度为200mg/L的聚乙烯吡咯酮碘（15min）消毒，通常在50mg/L的条件下消毒15min即可。另外，也可用酒精消毒。对该病的确切治疗方法还未见报道。

（福田颖穗）

由同样病因引起的出现类似症状的其他鱼种
金鱼、鲫、鲢、鳙、草鱼、丁𩾌、斜齿鳊、圆腹雅罗鱼、欧洲鲇

锦鲤疱疹病毒病（KHVD）
Koi herpesvirus disease

图1

图2

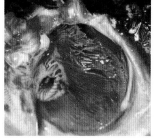

图3

图4

　　1998年以色列和美国发生了这种疾病。日本2003年5月在冈山县的河川里首次发生了这种疾病，造成鲤大量死亡。这种疾病在水温16℃以上时，特别是20~23℃时易发。从目前的情况看，水温在13℃以下或30℃以上不发病。这种疾病死亡率高，有时可达80%以上。目前还不知道鲤之外的其他鱼是否具有易感性。在日本，野生鲤也能发病，且具有通过水系形成感染链的特点。在河川里放流的观赏鲤中如果混有感染这种疾病的鱼，会加速扩大这种疾病的发病区域。

【症状】

　　多数病鱼表现为眼球及头部皮肤凹陷（图1、图2）。感染发生后，体表出现斑纹，背鳍似乎重叠。之后，体表分泌大量黏液（图3）。多数病例发生烂鳃（图4），有时候可以检出黄杆菌。内脏未见明显的病理变化。

【病因】

　　这种疾病是由鲤疱疹病毒Ⅲ型（即锦鲤疱疹病毒）感染

所致。该病毒在30℃以上不能增殖。

【对策】

　　不引进带病毒的鱼以及隔离饲养病鱼，是这种疾病的基本防治方法。使用天然水系养鱼时，发病危险性增大。一旦发病，需将全池鲤捕杀并对鱼池进行彻底消毒。在池水消毒时，应使池水中的有效氯保持数毫克每升。另外，发眼卵用聚乙烯吡咯酮碘（有效碘浓度50mg/L，15min）消毒有效。在日本之外的其他国家用升高水温的方法治疗这种疾病，将水温升至30~32℃，维持1周以上。而笔者的实验结果表明，在感染后出现黏液分泌明显增加时，将水温升高至32℃并维持数小时便可抑制死亡率。但是，病愈后的鲤有可能成为带毒鱼，因此应该引起注意。

（福田颖穗）

由同样病因引起的出现类似症状的其他鱼种
无

疱疹病毒性乳头瘤
Herpesviral papilloma

图1

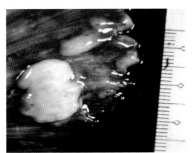

图2

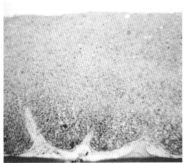

图3

图4

图5

这种疾病在中世纪的欧洲作为鲤痘疮病（皮肤隆起）已被人们所认识。日本的锦鲤、鲤也发生这种疾病。但是，几乎没有因该病致死的情况，患病鱼因外观受损而失去食用价值或观赏价值。当年鱼也发生该病，但是，这种疾病主要发生于1龄以上的鲤。初夏至盛夏水温升高后，肿瘤组织退化、脱落，自然痊愈的情况较多。

【症状】

多数病鱼的体表，特别是鳍条基部可见白色隆起（图1、图2）。在组织学检查中可见上皮细胞增生以及增生的上皮细胞深入结缔组织（图3）。患部因上皮增生，若无出血基本上呈白色，并有弹性。内脏各器官没有发现病变，也未发现病变向脏器转移。实验结果表明，用此病毒感染2周龄的仔鱼，死亡率可达60%~95%；数月后，幸存鱼中肿瘤发生率很高。

【病因】

这种疾病由鲤疱疹病毒1型[Cyprinid herpesvirus 1 (CyHV-1) (=Carp herpesvirus, CHV)]感染所致。CHV虽然是疱疹病毒，但是与KHV（锦鲤疱疹病毒）不同。病毒感染谱，除鲤外尚不清楚。

【对策】

患病后存活鱼的脑组织可中检出该病毒的基因。因此，携带病毒的亲鱼可能传染下一代。另外，从体表脱落的肿瘤组织中也能分离出病毒。因此，这些因素均有可能成为感染源。由于锦鲤通常是活鱼交易，且要将锦鲤拿到评价会上进行展示，故很难断绝病原体和锦鲤的接触。因此，根除这种疾病是比较困难的。

患病鱼在环境温度升高时肿瘤组织死亡、脱落而痊愈。在实验条件下将形成乳头瘤的鲤（图4）放入水温14~20℃的环境后，可见肿瘤退化；16d后，所有个体均可自愈（图5）。

（福田颖穗）

由同样病因引起的出现类似症状的其他鱼种
无

鲤病毒性浮肿病
Viral edema of carp

图1

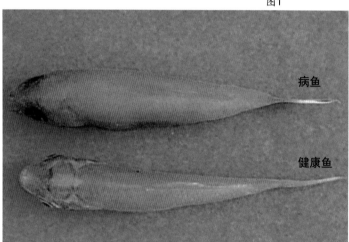

病鱼

健康鱼

图2

图3

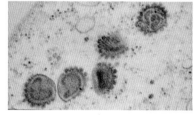

图4

这种疾病自1972年在广岛和新潟发生以来，迅速地蔓延至日本全国。在孵化后（约在6月）至梅雨结束（约在7月）期间集中发病，现在该病的危害仍然很大。从秋雨时节发病死亡的鱼中，以及患"昏睡病"的病鱼中分离到了相同的病毒。因此，有人认为"昏睡病"与这种疾病由相同的病毒引起。这种病毒在实验条件下也可导致鲤发病，并造成死亡。

【症状】

病鱼漂游于水面，在池角、岸边以及进水口等处聚集（图1）。死亡数量急剧增多，数日可造成全部死亡。病鱼身体浮肿（在尾柄部易判定，呈白色不透明状），眼球凹陷（图2），鳃丝棍棒化，有明显粘连现象（图3）。另外，有时还伴有体表出血。血液学检查时，表现为红细胞压积上升，血浆渗透压下降，乳酸值上升等。

但是，最近发病的群体表现为身体浮肿、鳃丝棍棒化及粘连的症状轻微，也不是短时间发生大量死亡，而是多见于1周至10d内逐渐出现死亡。

【病因】

在鳃上皮细胞内，可见具有260kbp的双链DNA、类似痘病毒样的病毒（鲤水肿病毒，Carp edema virus,CEV）（图4）。由于该病毒的感染使鳃上皮细胞增生，导致呼吸及渗透压调节发生障碍，这被认为是造成病鱼死亡的原因。

【对策】

将发病鱼从饲养池取出，用0.6%的食盐水加抗菌药物药浴5~7d可治愈。但是，体型较小的幼鱼较难恢复，通常多在采卵时防治这种疾病。治愈的鱼可能携带病毒，对此应予以注意。另外，池中浮游植物对水质有净化作用，能抑制这种疾病的发生。

此外，发病池若不采取措施，由于飞鸟等可将带毒鱼运走而传播病毒，可能导致病情扩大。因此，应用氯制剂对发病池进行彻底消毒。通常认为，此病毒通过亲鱼、成鱼传播，因此，消毒受精卵在防治感染方面是有意义的。

（山田和雄）

由同样病因引起的出现类似症状的其他鱼种
无

‖病毒性昏睡病
Viral sleeping disease

图1

　　1975年前后首次确认了这种疾病的发生，而且只有锦鲤发病。这种疾病多发于当年鱼，不过有时也发生于1龄以上的成鱼。秋天，从育成池转移到越冬池后的1~2周内发病较多，在低水温时进行倒池等操作比较容易诱发该疾病。

【症状】

　　患病鱼横卧池底如睡觉状。部分患病鱼横卧，漂浮于水面（图1）。患病鱼初看似已死亡，一旦有声音等刺激便游动。刺激结束后再次横卧。外观上可见体表浮肿，鳍条及体表淤血，眼球凹陷。对病鱼置之不理便会出现死鱼（图2）。

【病因】

　　这种疾病由和病毒性鲤浮肿病病原相同的痘病毒样病毒感染所致。通常认为在水温、水质变化时移动鱼是这种疾病的诱因。梅雨结束前后，幼鱼期患病毒性浮肿病的锦鲤，不易发生这种疾病。由于病毒侵害，鳃上皮细胞的渗透压调节功能障碍，导致患病鱼死亡。大量漂游鱼波豆虫寄生时也出现类似这种疾病的症状，但是，发生这种疾病的患病鱼几乎没有漂游鱼波豆虫寄生的情况存在。

【对策】

　　将水温升至20~25℃，在0.6%~0.7%盐水和抗菌药物水中持续药浴10~14d，对治疗这种疾病有显著疗效。另外，鲤在入越冬池时用0.6%~0.7%盐水浴并加温，然后少量逐渐添加新水冲淡盐水，可预防这种疾病。

　　上述措施的防病机理在于，高水温可抑制病毒的增殖，提高鲤免疫力，盐水浴可帮助维持鱼体渗透压。因此认为这些措施是有效的。

图2　　　　　　　　　（山田和雄）

由同样病因引起的出现类似症状的其他鱼种
无

新开口病（病毒性出血病伴随开口病）
Ulcer disease (Viremia associated anaaki-byo)

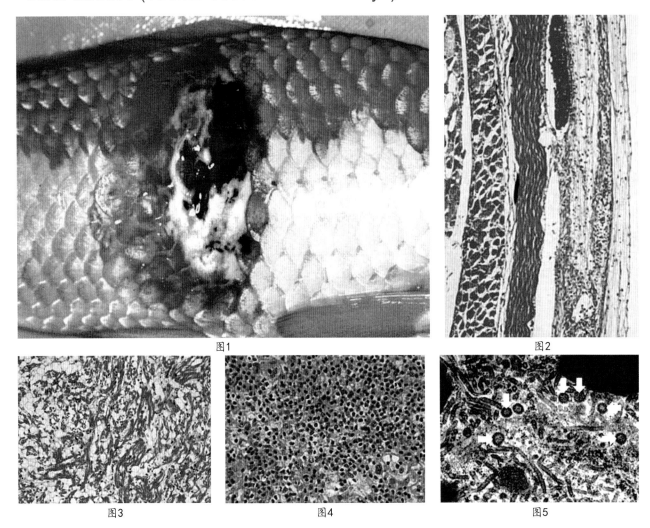

图1

图2

图3

图4

图5

该病被称为新开口病，1977年前后发生于锦鲤，在各地造成了很大的危害。1970~1975年间发生的开口病，其原发病原为杀鲑气单胞菌（*Aeromonas salmonicida*），广泛感染鲤、金鱼、鲫、鳗鲡等淡水鱼。而新开口病的特征是只发生于锦鲤，另外还发生于韩国养殖的德国镜鲤。

【症状】

病鱼躯干部、各鳍条基部、口吻部等部位伴有鳞片脱落、出血、溃烂、肌肉外露等形成溃疡灶（图1）。患病鱼即使体表病灶很小也能发生死亡，而且不一定能从病灶中分离到病原菌。

进行病理组织学检查，可见较浅病灶表现为真皮坏死、出血、纤维素沉着，表皮脱落（图2）。露出肌肉组织的较深病灶中可见组织坏死、细菌侵染。在病鱼心脏可见心肌细胞变性、坏死（图3）。进一步观察还可以发现，肾脏造血组织及脾脏中可见核浓缩、核崩解的大量坏死细胞（图4）。

电子显微镜观察可以发现，在真皮疏松结缔组织中的毛细血管内皮细胞、纤维细胞、坏死的造血细胞、脾细胞、心脏细胞的细胞质内可见大量的冠状病毒样粒子。

【病因】

这种疾病为冠状病毒样病毒感染所致。病毒感染真皮疏松结缔组织中的毛细血管内皮细胞，导致细胞坏死，损坏真皮结构，形成溃烂病灶。该溃烂病灶被水中的条件致病菌侵染后，溃烂病灶进一步扩大。由病毒感染造血细胞、脾细胞、心肌细胞等，并造成细胞坏死，进而导致患病鱼死亡。该病毒呈球形至梨形，表面有明显的棘突样结构。大小为100~170nm（图5）。病毒在受感染细胞内形成特征性的含有晶体结构的包涵体。病毒可用EPC细胞、FHM细胞培养。培养的病毒经皮内接种可形成溃疡灶。而且，腹腔接种病毒后可导致实验鱼死亡。

【对策】

尚无有效防治方法。选择对体表病灶内杂菌敏感的药物，并对患病鱼进行肌肉注射，能治愈溃疡。但是，有的病鱼在病灶愈合后仍可出现死亡，或者注射抗菌剂后完全不见效果。

（宫崎照雄）

由同样病因引起的出现类似症状的其他鱼种
无

新开口病（非典型杀鲑气单胞菌感染症）
Ulcer disease (Atypical *Aeromonas salmonicida* infection)

图1

图2

自1996年开始，一种以体表溃疡为特征的疾病开始流行于锦鲤中，数年间持续造成很大危害。全日本锦鲤振兴会于1997年专门为该病编辑了小册子发给该会会员。在这本小册子中，明确了该病与1971年以来大规模发生于金鱼、锦鲤的开口病的特征性差异，将这种疾病冠以"新开口病"的病名。

【症状】

开口病的特征为溃疡患部多局限于躯干的一个部位。与此相比，新开口病的患部除了躯干部外，还广泛分布于鳍条及鳍条基部、口吻部、鳃盖等处（图1）。新开口病发生于当年小鱼，升高水温也无治疗效果，死亡率较高。这些方面都和开口病不同。内脏器官无肉眼可见病变，只有在出现显著体表溃疡方面与开口病大致相同。

【病因】

从病鱼患部分离的非典型杀鲑气单胞菌（*Aeromonas salmonicida*），经感染实验可复制出这种疾病。这种细菌在血液琼脂培养基上比普通琼脂培养基上生长快且形成的菌落数也多。在培养基中，18℃培养1周左右才能长出肉眼可见的菌落。新开口病的病原菌可与大麻哈鱼疖疮病病原菌，即典型杀鲑气单胞菌的抗血清发生反应（图2）。但是，非典型菌与典型或开口病的病原菌等显示出不同的

生化特征。另外，根据16S rDNA碱基序列而形成的系统进化树上也形成不同分支。

还没有从锦鲤以外的动物中分离出来与新开口病同型的非典型杀鲑气单胞菌。除鲤、金鱼及鳗鲡外，牙鲆等海水鱼也可感染不同型的非典型杀鲑气单胞菌，并发生有类似症状的疾病。

【对策】

在前面提到的全日本锦鲤振兴会编辑的小册子中，介绍了口服或肌肉注射磺胺噻唑，口服氟苯尼考，以及在患部涂抹碘酊等治疗方法。不过，这些方法只能在兽医师的指导下使用，而且只能用于锦鲤等观赏鱼类，不能用于供食用的养殖鱼类。另外，已经有报告指出，在治疗开口病中效果很好的抗菌药噁喹酸、四环素类药物，对于新开口病几乎无效。

（若林久嗣）

由同样病因引起的出现类似症状的其他鱼种
无

柱形病
Columnaris disease

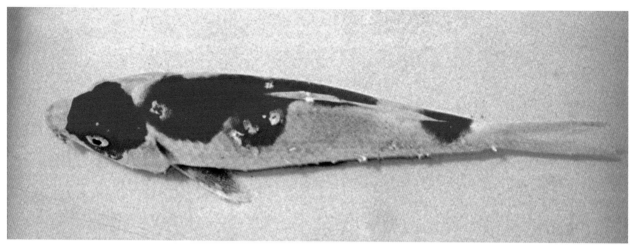

图1

图2

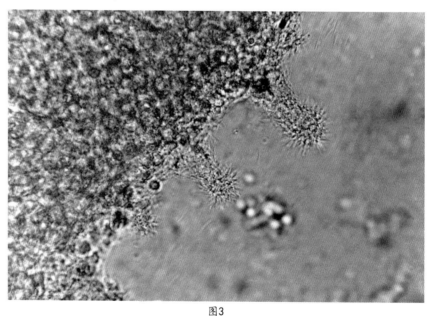

图3

这种疾病不只发生于锦鲤，也发生于普通鲤、金鱼、鳗鲡、香鱼、泥鳅、虹鳟等多种温水鱼、冷水鱼（偶尔在咸淡水水域的鱼也能发病）。虽然有些病例发生全身感染，但是通常只在身体的某一部位出现病灶，如鳃、鳍条、口吻及体表其他部位。该病也称为烂鳃病、烂尾病、烂嘴病等。以当年鲤受害最严重，水温在20℃以上时易发病。因捕捞、寄生虫叮咬等造成的伤口易成为细菌侵染通道，从而诱发这种疾病。

【症状】

在鳍条、吻、鳃丝等前端有黄白色的附着物（图1），同时发生皮肤炎症、崩解、坏死。外观与水霉病相似，但是见不到水霉病时的线头样菌丝，因此可以与之鉴别。

感染鳃部（烂鳃病，图2）时，初期很难发现，如不及时采取对策，死亡率会增高。病鱼食欲下降，动作缓慢，离群独处于进水口等附近。观察鳃部时发现，鳃的前端或部分鳃丝变成白色或灰白色。症状严重时部分鳃丝缺损。

病原菌（0.5μm×7μm）是运动性的细长菌。能形成柱状结构是这种细菌的特征（图3）。

【病因】

被称为柱状黄杆菌[*Flavobacterium columnare (=Flexibacter columnaris*, 柱状屈挠杆菌)]的滑走细菌为这种疾病的病原菌。这种细菌的致死性因菌株而异。

【对策】

发病后应立即着手治疗，同时应防止发生蔓延。治疗普通鲤时，可采用口服抗生素的方法；治疗锦鲤时，可采用抗生素药浴和口服抗生素相结合的方法。但是，由于病鱼食欲减退，口服给药时很难获得一致的疗效。在治疗锦鲤时推荐使用抗生素和食盐混合的药浴方法。在该病流行期间，鱼在出池或倒池前后进行药浴。

（山田和雄）

由同样病因引起的出现类似症状的其他鱼种
金鱼、鳗鲡、香鱼、泥鳅、虹鳟等多种淡水鱼（偶见于咸淡水水域的鱼类）

抗酸菌病
Mycobacterium infection

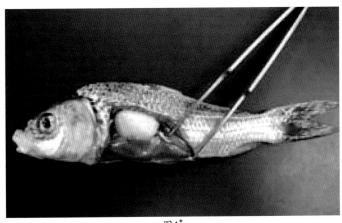

图1*

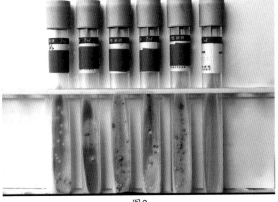

图3

图2*

　　1981年秋至翌年春季，最先在新潟的鲤养殖场确认了这种疾病。其表现为生长发育不良，造成当年鱼死亡。这种疾病只发生于当年锦鲤，只在从秋季至春季的越冬期间发病，未见普通鲤发病。

【症状】

　　病鱼离群，在池角不动；呈大头针状消瘦，背部呈萎缩状态。症状进一步加重时，在鱼鳔位置的腹部前方膨胀。解剖后可见鱼鳔白浊肥厚，出现溃疡，腹腔内有大量腹水。也常见鱼鳔后室萎缩（图1、图2）。进一步观察，发现在肝、肾、脾脏等器官也存在病灶。长时间持续出现零星的死亡，累积死亡量比较大。

【病因】

　　病原菌为无色分支杆菌（*Mycobacterium nonchromo-*

genicum），是一种抗酸菌。这种菌被石炭酸品红染色不呈红色。在组织内形成特征性的结节状肉芽肿。在病原菌的培养方面，将病灶用4%的氢氧化钠处理后，用3%小田培养基培养约4周后，可长出灰白色菌落（图3）。

【对策】

　　作为防治对策，可将水温升高至30℃（每天升高1~2℃，渐进升温），最少维持1周时间。另外，观赏鱼口服敏感抗生素（大环内酯类抗生素）也有效。

（山田和雄）

由同样病因引起的出现类似症状的其他鱼种
无

*图1、图2应为锦鲤照片，疑原著者照片有误。——译者注

肤孢虫病
Dermocystidiosis

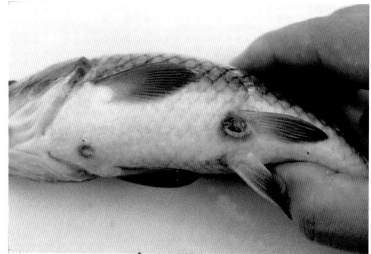
图1

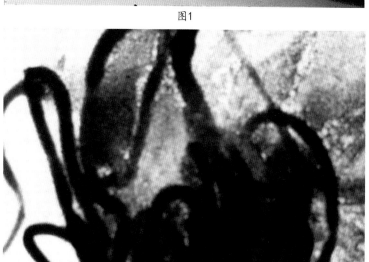
图2

图3

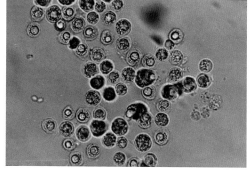
图4

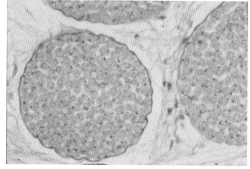
图5

　　这种疾病的病原体为肤孢虫属（*Dermocystidium*），在分类学上还不明确是否属于真菌，也不清楚其生活史。以前将该属菌分属于鞭毛类的壶菌，现在认为是一种原生动物。鲤在春季至初夏偶尔发生这种疾病。

【症状】

　　患病鱼的眼、鳍条基部（图1）、体侧部（图2）、腹部等处的皮肤或肌肉内形成丝状营养体（图3），患部的外观发红、隆起。营养体成熟后和寄生部位的肌肉一起脱落入水。因此，营养体形成的部位出现溃疡。

【病因】

　　这种疾病的病原体为锦鲤肤孢虫（*Dermocystidium koi*）。其营养体呈菌丝状，有的长度超过10cm，内含大量孢子（图4、图5），平均直径为8.2μm。孢子由一个球状体（球状包涵体）和一个核组成，球状包涵体的平均直径为4.5μm。锦鲤因这种疾病造成的死亡并不多见。如果在鱼体患部能确认存在含有大量孢子的菌丝状孢囊，便可确诊。

【对策】

　　尚无药物治疗该病。可能是由于不清楚其生活史，因此没有防治这种疾病的方法。营养体成熟后即从宿主身上脱落，此时，防止脱落处形成的溃疡被细菌二次感染是十分重要的。

（畑井喜司雄）

由同样病因引起的出现类似症状的其他鱼种
无

斜管虫病
Chilodonellosis

图1

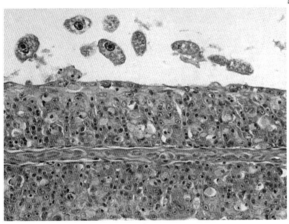

图2

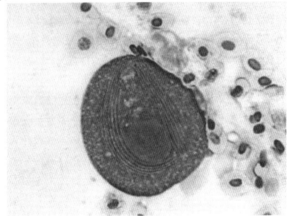

图3

斜管虫病是在低水温期间发生的一种寄生虫病,虫体在鲤等淡水鱼的体表寄生并大量繁殖而造成危害。

【症状】

病鱼(图1)游泳能力减弱,停止摄食。寄生虫的纤毛刺激寄生部位,使鳃上皮增生,进而导致鳃部的各处形成鳃小片粘连、棍棒化。增生组织上寄生有虫体(图2)。在鱼体表,由于患部分泌大量的黏液而显白色。

【病因】

原生动物纲纤毛虫亚纲鱼居斜管虫(*Chilodonella piscicolla*)为这种疾病的病原体(图3)[以前称为鲤斜管虫(*Chilodonella cyprini*)]。虫体呈扁平卵形,长径30~70μm,短径20~40μm。在虫体腹侧缘生有成列纤毛(右侧8~11列,左侧12~13列),虫体依靠这些纤毛寄生于宿主体表,并用虫体前部的筒状口器摄取宿主细胞的崩解物、宿主体表的细菌等作为营养物质。该虫以二次分裂方式增殖。

斜管虫病只在低水温期流行。该病寄生虫在5~10℃时分裂增殖最旺盛。除鲤外,该病寄生虫还可寄生于多种淡水鱼。与该病寄生虫近缘的还有六行斜管虫(*Chilodonella hexasticha*),但是后者为高温繁殖的寄生虫,纤毛的列数(右侧5~7,左侧7~9)也比鱼居斜管虫少。依此特征可区别这两种寄生虫。

【对策】

用0.5%的盐水浸泡1h效果较好。

(小川和夫)

由同样病因引起的出现类似症状的其他鱼种
多种淡水鱼

鳃碘泡虫病
Gill myxobolosis

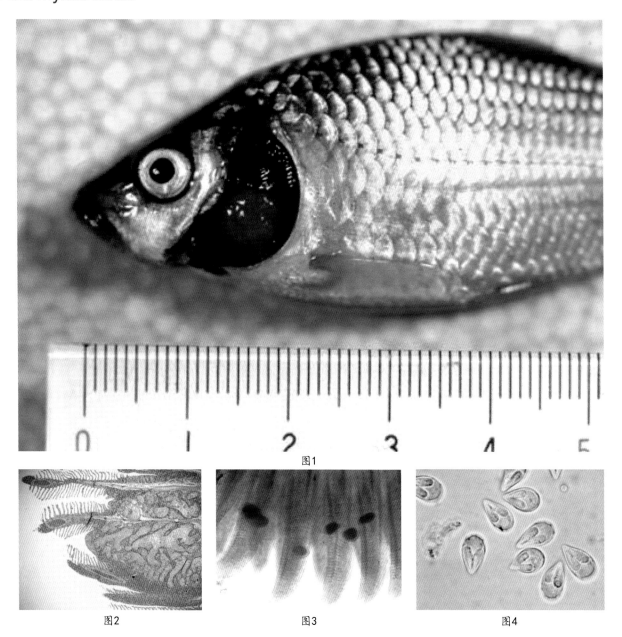

图1

图2   图3   图4

　　这种疾病在鲤稚鱼的鳃部形成碘泡虫孢囊，导致鱼体呼吸障碍而引起死亡。病鱼外观鳃盖外张，故又称为"颊肿病"。在养鲤业中很早就知道了该病，但是，在病原体的生活史、发病机理等方面，依然尚未完全明了。

【症状】

　　特征性的症状为"浮头"以及游泳缓慢。体长5~6cm的当年鱼在初夏时节易患病，因缺氧死亡。鳃部可见一个或多个直径数毫米的孢囊，分泌大量黏液，引起出血、部分鳃丝缺损等（图1）。病理组织学检查发现，寄生虫体呈弯曲状并包裹鳃组织，形成复杂的块状物，导致鳃因血管闭塞而发生淤血，鳃上皮出现异常增生及棍棒化等明显的宿主反应（图2）。经常见到有大型孢囊的同时，还有直径在1mm以下的小型孢囊共存的现象（图3）。通常认为这种小孢囊几乎不能对鱼造成危害。尚不清楚为什么会同时存在两种大小不同的孢囊。

【病因】

　　这种疾病由属于黏孢子虫的锦鲤碘泡虫（*Myxobolus koi*）寄生所致。孢子呈水滴状，长12~15μm，宽5~9μm。2个极囊的形状几乎相同，大小相等，长度6~7μm（图4）。详细的生活史及传播方式还不清楚。

【对策】

　　还没有研制出该病的驱虫药。不过，锦鲤碘泡虫在7~8月形成孢子后孢囊崩解，从鳃部脱落下来。因此，9月以后自然治愈。在夏季应充分供氧，注意饵料投放量及饲养密度，最大限度减少因饲养水体中缺氧而造成的死亡。

（横山博）

由同样病因引起的出现类似症状的其他鱼种
无

肌肉碘泡虫病
Muscular myxobolosis

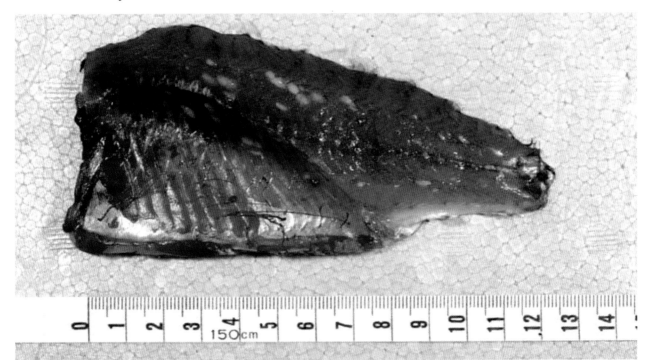

图1

图2

图3

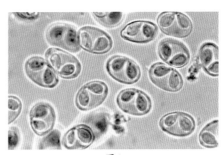

图4

20世纪80年代中期，茨城县霞浦养殖的鲤突然发病，随后在日本各地均确认发生了这种疾病。最初在1龄鱼的体侧肌肉内形成孢囊而降低了成鱼的商品价值，后来在当年鱼中可见重度寄生的病例，并成为出血性贫血死亡的病因。

【症状】

在病鱼体侧肌肉内形成长为数毫米、米粒大小的白色孢囊。在1龄患病鱼见不到明显的症状，因此，大部分情况是在销售地点才发现这种疾病（图1）。当年鱼由于大量寄生了这种寄生虫，体表呈现凹凸不平的重度感染状况（图2）。严重感染的病鱼可出现明显的鳃贫血和肾脏肿大的症状，在秋天至春天期间出现慢性死亡现象（图3）。

【病因】

黏孢子虫纲的饼形碘泡虫（*Myxobolus artus*）寄生于鱼肌肉中是这种疾病的病因。孢子像被上下挤压了一样呈椭圆形，长7.6~9.5μm，宽10.0~12.7μm，2个极囊呈卵形，长约5μm（图4）。寄生虫存在于肌肉纤维中，在被宿主结缔组织包裹状态下发育形成孢子。孢囊崩解，放出的孢子被巨噬细胞吞噬，输送到患病鱼体内各部位，在肾脏、

脾脏等处形成的黑色素巨噬细胞中心聚积孢子，尤其在肾脏，呈现肉眼可见的肥大情况。输送到体表、肠管、鳃等部位的孢子，以原形排出体外，而在鳃部聚积大量孢子时造成鳃部毛细血管扩张，鳃丝上皮脱落引起出血性贫血。在感染和发病上都有明显的季节性。通常鱼的感染期为5~6月，夏天到秋天期间形成孢囊。秋季后，在孢囊崩解的同时，孢子排出体外，大量寄生了该虫的当年鱼出现贫血，容易导致衰竭死亡。

【对策】

在秋天以后，当年患病鱼体内的孢囊渐渐变成褐色、萎缩。不过，至完全消失而痊愈还需要相当长的时间。因此，最好尽早处理掉外观上能够判定的重症感染鱼。推测该病寄生虫的生活史与鱼池底泥中生活栖息的寡毛类生物有关，但是，具体情况尚不清楚。尚未开发出用驱虫药等治疗这种疾病的方法。

（横山博）

由同样病因引起的出现类似症状的其他鱼种
无

出血性单极虫病
Hemorrhagic thelohanellosis

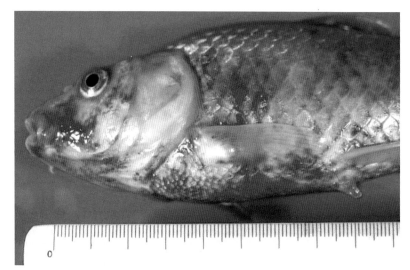

图1

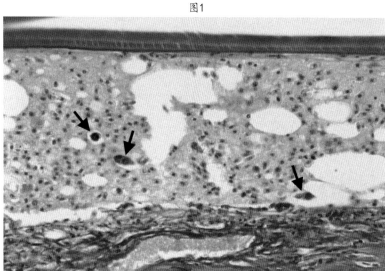

图2

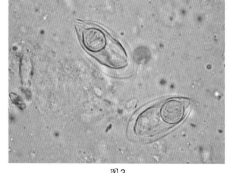

图3

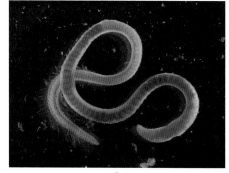

图4

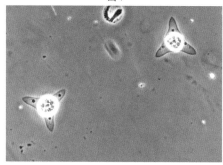

图5

这种疾病是养殖鲤的黏孢子虫病。对于2~3龄的锦鲤亲鱼曾经出现过致命影响的事例。虽然发病率不高且呈散见性发生，但由于对该病没有治疗方法而造成了不小的危害。不过，在比较小的养鲤池中，清除该病寄生虫的中间宿主水蚯蚓，可以根除这种疾病。

【症状】

病鱼摄食不良，游泳缓慢，横卧池底死亡。这种疾病的特征为病鱼的体表全部，特别是从头部至腹部，明显发红或出现出血斑（图1）。取体表黏液镜检可见大量的孢子。病理组织学检查可见皮肤表皮脱落，广泛的细胞浸润、出血以及水肿等明显的病理变化（图2）。

【病因】

这种疾病由属于黏孢子虫纲的霍夫卡单极虫（*Thelohanellus hovorkai*）寄生引起。孢子呈卵形，长约20μm，大致呈圆形的单一极囊长约9μm（图3）。在孢子外侧有膜状的孢膜。孢囊寄生于鲤全身的结缔组织内，随着成熟孢子（图2的箭头）的扩散，引起皮肤下出血、炎症。该虫在中间宿主水蚯蚓（图4）体内变态成为放线孢子虫（aurantiactinomyxon, 图5），已经证明鲤是因为吞食了中间宿主水蚯蚓而被感染的。

【对策】

对于皮下出血的病鱼还没有治疗方法。疾病在寄生虫孢子向体外释放的过程中发生，因此，只有等待孢子排出干净后病鱼自然痊愈。根本的防治方法为驱除生存在鱼池底泥中的水蚯蚓。水蚯蚓在富营养的泥土中繁殖，因此，有人提议通过土壤改良将底泥换成沙砾以抑制水蚯蚓等寡毛类生物的生长繁殖。

（横山博）

由同样病因引起的出现类似症状的其他鱼种
无

肠管单极虫病
Intestinal thelohanellosis

图1

图3

图2

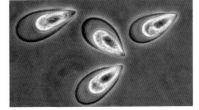

图4

（图1、图2、图3由江草周三提供）

这种疾病最初于1978年被确认发生在鹿儿岛县。此后，九州、本州各地养鲤场及野生的鲤均有这种疾病发生。但是，到了1980年该病逐渐停止发生，现在几乎见不到。这种疾病被确认只发生于鲤。

【症状】

病鱼（图1）都是1龄以上的大鱼。初夏至盛夏期间发病较多。外观瘦弱，有"背萎缩"症状，多数病鱼腹部膨胀。

剖开腹腔可见在肠管上形成直径达数厘米的肿块（即所谓孢囊）（图2）。打开肠管后发现孢囊向肠管内突出，可数倍于肠管直径，肠管呈闭塞状态。大型的孢囊内部为管状，黏孢子虫的孢子和发育中的营养体占据其中（图3）。另外，大量的孢囊压迫内脏器官，引起充血、贫血或萎缩。还有，和形成大孢囊的情况不同，也有些病例在肠管表面形成大量的数毫米大小的小孢囊。

另外有报告指出，该病寄生虫在鲤群中寄生率为23%，其中死亡率可达40%（死亡率占整个鱼群的9%）。一般认为鱼死亡是因为肠闭塞。孢子成熟后，孢囊崩解。患病后存活的鱼体有可能康复，还不清楚其详细过程。

【病因】

黏孢子虫纲的吉陶单极虫（*Thelohanellus kitauei*）为这种疾病的病原体。孢囊内的孢子外侧包裹着薄的袋状物，其中的孢子呈泪滴状。有一个极囊（图4），袋的长径为31~35μm，孢子的长度为23~29μm。

【对策】

尚未进行治疗方法的研究。一般将发病鱼焚烧处理。

（小川和夫）

由同样病因引起的出现类似症状的其他鱼种
无

指环虫病
Dactylogyrosis

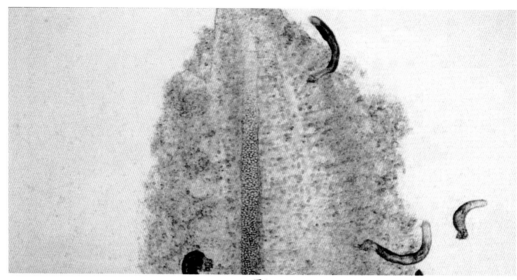

图1

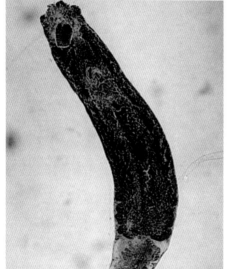

图2

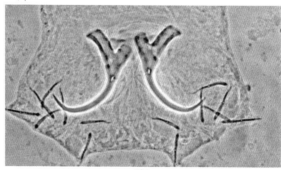

图3

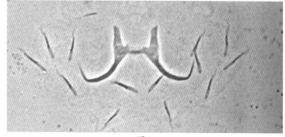

图4

指环虫是一种在鲤、锦鲤的鳃丝上常年都能见到的寄生虫。特别在静水或流水池式养殖环境下，这种寄生虫病发生较多。

【症状】

病鱼游泳能力降低，停止摄食。该病对大鱼几乎不造成危害，但是，可以成为当年鱼生长受阻、死亡的原因。鳃部由于上皮增生和黏液的过度分泌，看上去呈白色（图1）。在诊断时有必要在体视显微镜下确认虫体。

【病因】

该病寄生虫属于单殖吸虫，在日本已知有8种指环虫寄生于鲤，其中代表性的种类为宽指环虫（*Dactylogylus extensus,* 图2、图3）和小指环虫（*Dactylogylus minutus,* 图4）。前者体长1~2mm，后者体长0.5mm左右。虫体后部有皮膜状的后吸器，中央部有1对锚钩，背部有1根连接片。

后吸器的中央有1对小钩，周围有6对边缘小钩，共7对边缘小钩（图3、图4）。在虫体前部有2对眼点。

卵在夏季经数日孵化。孵出的幼虫漂游于水中，接触鳃后就寄生在那里。在夏季经1周成熟，其寿命在夏季为1周至1个月，在冬季为6~7个月。该虫摄取鳃上皮组织，对宿主的选择性很强，除上述两种鲤外，不寄生其他鱼种。

【对策】

用6%的食盐水浸泡20s，或者用1%~1.5%的盐水浸泡20min可以驱虫。用浓盐水浸泡对幼鱼有害，因此，用淡盐水为好。

（小川和夫）

由同样病因引起的出现类似症状的其他鱼种
无

三代虫病
Gyrodactylosis

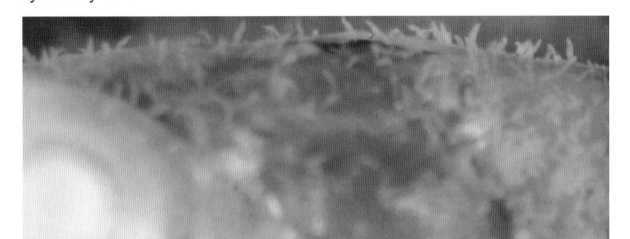

图1

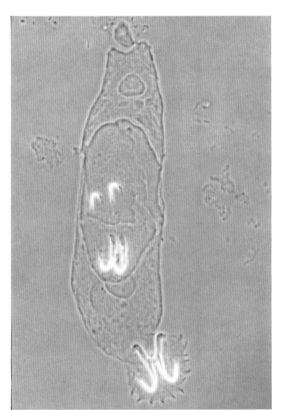

图2

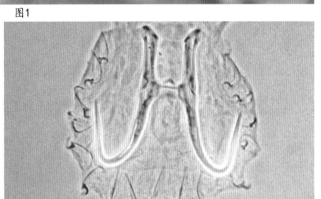

图3

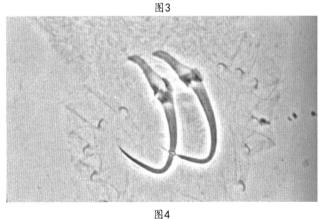

图4

  三代虫与指环虫均为养殖鲤、锦鲤的代表性寄生虫，在鳃、鳍条等外部常年均可见到。在高密度养殖环境下易发病。

【症状】

  无特征性症状。该病寄生虫大量寄生后（图1），患病鱼表现为摄食不良、衰弱等。

【病因】

  该病寄生虫属于单殖吸虫。最常见的是寄生于体表、鳍条的卡梅尔三代虫（*Gyrodactylus khemlensis*，虫体长0.5~0.8mm，图2、图3）和寄生于鳃丝的细锚三代虫（*G. sprostonae,* 体长0.3~0.5mm，图4）。三代虫没有指环虫一样的眼点。

  这种寄生虫为胎生，因此子宫占据了虫体的中央大部。脱离宿主的虫体借助水直接寄生别的鱼。三代虫只寄生在鲤，而细锚三代虫也可以寄生于金鱼、鲫。寄生方式和鲑科鱼类的三代虫相同，虫体摄取宿主体表上皮组织。

【对策】

  对寄生于淡水鱼的三代虫，用5％的盐水浸泡患病鱼5min，既可预防又能治疗。

（小川和夫）

由同样病因引起的出现类似症状的其他鱼种
细锚三代虫可感染金鱼、鲫

头槽绦虫病
Bothriocephalosis

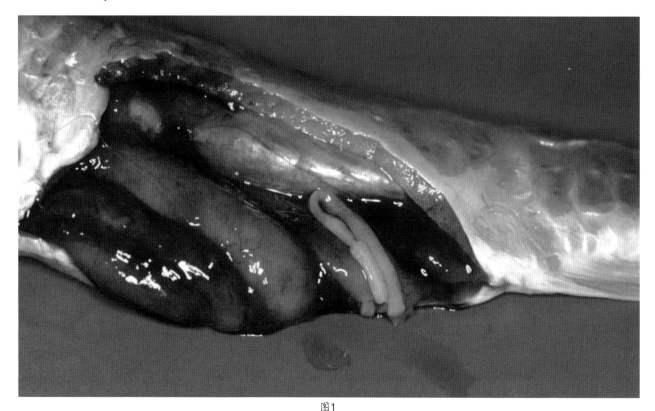

图1

图2

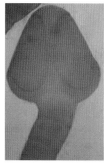

图3

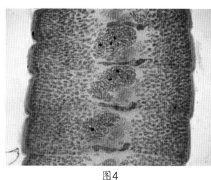

图4

（图1、图2由山田和雄提供）

　　该病以前是作为野生鲤的寄生虫病被认识的。该病寄生虫的生活史中，鱼体吞食中间宿主后受到感染。中间宿主剑水蚤广泛分布于各种水域。因此，在养殖场的鲤也经常有这种寄生虫的大量寄生。

【症状】

　　有过在1条鲤身上收集到超过50条虫体的记录。组织学检查可见，寄生部位出血、肠绒毛损伤。不过，该病没有特别的症状。实际上，多数情况是在烹调前宰杀鲤时从肠管断端露出虫体，因而影响了该鱼的商品价值（图1、图2）。另外，该病寄生虫在欧洲的养殖鲤中是作为病原害虫的。这是因为品种改良后的欧洲鲤比日本鲤对该虫更易感。

【病因】

　　这种疾病由绦虫纲的鲭头槽绦虫（*Bothriocephalus acheilognathi*）寄生引起。该病发生于鲤科的多种鱼，在幼鱼和成鱼都有发生。活体的虫体很长，有的体长可达到40cm。在固定的标本中也经常有超过20cm的虫体。头节有1对吸钩，用此吸钩吸着于宿主的肠管上（图3）。头节后部连接着长大的体节（图4）。体节数量可超过1 000节。从寄生的鲤肠管排出的虫卵沉入水底并在水底孵化。孵出的幼虫在水中游动期间被中间宿主剑水蚤吞食，在剑水蚤血体腔内发育成能感染鲤的幼虫。鲤吞食这种带有虫体的中间宿主以后，该虫便寄生于鲤的肠管，然后便在此成熟。推测虫体的寿命为1年左右。

【对策】

　　用于鲤的驱虫药尚未开发。

（小川和夫）

由同样病因引起的出现类似症状的其他鱼种
多种鲤科鱼类

皮肤线虫病
Skin nematode infection

图1

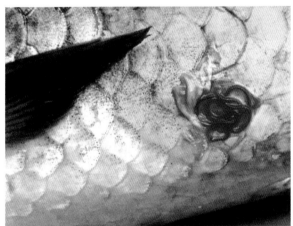

图2

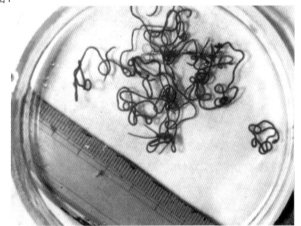

图3
（图1、图2由保科利一提供者，图3由富永正雄提供）

　　在鲤中很早以前就知道该寄生虫病，与鱼体受到的危害相比，更严重的问题是虫体寄生降低了鱼的商品价值。

【症状】

　　这种疾病发生于1龄以上的鲤。病鱼中体表出血者较多（图1）。去掉鳞后见有鲜红色线虫1~3条，该虫像卷曲的蛇一样寄生着（图2）。虽然没有较强的直接危害性，但是，寄生形成的皮肤伤口能成为继发细菌感染的门户。

【病因】

　　由线虫类的鲤嗜子宫线虫（*Philometroides cyprini*）寄生引发这种疾病。有人将此虫称为"金线虫"或"丝状虫"。但是，因为这些称呼都是指别的寄生虫，因此在这里不使用为好（金线虫为寄生于螳螂的线形虫，丝状虫是指寄生于哺乳动物的丝虫）。

　　寄生于鳞片下的是雌虫，体长可达10cm（图3）。没有发现雄虫。在成熟的雌虫子宫内充满了孵化出卵的幼虫。在春天水温16~20℃时，雌虫的部分虫体脱落于水中，雌虫裂开后放出仔虫。之后雌虫死亡，皮肤的伤口也自然愈合。仔虫被中间宿主剑水蚤吞食，在其血体腔内发育成能感染鲤的幼虫。鲤吞食了这种剑水蚤后，幼虫在鲤的消化道体腔内移动，在体腔成熟、交配。之后雌虫移至鳞下，完成后续发育，翌年春天产仔后终其一生。

【对策】

　　目前尚未研究。

（小川和夫）

由同样病因引起的出现类似症状的其他鱼种
无

鱼鳔病
Swim bladder disease

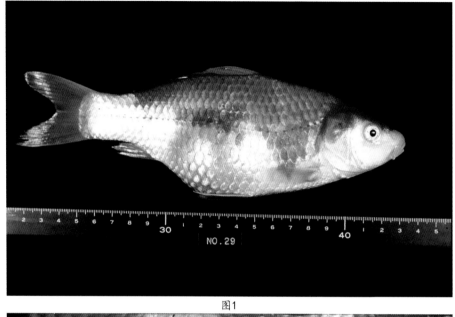

图1

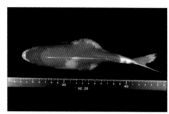

图2

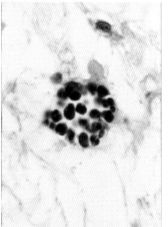

图4

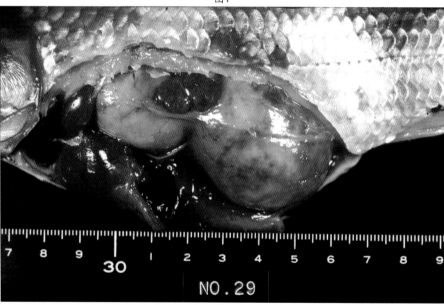

图3

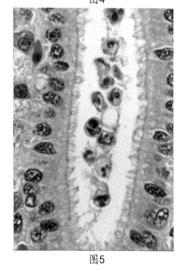

图5

　　自古以来锦鲤中就有一种鳔肥厚膨胀、最终坏死崩解的疾病。这种疾病与欧洲养殖鲤的杆状病毒感染的鳔炎（Swim bladder inflammation, SBI）类似，但是，在日本散见的鱼鳔病尚未发现有传染性。

　　已证明在患鳔炎病鱼体的鳔内能形成黏孢子虫的孢囊，在这其中杆状病毒参与了病变过程，因此，可能成为传染病。

【症状】

　　这种疾病的外观为单侧性或双侧性的腹部膨大（图1、图2）。解剖检查后发现，腹部膨大是由于鳔的异常膨大（图3）。其鳔壁显著肥厚，呈茶褐色或黄褐色，有的病例鳔壁已经破裂。多数鳔腔内积有乳白色、淡黄色或暗红色的液体。未发现有细菌感染。

【病因】

　　将肥厚的鳔进行病理组织学检查时发现，鳔壁上有大量的黏孢子虫孢囊（图4）。在肾小管管腔内也观察到了黏孢子虫（图5）。在鳔壁增殖的黏孢子虫，在肾小管内形成孢子的可能性很大。肾脏的黏孢子虫和欧洲报道的一种肾球孢子虫（*Sphaerospora renicola*）类似。

　　所以，也许在日本只存在黏孢子虫感染症，而未见该病的传染性。

【对策】

　　尚不清楚。

（畑井喜司雄）

由同样病因引起的出现类似症状的其他鱼种
无

卵巢肿瘤
Ovary tumor

图1

图2

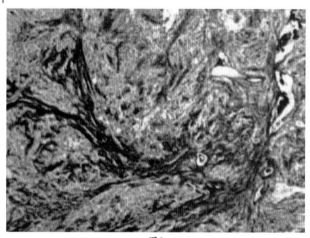

图3

这种疾病只见于锦鲤、鲤的雌性成鱼，一般叫"肠膨胀症"，是一种很早以前就知道的鱼病。发病原因尚不明了。但是，有一种倾向，与每年产卵雌亲鱼相比，用于观赏而不产卵的雌成鱼发病率较高。4龄以上的成熟雌鱼多发这种疾病。病鱼不久便死亡，不传染其他的鱼类。

【症状】

发病初期在腹部的局部有些膨胀，体态异常。随着病情发展，在腹部膨胀部位鱼鳞上积存有水样物，表现竖鳞症状（全身鳞片立起的"松果症状"）。再进一步发展，肿瘤变大，出现"背翘起症状"，像"舟蛾"一样呈反过来的体形。同时表现出眼球突出，色彩减退（图1）。肿瘤直径从3cm到20cm不等（图2）。除重症病鱼外，患病鱼未见食欲下降。

【病因】

在病理组织学诊断上认为是一纤维瘤（图3）。多数情况下，卵巢肿瘤初为一侧发病，之后另一侧正常的卵巢也发生肿瘤。

【对策】

特别有效的防治措施还没有，用作观赏的成鱼，应使其产卵，以便防病于未然（对于锦鲤，为了不降低观赏效果，通常将雌雄分别饲养，不让雌鱼产卵）。也有用手术方法摘除肿瘤而康复的病例，但只能在有条件的动物医院实施手术，因此，手术不是通用的治疗方法。

（山田和雄）

由同样病因引起的出现类似症状的其他鱼种
无

金鱼·鲫
Goldfish & Crucian carp

收载鱼病

病毒病

疱疹病毒性造血器官坏死病（HVHN）

细菌病

竖鳞病/溃疡病

寄生虫病

车轮虫病/白点病/肾肿病/双线绦虫病/锚头鳋病/鲴病

疱疹病毒性造血器官坏死病（HVHN）
Herpesviral hematopoietic necrosis

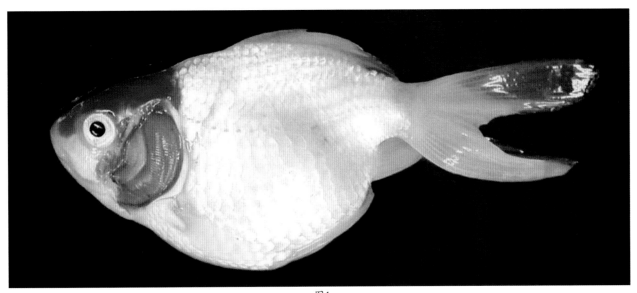

图1

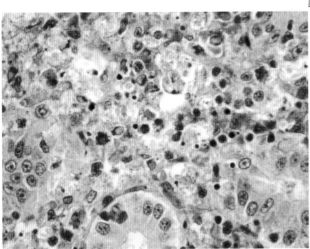

图2

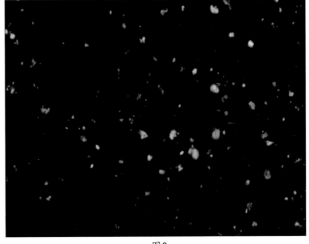

图3

　　自1992年在爱知县发现这种疾病以来，该病在日本的发病区域迅速扩大。2005年抽检日本金鱼主产区（5个产地）的9个市售金鱼群体的结果表明，虽然不同群体的阳性率有差异，但是均检出了阳性样本。这种疾病的发生与金鱼的品种无关，都有较高的死亡率。不过，似乎日本金鱼对这种疾病的易感性低一些。实验结果表明鲫也易感，而鲤及其他品种的鱼未见发生死亡的情况。当年鱼在梅雨季节和秋季多发；而1龄鱼在晚春至初夏（水温15~25℃）常发这种疾病，2龄以上鱼罕见这种疾病。金鱼患这种疾病的死亡率很高，可达90％以上。

【症状】

　　病鱼食欲不佳，不活泼，多数病鱼在水面附近缓游。病情进一步发展时，由于严重贫血使鳃明显褪色，不过，外观无明显的特征性症状（图1）。组织学检查可见肾脏（图2）、脾脏有大面积坏死，将病鱼肾涂片用荧光抗体法检查时，可观察到发出特异性荧光的被感染的细胞核（图3）。

【病因】

　　这种疾病由金鱼造血器官坏死病毒（Cyprinid herpesvirus 2, CyHV-2）感染所致。

【对策】

　　排干池水并晾晒干燥、消毒鱼池，将发眼卵用聚乙烯吡咯酮碘消毒（有效碘浓度50mg/L，消毒15min）。将亲鱼从带毒鱼群内选出，并进行隔离饲养，能成功地培养出不带该病毒的金鱼鱼苗。患病后存活鱼可长期带毒，从发病3年后的金鱼生殖液中还能检出足以感染其他鱼的病毒。这些病毒在其他应激因子刺激下，能被活化而成为感染源。

　　在发病初期，将水温升高至33℃并持续约1周，多数病鱼可康复。在金鱼还没有死亡时，应尽早采取快速升温措施（如持续两小时至数小时的升温）。但是，通过升温处理而病愈的鱼可成为带毒鱼，对此应该注意。

（福田颖穗）

由同样病因引起的出现类似症状的其他鱼种
无

竖鳞病
Scale protrusion disease

图1

图2

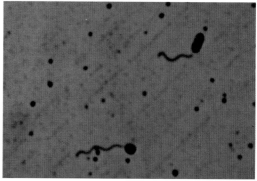

图3

图4

这种疾病发生于各种规格的鲤、金鱼等，常年发生，但是在水温不稳定的春、秋季易发。与鳗鲡的红鳍病同样，竖鳞病也属于运动型气单胞菌败血症范畴。

【症状】

局部或全身性竖鳞（图1、图2），体表各处发生内出血，并见有出血斑。有时伴有腹腔积水，也见有肠道炎症。

【病因】

这种疾病由极生单鞭毛的革兰氏阴性短杆状的嗜水气单胞菌（*Aeromonas hydrophila*）全身感染引起（图3）。这种细菌在鱼体内产生毒素，使组织液在鳞囊内积水，因此，发生鳞片竖起的症状。一般认为，这是由于毛细血管通透性升高，液体成分漏出所致。但是，竖鳞症状也有气单胞菌感染以外的病因。因此，有必要进行其他细菌学检查。同一种气单胞菌，也可引起红斑病，这是体表、鳍条的皮下出血所导致，患部出现肉眼可见的红斑（图4）。

【对策】

发现病鱼后，应控制饵料的投放量，改善饲养环境。出现大量死亡时可拌饵投喂抗生素。

（畑井喜司雄）

由同样病因引起的出现类似症状的其他鱼种
鲤

溃疡病
Ulcer disease

图1

图2

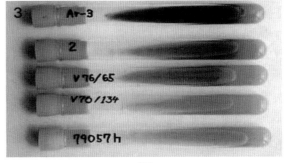

图3

（图1、图2由高桥耿之介提供）

　　1970年后，这种疾病主要发生于温水性淡水鱼，如鲤科鱼类。该病在春季或秋季水温变化较大时期发病。

【症状】

　　这种疾病的特征为皮肤形成溃疡病灶，故称之为溃疡病（图1）。初期症状为1至数枚鳞片发红（图2）。

【病因】

　　在患病部位虽然有时可以检出真菌、原生动物、黄杆菌等。但是，真正的病原菌为革兰氏阴性的杀鲑气单胞菌（Aeromonas salmonicida）的变异株（非典型株）。从鲤、鲫、金鱼和锦鲤均分离到了该菌，并进行了鉴定。该病原菌为非运动性的短杆菌。典型的杀鲑气单胞菌（图3，最上面的试管）产生水溶性的褐色色素，非典型的 A. salmonicida（图3，从上数第2个试管开始，分别为北海道海鲫分离株、荷兰金鱼分离株、荷兰鲤分离株以及富山县的锦鲤分离株）产生水溶性褐色素的能力较弱且高分子分解力是阴性，这是两者的不同之处。在这种疾病的诊断方面，有必要从患部分离出病原菌并进行鉴定，用血清学诊断技术诊断时可用抗血清进行荧光抗体法检查或者进行共同凝集试验。

【对策】

　　抗生素药浴对治疗这种疾病有效。将饲养水的盐度调至0.6%~0.7%，水温调到病原菌生长温度上限以上（28~30℃），可治愈这种疾病。

（吉水守）

由同样病因引起的出现类似症状的其他鱼种
鲤

车轮虫病
Trichodinosis

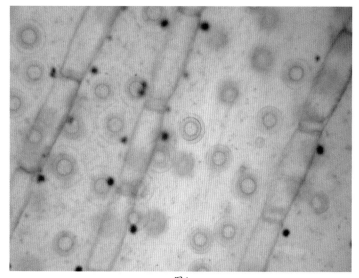
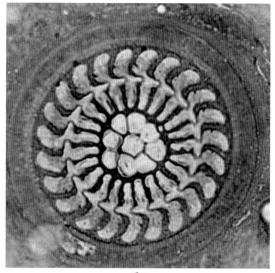

图1

图2

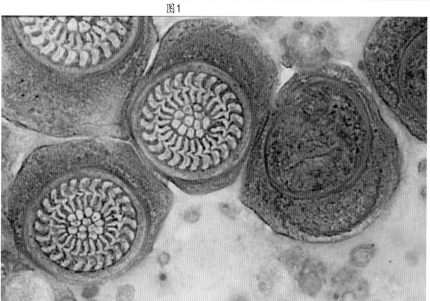
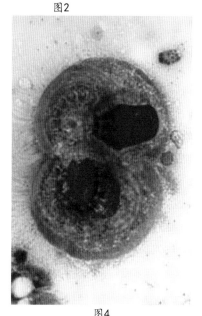

图3

图4

（图1由田中深贵男提供）

很早以前人们就知道，车轮虫是金鱼、鲤等温水性淡水鱼常见的体外寄生虫（图1，在鳍条上大量寄生的虫体）。

【症状】

虫体用后部的吸盘附着于鱼体，以吸盘周围的纤毛在鱼体表移动。寄生数量较少时，宿主体表寄生部位未见异常表现。在应激等情况下，机体抵抗力下降，虫体便大量繁殖。因此，认为该病寄生虫是一种条件性病原体。当大量寄生时，寄生部位上皮发生损伤，黏液分泌量增多。

【病因】

该病寄生虫属于纤毛虫门、车轮虫科。在金鱼寄生的车轮虫种类较多，而被鉴定的种类却较少。虫体呈圆屋顶形，用后部吸盘中央的齿状环和吸盘周围的纤毛寄生在鱼的体表。口部开口在虫体上部，靠口周围的纤毛运动摄取鱼体表的细胞残渣等。根据齿状环构成的齿状体（图2：白箭头）的形状、数量等对该虫进行种的分类。网状车轮虫（*Trichodina reticulata*）为车轮虫的代表种，寄生于金鱼、鲤的体表、鳍条和鳃部（图3，中央和左侧的个体显示虫体下部的齿状环构造，右侧个体显示虫体上面的构造；黑箭头指示口部，白箭头所示为纤毛带，该纤毛带在口周围呈360º分布；银染色标本）。齿状环直径50~90μm。网状车轮虫的齿状体环内侧有约10个小块（图2）。该虫以二分裂方式增殖（图4）。

【对策】

降低对养殖鱼的应激性刺激，在流水养殖的环境下，增加换水次数能有效防治该病。

（小川和夫）

由同样病因引起的出现类似症状的其他鱼种
鲤

白点病
White spot disease (Icthyophthiriasis)

图1

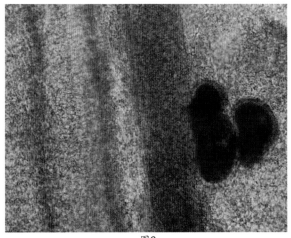

图2

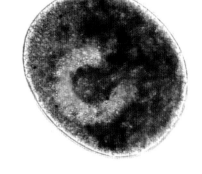

图3

（图1、图3由烟井喜司雄提供，图2由高桥耿之介提供）

在小型水槽、蓄养池等封闭的环境下养殖的鱼发生这种疾病的情况较多。在流水养鱼池几乎不发这种疾病。水温在20℃左右时发病较多。

【症状】

肉眼可见鱼体表有直径0.5~1mm的白点（图1），严重时体表脱落呈白云状。镜检可见在鱼体表、鳃组织内有呈马蹄形核的各种大小的虫体（图2、图3）。在轻度感染时可见患病鱼游泳异常，重度感染时鱼体运动不活泼。

【病因】

该病由纤毛虫门的淡水白点多子小瓜虫（*Icthyophthirius multifiliis*）寄生于宿主的体表上皮组织所致。遭受该虫大量寄生的病鱼，皮肤或皮肤的上皮组织发生脱落，引起渗透压调节障碍、呼吸障碍而导致死亡。该虫在宿主组织内不分裂，只是体积增大；在宿主体内停留1周左右，充分生长后离开宿主或是在宿主死亡时离开宿主，在水底形成孢囊，之后约经过24h，从这些孢囊里放出数百至2 000个的感染幼虫，这些幼虫再寄生到鱼的体表。因此，很多病例在轻度感染的数日内会变成严重感染。

【对策】

早发现、早处理是十分必要的。病鱼在0.7%~2%盐水中药浴1周左右有效。对观赏鱼，可用孔雀石绿、亚甲蓝、福尔马林等药浴，可驱除孢囊及感染期幼虫。但是这些方法不能在养殖鱼中使用。作为不使用药物的方法，可将水槽连续换水5~7d；在可能的情况下，将患病鱼在高温水（29~30℃）中饲养1周。

（良永知義）

由同样病因引起的出现类似症状的其他鱼种
几乎所有的温水性淡水鱼

肾肿病
Kidney enlargement disease

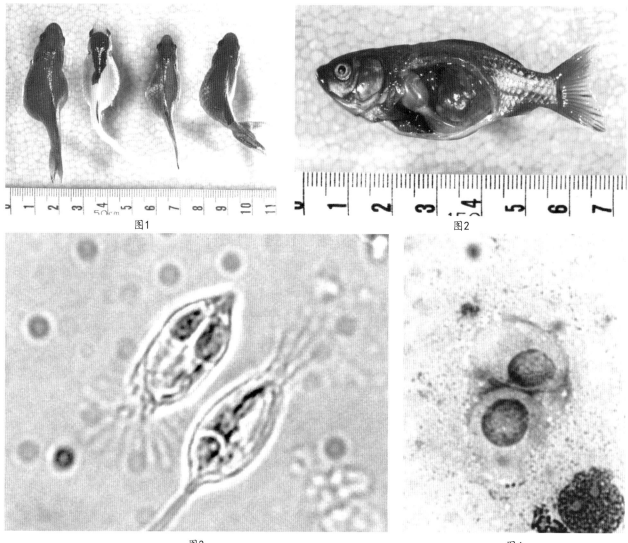

图1

图2

图3

图4

这是一种在金鱼养殖中很早就知道的黏孢子虫病。1965~1972年，在东京养殖的金鱼中流行这种疾病。随后，感染区域扩大至奈良、爱知。由于患病鱼体形异常而失去商品价值，这种疾病也是金鱼慢性死亡的因素。

【症状】

外观症状以腹部膨胀为特征，典型的病例呈单侧性腹胀而使体形左右不对称（图1）。解剖检查时发现，肾脏异常肥大而压迫鳔（图2）。这种状态导致鱼体平衡失调而不能正常游泳。患病鱼或横卧于池底或漂浮于水面，呈衰弱状态，而易被细菌、真菌再次感染。

【病因】

黏孢子虫的鲫霍氏虫（*Hoferellus carassii*）寄生于鱼体肾小管引起发病。孢子呈炮弹形，在后部有十几根长丝，长约12μm，宽约6μm，2个极囊呈卵圆形，长约4μm（图3）。该虫的发育和引起发病具有明显的季节性。秋季至冬季，径长约10μm的孢囊（图4）寄生于肾小管上皮细胞内，并进行分裂增殖。与此同时，宿主的肾小管上皮细胞也分裂，因此肾脏组织发生肥大。在肾肿大最严重的冬季，可见3~4次分裂的细胞，有数十微米的多核体在肾小管管腔内移动而进入孢子形成期，到了春季水温升高后形成成熟孢子排出体外。由于这些情况，在症状的发展期间检不出孢子而只能检出孢囊，此点在诊断上应当注意。

【对策】

在实验条件下，于发病开始前，即从8月前后开始，将鱼连续饲养在30℃的高温水中可预防这种疾病。但是，从成本上考虑，此法可能不实用。在发病后进行加温饲养可促进寄生虫的发育，加速孢子向鱼体外排出，但是不会使肥大的肾组织复原。而且，在肾小管上皮细胞内残存有小的孢囊，因此，不能做到完全驱虫。这就是说，彻底治疗该病是比较困难的。只能通过保持良好的饲养环境，防止其他病原体的再次感染。在这种病的寄生虫生活史中，与某种水生寡毛类生物有关，进入放线孢子虫阶段的虫体感染金鱼。

（横山博）

由同样病因引起的出现类似症状的其他鱼种
无

双线绦虫病
Digramma infection

图1

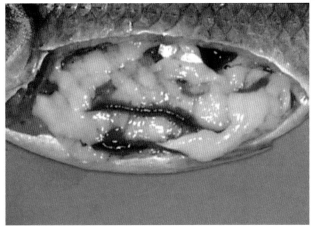

图2

图3

绦虫类的幼虫（裂头幼虫）除了寄生在鲫的体内之外，也在雅罗鱼等鱼类腹腔内寄生。该病发生在天然湖沼、人工湖等水域，但发病率不高。

【症状】

病鱼腹部显著膨大（图1），游泳不活泼。剖开腹腔后可见有白色长带状、无头部构造、无体节的虫体寄生其中（图2）。寄生虫的重量有时可达到鱼体重的1/3以上，因此严重阻碍患病鱼的生殖腺发育，即所谓引起寄生去势现象。

【病因】

绦虫纲拟叶目舌状绦虫科的间隔双线绦虫[*Digramma interrupta*（=*D. alternans*）]的裂头幼虫为这种疾病的病原。大的虫体宽15mm，长度可达1m以上。有时1尾鱼寄生这种寄生虫可达10条以上（图3）。

鱼类吞食了第一宿主细镖水蚤而被感染，最后该虫在终末宿主水鸟的消化道内发育至成虫。虫体在终末宿主体内的寄生时间很短。在马血清中，用水鸟体温以上的温度培养幼虫2~3d可发育至成虫而排卵。

【对策】

还没有特别有效的防控措施。

（粟仓辉彦）

由同样病因引起的出现类似症状的其他鱼种
虾夷石斑鱼

锚头鳋病
Anchor worm infection（Lernaeosis）

图1

图2

图3

这种疾病不只发生于金鱼等鲤科鱼类，也可发生于其他多种淡水鱼，是人们很早以前就知道的鱼类寄生虫病。

【症状】

雌成虫固着寄生于鱼体表（图1）。由于其头部钻入宿主的皮肤组织内，使得寄生部位的周边发生炎症并大量分泌黏液。钻入部位的皮肤及其下面的肌肉坏死，引起细菌、原虫、霉菌等的再次感染。

【病因】

这种疾病由寄生性的桡足亚纲的鲤锚头鳋（*Lernaea cyprinacea*）寄生引起。日本人称其为锚头鳋病。固着寄生的只有雌虫，虫体长10~12mm（图2），头部（图3）有角状突起，呈锚状，故该病叫做锚头鳋病。长在虫体头部的口器摄取鱼的体液。该虫体呈筒状，附肢退化，几乎没有运动性。虫体后端挂有1对卵囊，在此孵化并游出初生的无节幼虫。无节幼虫经4次蜕皮，变为能够寄生鱼的寄生期桡足幼虫。桡足幼虫一边在鱼体表蠕动，一边反复蜕皮。变为成虫后，雄虫死亡，雌虫固着寄生于鱼体表。该寄生虫在温度15℃以上时进行繁殖，每年繁殖4~5代，水温降低后，以虫体状态越冬。该寄生虫一生排卵10次以上，产卵数可达5 000个以上。

【对策】

采用以敌百虫为主要成分的水产用医药品，将其配成有效浓度0.2~0.3mg/L，全池泼洒可驱虫。用此法可杀死水中的无节幼虫及固着于体表的雌虫以外的虫体（对寄生在鱼体上的雌虫无效），因此，有必要每隔3周进行反复数次的投药驱虫。

（小川和夫）

由同样病因引起的出现类似症状的其他鱼种
鲤科鱼等多种淡水鱼

鲺病
Argulosis

图1

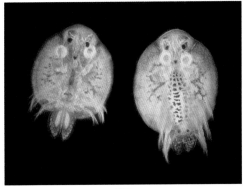
图2

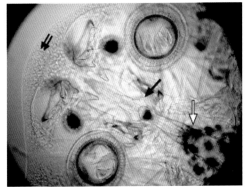
图3

（图由吉泽圭子提供）

这种疾病的病原属于温水性寄生虫，作为金鱼、鲤等温水性淡水鱼的寄生虫，很早就为人们所熟知（图1）。

【症状】

被该虫寄生的鱼为了去掉该虫，不断以身体摩擦池壁，因此造成体表损伤。寄生部位由于毒腺作用而出血。小型鱼可因毒腺作用而造成休克性死亡。

【病因】

由属于鳃尾类甲壳动物的日本鲺（*Argulus japonicus*）寄生而引起这种疾病。虫体为扁平状，接近圆形。雌虫（图2右）体型较大，体长8~9mm，雄虫（图2左）大小为雌虫的3/4左右，日本鲺用口刺（图3，箭头为刺针基部，双箭头所示刺针前端）注入毒液，摄取宿主溢出的血液（图3的白箭头表示口器）。该虫有很发达的4对胸足，能游泳，离开鱼体后还能寄生于别的鱼。雌虫产卵时离开鱼体，在池壁、水草上产出卵块并附着其上。1个卵块中卵数多时可达400~500个。卵在25℃条件下经15d左右孵化，之后立即寄生于鱼体表。寄生后的虫体由成熟至产卵开始，在25℃条件下需要26d。在此期间，虫体在鱼体上反复蜕皮。在秋季，孵化的虫体越冬，第二年春季开始产卵。

【对策】

采用以敌百虫为主要成分的水产用医药品，配成有效成分浓度为0.3 mg/L的液体，全池泼洒可驱虫。但是，该法对附着于池壁等处的虫卵无放。因此，为了杀死虫卵孵化的寄生虫，3周后用同样的操作处理再驱虫一次是必要的。

（小川和夫）

由同样病因引起的出现类似症状的其他鱼种
鲤

其他淡水鱼
Other freshwater fishes

收载鱼病

细菌病·真菌病

【细菌病】抗酸菌病
【真菌病】水霉病/丝囊霉菌病/毛霉病

寄生虫病

车轮虫病/扁弯口吸虫病

抗酸菌病
Mycobacterium infection

图1

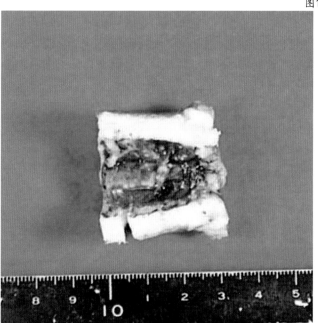

图2

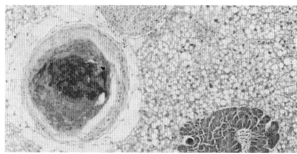

图3

图4

　　虽然刺鲃比较易患水霉病，而作为原发性感染的抗酸菌病才是重要的疾病。这种疾病是常年可见的慢性型疾病，会导致患病鱼衰弱，因而鱼体更容易感染水霉病。

　　在对患水霉病的鱼体进行检查时，能发现抗酸菌的概率是很大的。

【症状】

　　多数病鱼外观无明显症状（图1）。濒死状态的鱼表现为食欲低下，游泳缓慢。此种情况下，鱼易感染水霉。解剖鱼体检查时，特别是在肾脏（图2）和脾脏，可见明显的结节；在别的脏器如肝（图3）、心脏、脾脏等也能形成结节。结节内有大量的抗酸菌。

【病因】

　　这种疾病由尚未定种的非运动性革兰氏阳性分支杆菌（*Mycobacterium* sp.）感染所致。这种细菌具有发光、发色（图4）和生长发育速度快等特性。

【对策】

　　现在对这种疾病尚无有效的防治方法。

（畑井喜司雄）

由同样病因引起的出现类似症状的其他鱼种
尚不清楚

水霉病
Saprolegniasis

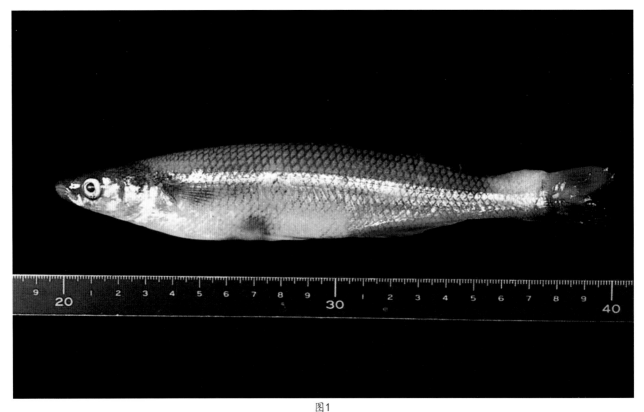

图1

图2

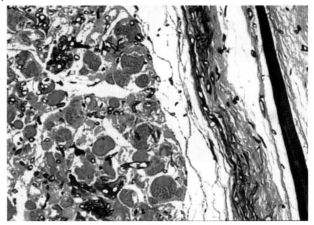

图3

这种疾病虽然被认为是在冬季易发生的真菌病，但是，在其他季节也能发生。这种疾病的发生的原因是在进行选鱼等过程中使鱼体受到了应激性刺激。在适合水霉类繁殖的20℃以下的环境中养鱼，含有微量盐分的水环境对预防水霉是适宜的，但是，人们仍然习惯在淡水中养鱼。

归根结底，是由于存在某种原发病原，其作为诱因导致鱼类继发水霉病。

【症状】

这种疾病的特征是体表各处特别是在尾部（图1、图2）可见有棉毛状的菌丝体。有时患部发红（图1），这种情况大多是伴有气单胞菌感染。由于菌丝生长于肌肉深部

（图3，Grocott's Variation染色），导致病鱼不能维持和调节渗透压而死亡。

【病因】

这种疾病由淡水性卵菌类水霉科的寄生水霉（Saprolegnia parasitica）感染所致。

【对策】

口服维生素制剂，增强抵抗力。发生这种疾病时，可按照0.5％的浓度向养鱼池中散撒食盐。

（畑井喜司雄）

由同样病因引起的出现类似症状的其他鱼种
鲑科鱼类、香鱼、鲤、鳗鲡

丝囊霉菌病
Aphanomycosis

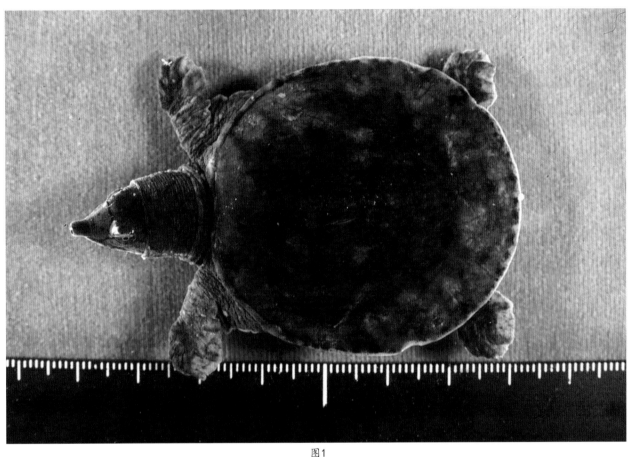

图1

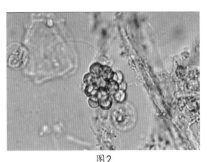

图2

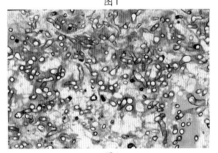

图3

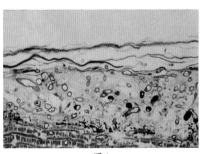

图4

这种疾病多发于孵化后2~3个月的鳖，以前曾将其称为白斑病。但是，对其病原研究后发现，这种疾病是由水霉科的丝囊霉菌感染所致的一种真菌病。

这种疾病只发生于稚鳖，能随着鳖长大而自然消失。

【症状】

这种疾病的外观特征为，在病鳖背甲上形成大量的圆形白斑状患部（图1）。在病症进一步发展的鳖中，也有部分背甲出现缺损的情况。在背甲上繁殖的菌丝有丝囊霉菌特有的块状游动孢子（图2，在游动孢子囊的前端形成的块状游动孢子是这种真菌的特征）。菌丝在背甲上繁殖（图3），但是不向肌肉内生长延伸也是这种真菌的特征（图4）。小型鳖由于菌丝的繁殖，使渗透压调节发生障碍而导致死亡。该病也可能引起细菌的二次感染。

【病因】

这种疾病是由水霉科丝状霉菌属中华丝囊霉（*Aphanomyces sinensis*）感染所引起的。但是，与导致香鱼等发生真菌性肉芽肿的病原菌媒介丝囊霉[*Aphanomyces invadans*（=*A. piscicida*, 杀鱼丝囊霉）]的性状不同。而且，这种真菌的不同点还在于对鱼类没有致病性。

【对策】

对这种疾病尚无有效的治疗方法。因为这种疾病能随着鳖的长大而逐渐消失，因此，在饲养鳖时应注意避免造成其背甲外伤，在饲养管理过程中尽量避免对鳖造成应激性刺激。

（畑井喜司雄）

由同样病因引起的出现类似症状的其他鱼种
尚不清楚

毛霉病
Mucormycosis

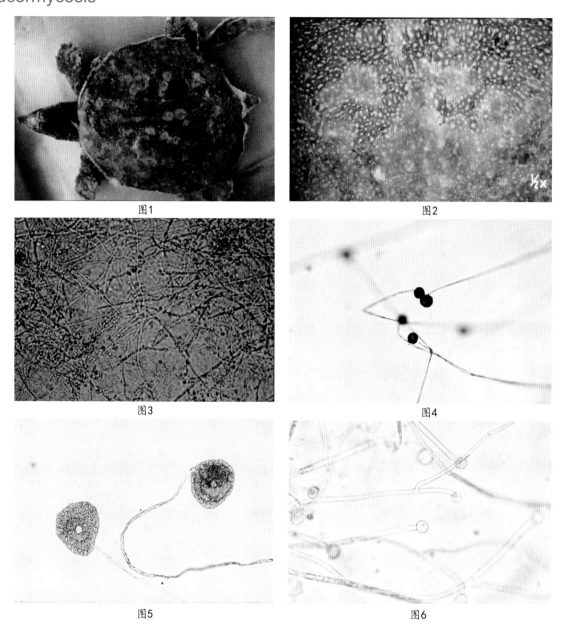

图1

图2

图3

图4

图5

图6

这种疾病曾经流行于流水池或循环水槽饲养的鳖。因为这类饲养方式的水处于透明状态，细菌数量少，为真菌的生长繁殖创造了适宜的条件，因而容易发生该病。

但是，现在鳖的养殖模式已经发生改变，几乎看不到该病的发生了。在美国有毛霉（*Mucor* sp.）感染而表现出相同症状疾病的报道。

【症状】

患病鳖外观症状为甲板的一部分出现白色斑纹，随后该部位发生脱落（图1、图2）。患部不局限于背甲部，还见于四肢、头部、颈部及尾部。

【病因】

取白斑部位的背甲进行镜检时发现，有大量较粗（5~20μm）、无隔膜的菌丝（图3）。将部分患病组织接种于甘露醇琼脂培养基培养时，比较容易培养出该病原菌。培养的真菌长出细长的新生菌丝，其前端形成肉眼可见的小黑点状孢子囊（图4）。孢子囊内的孢子成熟后（图5）脱落于环境中，仅残留菌丝体（图6）。从形态学特征上，这种病原被鉴定为接合菌类毛霉属的毛霉菌，但是，对其种类还没有进行鉴定。

【对策】

与透明池水相比，这种疾病在不透明的泥水样环境中不易发生。因此，保持养殖水处于适宜藻类的生长状态可以防止这种疾病的发生。发病时可用10mg/L浓度的氯制剂消毒。

（畑井喜司雄）

由同样病因引起的出现类似症状的其他鱼种
无

车轮虫病
Trichodinosis

图1

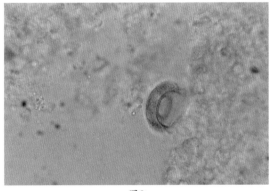

图2

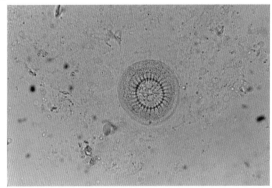

图3

在疾病发生率出现减少倾向的罗非鱼中，这种疾病依然是存在的少数寄生虫病之一。这种疾病在夏天露天池中较少发生，在大棚养殖池中发病率较高，特别是在初春或水温较低、高密度饲养的条件下比较容易发病。这种疾病导致的死亡率不高，但是，当并发烂鳃病和水中氧含量严重降低等因子叠加时可导致患病鱼大量死亡。

【症状】

开始可见病鱼食欲下降，随之聚集于出水口等附近，表现衰弱状态，伴有浮头等状态。这是由于鳃部寄生了车轮虫，导致分泌大量黏液、鳃小片增生，进而导致呼吸障碍。

这种疾病缺乏外观症状，体表、鳃稍微出现带有黑斑的白色污浊（图1）。要确诊疾病必须用显微镜检查，观察鳃或体表黏液中的虫体。

【病因】

原生动物门纤毛虫纲的车轮虫（*Trichodina* sp.）大量寄生于鳃或体表引起这种疾病。从上面观察车轮虫呈圆形（图2），从侧面观察呈杯形并且具有环状的纤毛带（图3）。

【对策】

越冬的罗非鱼通常是在高密度、低水温（15℃左右）的条件下饲养，投放的饵料较少，故鱼体易发生衰弱现象。而寄生有同属纤毛类的斜管虫、杯体虫等的情况较多。这些纤毛虫均易寄生于处于衰弱状态的鱼。因此，维持、恢复鱼的活力是防治这种疾病的重要方法。具体的作法为，将水温升至24℃以上，增加投饲量。

另外，通过增加注水量改善水质也是重要措施。如果能把鱼捞出来，可在5％~10％的盐水中药浴1~2min，或是在3％的盐水中药浴5~10min，即可驱虫。

（宫下敏夫）

由同样病因引起的出现类似症状的其他鱼种
尚不清楚

‖扁弯口吸虫病
Yellow grub infection

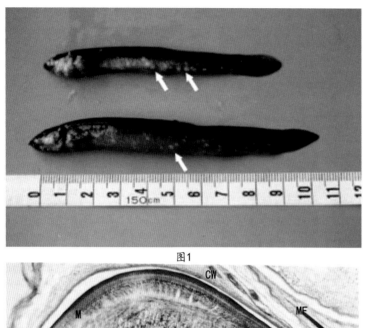

图1

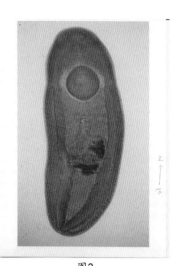

图2

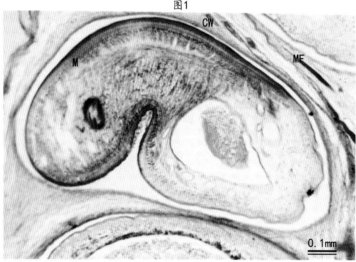

图3

图4

（图3、图4由罗竹芳提供）

该病病原是一种在世界范围内广泛分布的吸虫，在淡水鱼的肌肉内形成包囊。在欧美地区，根据其虫体外观特征将其称为黄虫（Yellow grub）。

【症状】

虫体可在鱼体表附近的肌肉组织内形成的包囊内寄生。包囊外观呈黄白色（图1）。

【病因】

病原属于复殖吸虫类的扁弯口吸虫科，名为扁弯口吸虫（Clinostomum complanatum）（图2）。这种寄生虫完成生活史需要3个阶段的宿主。第1中间宿主是椎实螺类，孵化的幼虫（毛蚴）侵入螺内，发育成袋状的雷蚴。在成熟的雷蚴内充满尾蚴。尾蚴不久使雷蚴崩解，从螺内游出，用两叉的尾部游泳，然后侵入第2中间宿主鱼类。很多鱼类都能成为该虫的第2中间宿主，不过以鲤科鱼类居多，尤其多见于泥鳅。尾蚴寄生在鱼体表附近肌肉（图3的MF）包囊中（图3的CW），而变为囊蚴（图3的M）。从包囊内取出的虫体较大，长约5mm，肉眼可以清楚地看到。终末

宿主为鹭类，其捕食第2中间宿主后被感染，虫体寄生在鹭的口腔内（图4）。

囊蚴的寄生一般不会对泥鳅造成严重的伤害。因为外表能看见鱼体的包囊，因此成为养鱼产业的问题。在日本有生食淡水鱼的习惯（很多野生的鲫），故有时该虫可寄生在人的食道内。到2000年为止，报告了17例弯口吸虫属的虫体（含有未鉴定的种）寄生于人体。但是寄生于人体也几乎无大碍，可用简单的外科手术去除。尽管如此，也应该明确地意识到生食泥鳅的危险。

【对策】

驱除养鱼池及其周边的第1中间宿主椎实螺类；采取在鱼池上面覆盖网等措施阻止终末宿主鹭类飞入养鱼区，以此切断寄生虫的生活史。

（小川和夫）

由同样病因引起的出现类似症状的其他鱼种
鲫等多种淡水鱼

鲕类
Yellowtail & Amberjack

收载鱼病

病毒病

病毒性腹水症/病毒性变形症/真鲷虹彩病毒病

细菌病·真菌病

【细菌病】 弧菌病/细菌性脑膜炎/滑行细菌病/类结节症/链球菌病（格氏乳球菌感染症）/链球菌病（停乳链球菌感染症）/抗酸菌病/诺卡菌病/细菌性溶血性黄疸

【真菌病】 鱼醉菌病

寄生虫病

车轮虫病/凹凸病/黏孢子虫性侧弯症/心脏库道虫病/奄美库道虫病/本尼登虫病/新本尼登虫病/异尾异斧虫病/轭联虫病/吸虫性旋转病/血居吸虫病/肌肉线虫病/鱼怪病/湖蛭病

其他疾病

维生素B_1缺乏症/营养性肌病综合征/驼背病/肾肿病/低温性应激症

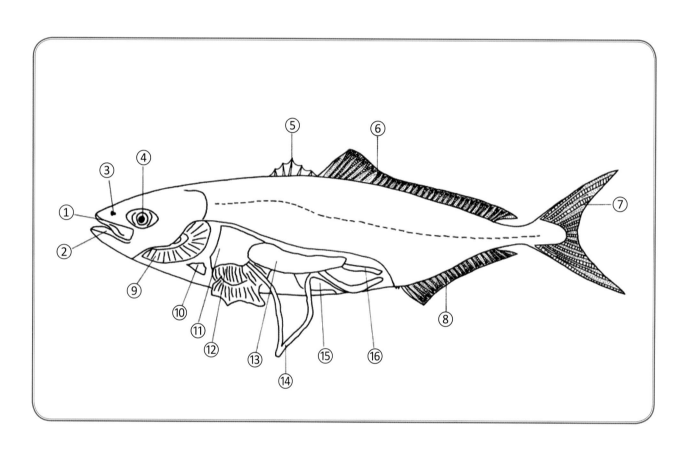

①上颌 ②下颌 ③鼻孔 ④眼睛 ⑤第一背鳍 ⑥第二背鳍 ⑦尾鳍 ⑧臀鳍 ⑨鳃丝 ⑩心脏 ⑪肝脏 ⑫幽门垂 ⑬胃 ⑭肠道 ⑮脾脏 ⑯生殖腺

病毒性腹水症
Viral ascites

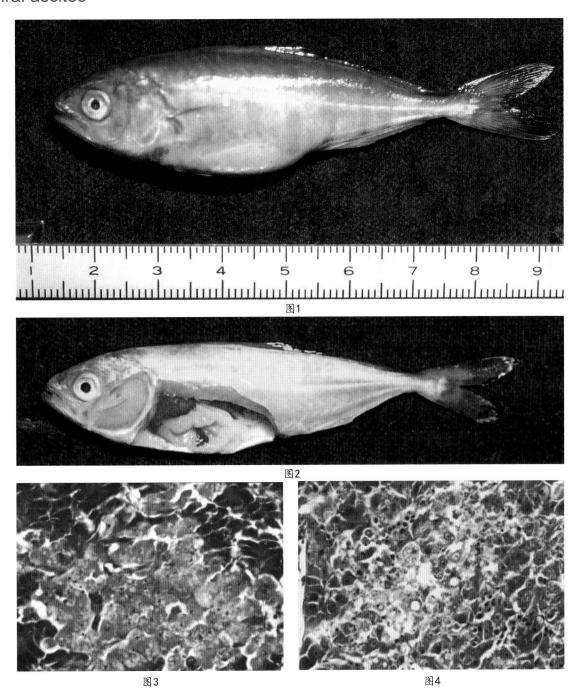

图1

图2

图3   图4

这种疾病最早发生于1983年。通常在5~6月发生于五条鰤，特别是捕捞后数周内多发。但是，即使发生该病，也会在较短时间内就有终止的倾向。

【症状】

肉眼可见病鱼上腹膨大（图1），鳃褪色，解剖检查可见腹腔积液、肝脏发红（图2）的特征性病变。病理组织学检查可见胰腺明显坏死（图3），或肝脏呈局灶性坏死（图4）及出血。

【病因】

病原是与虹鳟等的传染性胰腺坏死病（IPN）病原类似的一种RNA病毒，最初被命名为鰤腹水病毒（Yellowt ailas-cites virus, YAV）。现在，该病毒被归为双RNA病毒科水生双RNA病毒属（*Aquabinavirus*），根据国际命名法，称之为YTAV。

由于鰤成鱼的腹水病也有因饲料中毒引起的病例，因此，有必要在病理组织学和病毒学方面进行深入研究，寻找其发病原因。

【对策】

目前还没有有效的防控措施。

（畑井喜司雄）

由同样病因引起的出现类似症状的其他鱼种
五条鰤、三线矶鲈、丝背细鳞鲀、牙鲆

病毒性变形症
Viral deformity

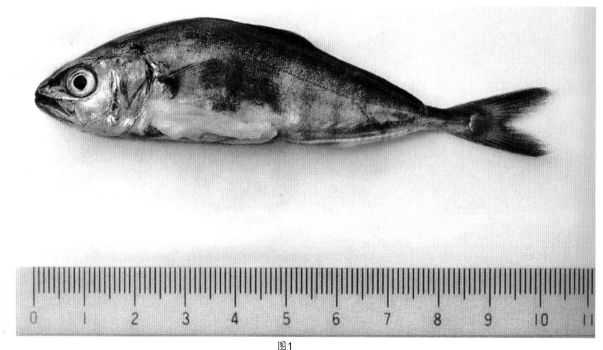

图1

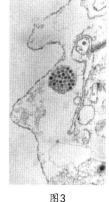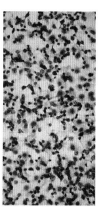

图2 图3 图4

大约从1988年开始，九州的一个鱼类种苗生产场的五条鰤及黄尾鰤的稚鱼发生这种疾病。患病鱼狂奔，体态变形且伴有死亡。这种疾病的发生仅见于特定的海域，之后未见蔓延扩散的报告。

【发生】

6月下旬水温超过20℃时，养殖的鱼突然发病，持续死亡数日至1个月，直到7月中旬水温超过25℃。体重不足10g的鱼易感，有死亡率达25%的病例。

【症状】

病情轻微者外观无典型症状。可见濒死鱼在水面狂游、痉挛等症状，从出现症状至死亡可见脊柱轻度弯曲（图1、图2）。

病鱼外观呈黄色，多伴有口周部、尾鳍、胸鳍、腹鳍、鳃盖等轻度充血和出血。解剖检查常可见肝脏出血和腹腔少量的积水，也可见肌肉出血。

【病因】

这种疾病病原是属于双RNA病毒科水生双RNA病毒属的RNA病毒，大小60~70nm，病毒粒子平面呈六角形，病毒性变形病毒（Viral deformity virus,VDV）（图3）。这种病毒虽然在理化特性和细胞病变方面与病毒性腹水症的病毒YTAV极其相似，但是，不论自然感染还是实验感染这种病毒，患病鱼均呈现出体态变形症状。

病理组织学检查时，未见病毒性腹水症所表现的胰腺坏死的病理变化。病毒感染引起的血管系统损伤和出血是这种疾病的特征。一般认为病鱼脑淤血和脑出血（图4）与鱼体变形有密切关系。病毒学特征上，这种疾病和病毒性腹水症也略有差异。

这种病毒能在CHSE-214细胞系上增殖，在20℃条件下容易分离、培养该病毒。

【对策】

对这种病毒性疾病，至今尚不知道有效的防控对策。

（反町稔）

由同样病因引起的出现类似症状的其他鱼种
黄尾鰤

真鲷虹彩病毒病
Red sea bream iridoviral disease

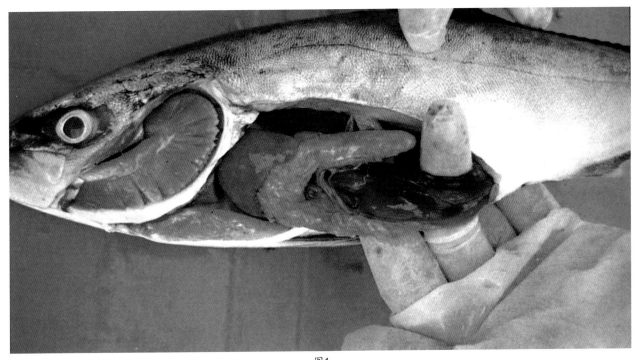

图1

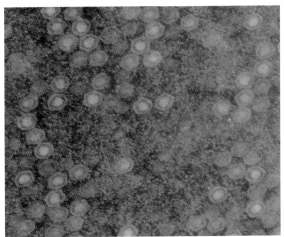

图2

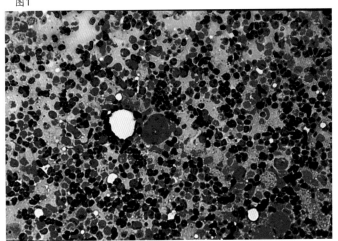

图3

这种疾病最初是于1990年日本四国养殖的真鲷中被确认的。除真鲷外，在五条鰤、杜氏鰤、大甲鲹、石鲷、斑石鲷、牙鲆、红鳍东方鲀等3个目的31种鱼类中均发生过这种疾病。五条鰤发生这种疾病是在7~10月的高水温期，水温超过25℃的时间越长，这种疾病的危害就越严重。这种疾病已经被世界动物卫生组织（OIE）的疫病名录收录。

【症状】

这种疾病的外观特征为体色变黑、鳃褪色和出血（图1）。对患病鱼鳃进行显微镜观察，可见大量的小褐色斑点。解剖检查时可见脾脏呈现褪色和肿大的症状。

【病因】

该病病原为属于虹彩病毒科的DNA病毒——真鲷虹彩病毒（Red sea bream iridovirus, RSIV），病毒粒子大小为200~240nm，呈正20面体（图2）。

【诊断】

将患病鱼的脾脏压片制样，姬姆萨染色，如观察到异形肥大细胞便可进行推理性诊断（图3）。确诊可通过单克隆抗体荧光抗体法以及PCR方法。

【对策】

对这种病毒性疾病尚无有效治疗方法。可用疫苗进行预防。

（川上秀昌）

由同样病因引起的出现类似症状的其他鱼种
杜氏鰤、真鲷、大甲鲹、石鲷、斑石鲷、牙鲆、红鳍东方鲀、三斑石斑鱼、青石斑鱼

弧菌病
Vibriosis

图1

图2

图3

　　本病在五条鰤稚鱼期发生与其他发育时期发生症状有较大差别。稚鱼期发病是在捕捞后数周内，其他时期发病是某种一次性诱因存在所导致。

【症状】

　　五条鰤稚鱼期患弧菌病时，由于鱼体小，几乎很难观察到疾病的外观症状（图1）。在这种情况下，确诊疾病需要依靠细菌培养结果来判定是否是弧菌病。

　　在五条鰤发育的其他时期发生弧菌病时，患病鱼外观上多表现出创伤，常可见到溃疡（图2），同时也常见直肠卡他性炎症。

【病因】

　　这种疾病主要由革兰氏阴性、具运动性的短杆菌——鳗弧菌（*Vibrio anguillarum*）感染所引起（图3），在高水温期，其他弧菌属细菌也可成为病原菌。五条鰤稚鱼期的弧菌病先是发生于新投入网箱的不摄食饵料而衰弱的个体，或是捕捞时受伤的个体，不久健康个体也被感染而导致大量死亡。

　　高水温期发生的弧菌病，大多是最初因寄生虫寄生导致表皮受损，后被病原菌感染而发生。

【对策】

　　口服抗生素有效。对五条鰤稚鱼期以外的弧菌病，接种弧菌灭活疫苗可有效预防该病的发生。

（畑井喜司雄）

由同样病因引起的出现类似症状的其他鱼种
杜氏鰤、黄尾鰤

细菌性脑膜炎
Bacterial meningoencephalitis

图1

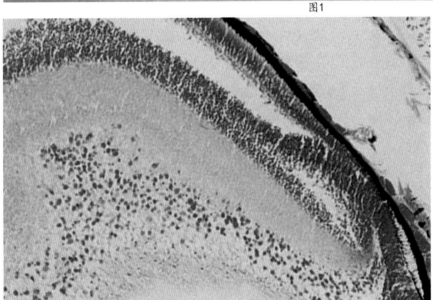

图2

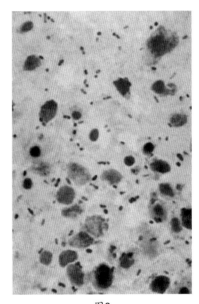

图3
（图1、图3由福留己树夫提供）

这种疾病是自1989年以来就一直存在的细菌性疾病。该病发生于5～8月（高峰期为6～7月），主要感染100g以下的养殖五条鰤及杜氏鰤。疾病流行中心为南九州，其他区域呈散见状态。

【症状】

病鱼呈现出旋转、狂游的症状，以小型鱼的症状最为明显。共同的特征性病变为脑部发红，除此之外无其他可见症状，偶见眼球白浊和体态略为侧弯的症状发生（图1）。内脏无特征性症状，有时可见轻度心外膜炎病变。病理组织学变化主要集中在中枢神经和眼。较轻的病例可见脑和脊髓局灶性髓膜炎；重型病例可见以视叶和小脑为中心的脑实质的炎症，伴有明显的出血（图2）。但是，内脏各器官、肌肉以及鳃部无可见变化。

【病因】

从患病鱼脑中常可分离出病原菌，而从内脏中往往分离不到病原菌。在脑的涂片标本中可见大量菌体（图3）。该病原菌在含2％氯化钠的普通培养基上发育良好，很易分离，为革兰氏阴性短杆菌，具有运动性。其他生化实验以及16S rDNA序列分析的结果均认为该病原菌是鲨鱼弧菌（*Vibrio carchariae*）或其近缘种。

【对策】

迄今为止，尚未发现病原菌对各种药物出现耐药性。

（饭田贵次）

由同样病因引起的出现类似症状的其他鱼种
杜氏鰤

‖ 滑行细菌病
Gliding bacterial disease

图1

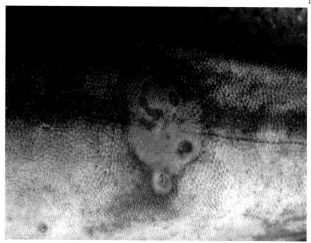

图2

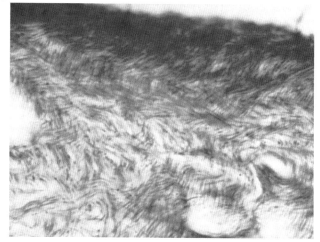

图3

这种疾病在晚秋至初冬水温较低的时期很易发生，但是，不引起大规模流行和死亡；多发于海水鱼，大型鱼很少因这种疾病而死亡，而种苗生产期的稚鱼大量发病时可大量死亡。

【症状】

病鱼多于体表和鳍条前端显示创伤状的浅表溃疡灶（图1）。如果症状继续发展，溃疡灶下及其周边皮下出血（图2）。观察鱼体表和鳍条的溃疡灶，剥离表皮，在真皮层可见大量滑行细菌的感染和增殖（图3）。有时可见滑行细菌侵至皮下脂肪层，引起充血和出血。内脏各器官未见明显病变。

这种疾病与低水温性弧菌病相似，对该病病原进行分离和鉴定是必要的。

【病因】

这种疾病的病原菌为滑行细菌的一种，海洋屈挠杆菌 [*Tenacibaculum maritimum* （=*Flexibacter maritimus*）]，为革兰氏阴性长杆菌。

【对策】

尚不清楚。

（宫崎照雄）

由同样病因引起的出现类似症状的其他鱼种
真鲷

类结节症
Pseudotuberculosis

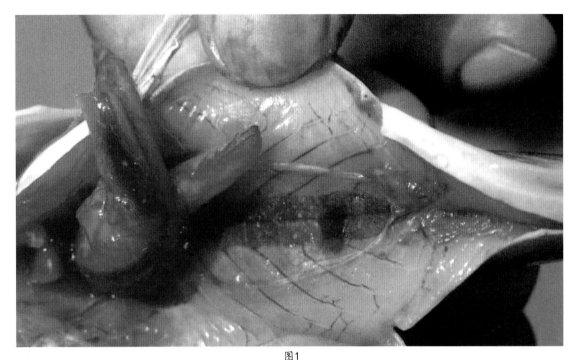

图1

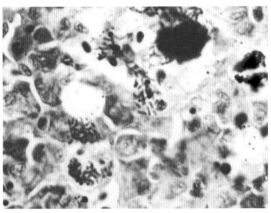

图2

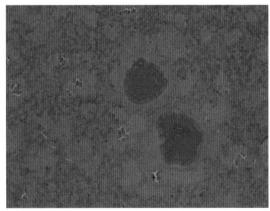

图3

1969年6月在日本西部一带的五条鰤养殖场发生了这种疾病，给养殖场造成了很大损失。此后该病成为每年都发生的细菌性疾病。

这种疾病发生于水温超过20℃、多雨的梅雨季节（海水表面盐分较低的时期），能造成五条鰤幼鱼大量死亡，也可蔓延至2龄的大鱼。一般情况下，水温超过25℃时该病即可停止发生，但是，值得注意的是在高水温期也有发病的案例。

【症状】

鱼一旦受到感染，疾病进程发展极快，有摄食越是活泼的鱼越是死亡较快的倾向。外观上患病鱼几乎未见异常，无异常游动，静静地沉入网箱底部而死亡。

解剖检查时可见脾脏和肾脏出现小的白色斑点（图1），患部病原菌虽被巨噬细胞等吞噬，但是，有些菌反而在其细胞内增殖（图2），破坏细胞后释放到组织中，再被巨噬细胞吞噬。如此反复，在局部形成细菌和白细胞集块

（菌团）。如果脱落到血管内，即可形成血栓而阻碍血液流动，导致患病鱼死亡。由于此种菌团被炎症状细胞包围形成结节样结构（图3），因其为不完全的结节，故称该病为类结节症。

【病因】

这种疾病病原是无运动性的革兰氏阴性短杆菌——美人鱼发光杆菌杀鱼亚种（*Photobacterium damsella* subsp. *piscicida*=*Pasteurella piscicida*，译者注：杀鱼巴斯德菌）。

【对策】

重要的是早发现、早治疗。发现小白点时可立即口服氨苄青霉素、喹酸酸、氟苯尼考等药物。也可以在灭活疫苗中添加油性佐剂后注射鱼体，能够有效预防该病。

（畑井喜司雄）

由同样病因引起的出现类似症状的其他鱼种
无

链球菌病（格氏乳球菌感染症）
Lactococcicosis

图1

图2

图3

图4

图5
（图1、图5由畑井喜司雄提供）

自1974年在日本四国发现这种疾病之后，全国的五条鰤养殖场每年都有该病发生。目前，尽管疫苗的接种提高了防疫效果，但是，该病至今依然是养殖五条鰤的最重要的疾病。

【症状】

患病鱼症状可分为普通型和脑炎型。普通型外观特征（图1）为眼球白浊、突出，眼球周边出血，鳃盖内侧发红、化脓（图2），尾鳍基部化脓（图3）等；解剖检查时的特征为，心外膜炎（图4）、腹膜粘连以及出血，幽门垂、肠管发红、出血等。

脑膜炎型的患病鱼仅表现狂游和身体扭曲的症状，普通型的症状少见。诊断需从脑部分离细菌。尽管每天死亡率较低，但是，在一段时间内患病鱼持续发生死亡，累积死亡率很高。

【病因】

病原为α溶血的格氏乳球菌（*Lactococcus garvieae*）。菌体大小为1.4μm×0.7μm，为卵圆形、呈链状排列的革兰氏阳性菌（图5）。该菌无运动性，最适生长温度20~37℃，生长所需盐分为0~7%。已知有KG⁺型和KG⁻型2个抗原型，从养殖场所分离到的多为显示强毒性的KG⁻型。这种细菌最早被分属于链球菌属（*Streptococcus* sp.），后被划归为杀鰤肠球菌（*Enterococcus seriolicida*），现被命名为格氏乳球菌。据此分类，被该菌感染的疾病应被称为肠球菌病，但现在养殖场一般称其为链球菌病。

【对策】

饲养管理不当和饲养环境恶劣是这种疾病发生的重要原因。其发病特征是从稚鱼到成鱼均可发病，因此，防疫是非常重要的。不同年龄的鱼群不要紧邻饲养，对死鱼、弱鱼要迅速清除，并进行彻底的消毒处理。投放质优、适量的饵料，强化营养，饲养密度要适当。有报告指出，低氧和鳃的气体交换受阻也会使鱼体的感染率增高。有希望使用商品化的疫苗（口服或注射）来增强免疫效果。

治疗方法有使用抗生素、停喂饲料，作为治疗药物的抗生素主要是大环内酯类药物（红霉素等）。

（大山刚）

由同样病因引起的出现类似症状的其他鱼种
杜氏鰤、鲐、大甲鲹

链球菌病（停乳链球菌感染症）
Streptococcicosis

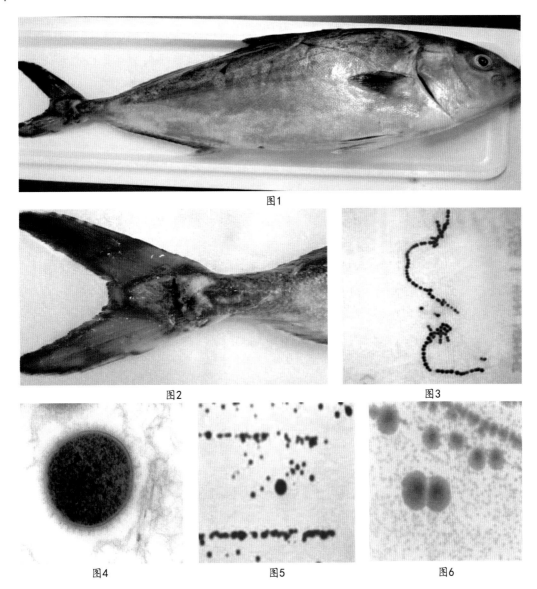

图1

图2

图3

图4

图5

图6

近年来，疫苗的普及有效地预防了α溶血性链球菌病（病原为格氏乳球菌，*Lactococcus garvieae*）的发生。但是，从2002年起，使用了疫苗的杜氏鰤和五条鰤却发生以尾根部坏死为特征的疾病（图1、图2）。患病鱼的症状特征与以往发生的链球菌病相似，但是，从尾根部坏死灶所分离的细菌可与链球菌C群抗血清发生反应。所分离的细菌感染杜氏鰤，表现出尾根部坏死，且伴发死亡。预计今后该病还会流行。

【症状】

患病鱼主要表现为尾根部坏死，除此之外无其他典型外观症状。流行病学调查结果表明，2002年在宫崎县、鹿儿岛县，2003年在鹿儿岛县、宫崎县及高知县均有该病的发生。从病鱼尾根坏死部分离到病原细菌的概率很高。

【病因】

从患病鱼分离到的细菌属链球菌C群，革兰氏阳性（图3），可发生自身凝集反应，电子显微镜观察可见细菌表层纤毛样结构（图4）。根据16S rDNA的相似性和细菌学性状分析结果，证实其为停乳链球菌（*Streptococcus dysgalactiae*），与以往的格氏乳球菌（*L. garvieae,* α溶血性链球菌）、海豚链球菌（*Streptococcus iniae*, β溶血性链球菌）不同，分离菌株在含有考马斯亮蓝（CBB）的琼脂培养基上培养，菌落呈深蓝色（图5、图6）。利用这种选择性培养基可以与以往的链球菌相区别。

【对策】

由这种细菌引起感染的报道很多，但是，感染后的详细情况并不清楚，一般认为在水温升高的8月高发。因此，在水温上升时期有必要关注养殖鱼的尾根部是否有病变。对于五条鰤，已经有市售的灭活疫苗可以用于注射接种。

（野本竜平、吉田照丰）

由同样病因引起的出现类似症状的其他鱼种
杜氏鰤

抗酸菌病
Mycobacterium infection

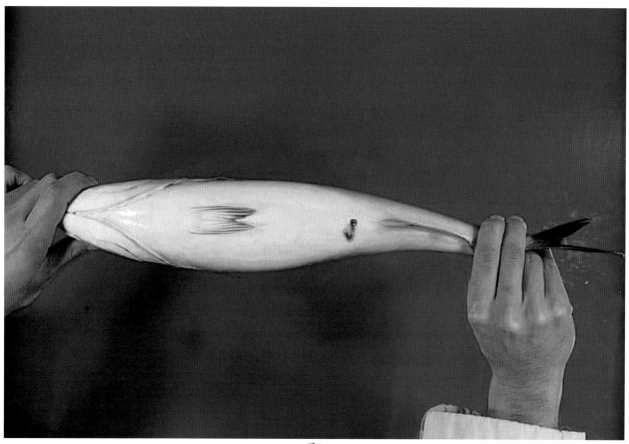

图1

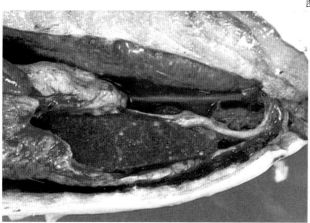

图2

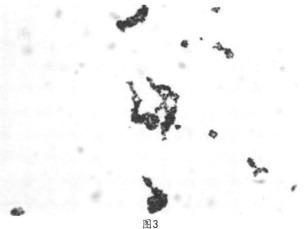

图3

早在1985年9月，高知县宿毛湾的五条鰤养殖场就发生了这种疾病。1986年该病在日本西部各地养殖场流行开来。此后，在每年水温最高的夏末到初冬期间均会发生流行。1990年以后几乎未发生过该病。1998年前后，该病再度高发，引起了人们的关注。

【症状】

具有典型病症的患病鱼表现为腹部极度膨大，肛门发红、开口扩大（图1）。解剖检查时可见腹腔积有血红色腹水，腹壁和各脏器表面被血样物质覆盖。脾脏和肾脏肿大，其他脏器形成许多粟粒状结节。各脏器之间出现粘连现象（图2）。

【病因】

这种疾病病原为一种分支杆菌（*Mycobacterium* sp.），革兰氏阳性、无芽孢、无分隔菌丝，具强抗酸性、能发光，产烟酸（图3）。

【对策】

目前，仅有的对策是早发现，及时清除和焚烧死鱼。

（楠田理一）

由同样病因引起的出现类似症状的其他鱼种
尚不清楚

诺卡菌病
Nocardiosis

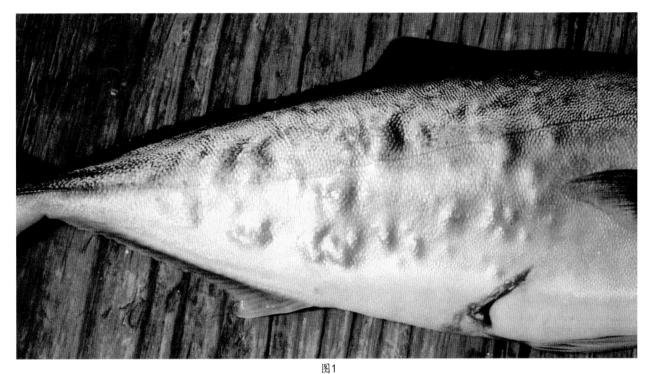

图1

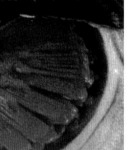

图2

图3

图4

每年的8~11月，五条鰤可发生这种疾病，水温降至20℃以下病情有减弱的倾向。该病一旦发生要持续较长时间方能平息，也有持续到翌年2月的情况。该病近年来与链球菌和分支杆菌混合感染的情况增多，使防治变得愈发困难。

【症状】

根据症状，这种疾病可以分为2个类型，即在躯干部形成脓肿和结节的躯干结节型（图1），以及在鳃部形成结节的鳃结节型（图2）。后者有冬季多发的倾向。躯干结节型以在脾脏、肾脏形成粟粒状结节为特征（图3），结节多发时在心、鳔、鳃部也可见到。有时在心脏的结节和鳔内可见痂样病灶。这种疾病多发于1龄以上的五条鰤，属于慢性疾病。

【病因】

这种疾病病原为鰤诺卡菌（*Nocardia seriolae*），该菌分属于放线菌类，弱抗酸性，革兰氏阳性分支杆菌（图4，姬姆萨染色）。

【对策】

明智之举是对发生这种疾病的鱼体及早进行处理。对鲇形目鱼类的诺卡菌病，允许采用口服磺胺嘧啶及其盐化物进行治疗。

（畑井喜司雄）

由同样病因引起的出现类似症状的其他鱼种
杜氏鰤、黄尾鰤、大甲鲹、牙鲆、丝背细鳞鲀、马面鲀

细菌性溶血性黄疸
Bacterial hemolytic jaundice

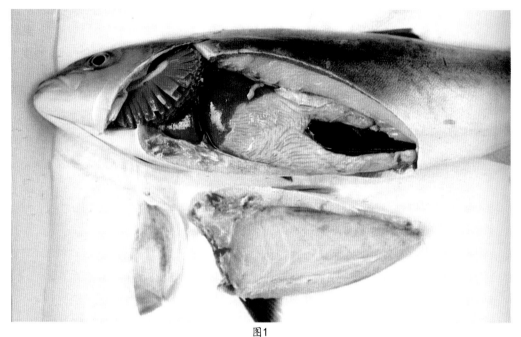

图1

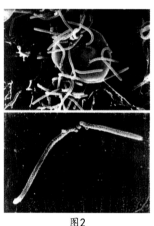

图2

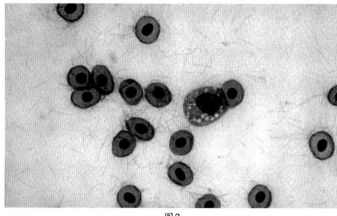

图3

1980年左右，在各地养殖场均可散见五条鰤的黄疸病。自20世纪90年代以来，在夏季高水温季节以2龄左右的大型鱼发病为主，且发病率增加。养殖场一旦发生这种疾病，损失惨重，故成为养鱼业的重大问题。

最初认为这种疾病可能是传染病，也可能与饲料和饲养环境有关，或与肝脏脂肪过氧化相关，但是，都未能确定该病发生的真正原因。

这种疾病发生于5～10月，尤其是在夏季高水温时期。日本国内的五条鰤养殖场均有发生，虽然当年鱼也可能发病，但是，以1龄以上的大鱼发病为主。

【症状】

患病鱼外观以背侧发暗、腹侧发黄，口唇和眼球周边呈现黄色为特征。解剖检查时可见因贫血所致的鳃褪色或呈红褐色，内脏各器官和肌肉变黄，脾脏和肝脏显著肿大等（图1）。血细胞比容下降，血中胆红素显著升高。

【病因】

这种疾病病原为细菌，存在于血液中，长4~6μm，宽0.3μm（图2），这种菌的溶血性极强，因此，该病被认为是细菌性溶血性黄疸。将病原活菌体置于普通显微镜下观察难以观察到，而在相差显微镜或暗视野显微镜下可见到能缓慢前后运动的长杆菌。姬姆萨染色的血液涂片置于镜下观察，可观察到在红细胞周边有大量长杆菌（图3）。这种细菌较难人工培养，到目前为止，尚未对这种细菌进行鉴定。

【对策】

目前，对这种疾病的研究虽然尚不充分，但使用各种抗菌剂对患病鱼进行治疗已被证明是有效的。自20世纪90年代中期以后，该病的发生率有减少的倾向。由于五条鰤链球菌疫苗的普及，各类抗生素的用量减少，近年在日本西部各地养殖的五条鰤的大型鱼中该病的发生又呈增加的趋势。

（反町稔）

由同样病因引起的出现类似症状的其他鱼种
无

鱼醉菌病
Ichthyophonosis

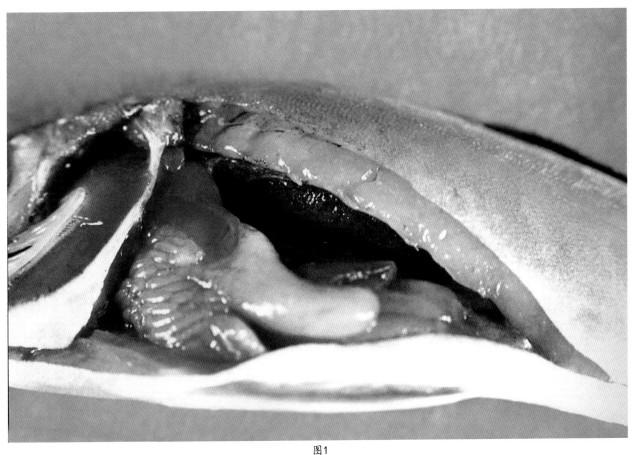

图1

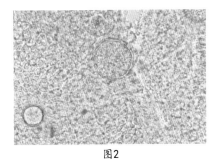

图2

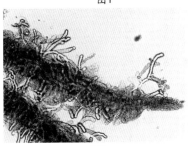

图3

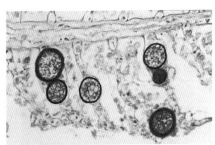

图4

　　1996年4月，从中国进口到日本的杜氏鰤发生了该病，造成大量鱼的死亡。对濒死鱼进行检查，结果证明是霍氏鱼醉菌引起的。

　　发生这种疾病时，多核球状体不仅在病鱼内脏中明显增多，在鳃部也见有大量增加。此前几乎未见有鱼鳃内多核球状体大量形成的病例。因此，这是令人非常感兴趣的病例。这种疾病在五条鰤中也有散见。

【症状】

　　患病鱼外观腹部膨大，鳃褪色和黏液分泌异常。解剖鱼体检查时，可见脾脏和肾脏肿大，脾脏表面有白斑状病变（图1）。

【病因】

　　各组织脏器压片标本镜检时，均可观察到大量的多核球状体（图2）。经硫乙醇酸钠培养基培养，可见丝状体发芽和丝状体孢子的产生（图3，培养的鳃组织）。病理组织学检查结果证明，在所有组织中均能观察到多核球状体等菌体结构（图4，鳃）。据此认为，导致病鱼死亡是霍氏鱼醉菌（*Ichthyophonus hoferi*）感染引起的。另外，霍氏鱼醉菌现在被认为是一种原生动物。

【对策】

　　目前尚无有效的防治对策，水温超过20℃时可自然痊愈。

（畑井喜司雄）

由同样病因引起的出现类似症状的其他鱼种
五条鰤、石鲷、香鱼、虹鳟

车轮虫病
Trichodinosis

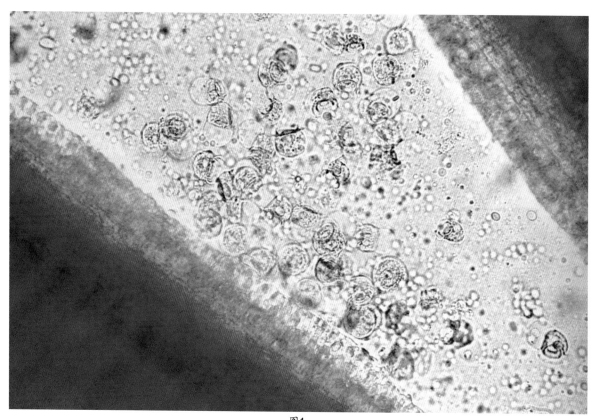

图1

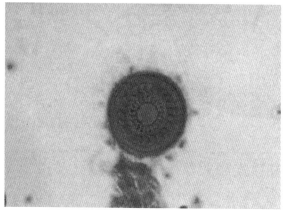

图2

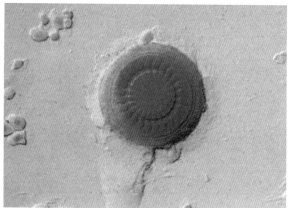

图3

（图2、图3由今井壮一提供）

　　虽然经常可见少量的车轮虫类虫体寄生在养殖的五条鰤鳃丝中，但是，其危害性还不十分明确。不过，当有大量虫体寄生时，可能会成为引起五条鰤死亡的原因之一。

【症状】

　　当鱼体鳃丝上寄生有较多虫体（图1）时，虽然会导致患病鱼食欲缺乏，但肉眼难以观察到典型症状。如不予处理，短期内即可见稚鱼（10g以下）发育不良（消瘦）、丧失游泳活力，最终可能与弧菌病等感染性疾病并发而导致死亡。

【病原】

　　这种疾病是由原生动物纤毛虫门的车轮虫类大量寄生于鱼的鳃丝而引发的。曾观察到1尾稚鱼中寄生20 000个以上虫体的病例。可引起五条鰤稚鱼异常死亡的该类寄生虫中，已确认的有亚卓车轮虫（*Trichodina jadranica*，图2，平均直径36.3μm）及另一种车轮虫（*Trichodina* sp.，图3，平均直径39.4μm）2种。

【对策】

　　养殖区域海水流动条件恶化通常是造成车轮虫大量寄生的原因。因此，可将患病鱼群迁至适宜的饲养环境，通过改善网箱的排列等措施，做到防患于未然。

（福田穰）

由同样病因引起的出现类似症状的其他鱼种
杜氏鰤、大甲鲹

‖凹凸病
Beko disease

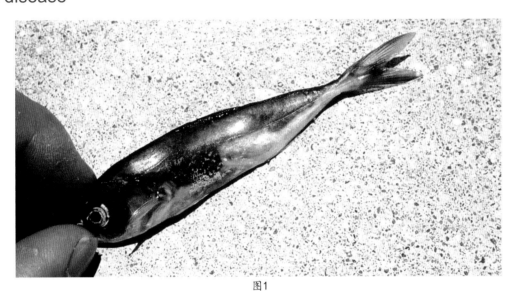

图1

图2

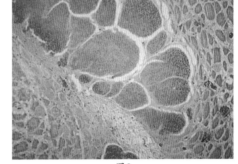

图3

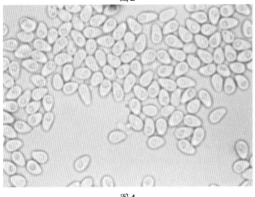

图4

图5

（图2由小川和夫提供，图3由横山博提供）

这种疾病是微孢子虫寄生于五条鲕稚鱼肌肉内引发的。虽然刚从海洋中捕获的五条鲕稚鱼也可发生这种疾病，但一般的情况下，将五条鲕置于网箱内饲养一段时间后才出现病症的情况比较常见。有时这种疾病的发病率很高。

【症状】

微孢子虫在肌肉内形成小孢囊团块（数毫米至1cm），因此可导致患病鱼的患部膨胀（图1）。肌肉内孢囊呈不规则形态（图2），白色的干酪状（图3，病理组织图，HE染色）。孢囊内孢子形成后孢囊崩解，周围的组织被溶解，可见该部位体表凹陷。由于患病鱼体表凹凸的特征变化，将这种疾病称为"凹凸病"。

【病因】

病原为鲕微孢子虫（*Microsporidium seriolae*），属于原生动物中微孢子虫的一种，寄生于鱼的肌肉内。孢子的大小约为3μm×2μm（图4）。

【对策】

病原寄生虫大范围寄生于鱼类躯体时，患病鱼明显消瘦并可能出现死亡。但是，如果患部比较局限，又没有细菌的继发感染，孢囊崩解、微孢子虫释放后的伤口可自然愈合（图5），对此可不采取措施处理。

（畑井喜司雄）

由同样病因引起的出现类似症状的其他鱼种
杜氏鲕、黄尾鲕

黏孢子虫性侧弯症
Myxosporean scoliosis

图1

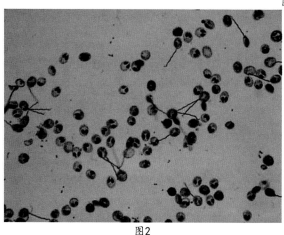

图2

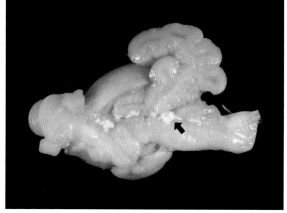

图3

很早以前，这种疾病就在养殖的五条鰤中散见，曾被怀疑由多种病因引起，但一直未被证实。1970年以后，该病的发生率逐渐增加，部分海域所饲养的2龄鱼，发病率可达20%~30%。从秋季开始，当年鱼呈现轻度的侧弯。随着鱼体的成长，出现侧弯的概率和症状均有所增加，1龄鱼在秋季侧弯最明显。

已证明碘泡虫寄生脑部是该病发生的原因，且其发生是在比较偏僻的海域。因此，通过选择养殖场位置等措施，近年来已经看不见这种疾病的发生了。

【症状】

脊椎骨弯曲为这种疾病的特征，严重时鱼体扭转，也可见到上下方向弯曲的情况（图1）。症状的发展导致椎体变形，而软骨组织增生使其不再发展。侧弯的鱼体形改变，游泳与摄食变得缓慢，不能充分摄食，消瘦，但是并不发生死亡。

【病因】

患病鱼发生侧弯是由属于黏孢子虫类的虾虎鱼碘泡虫（*Myxobolus acanthogobii*，图2）在鱼类第四脑室形成的孢囊所致（图3）。鱼体脊柱的弯曲，一般认为是由于第四脑室内形成的孢囊团块产生物理性刺激，导致神经机能异常而产生。

此外，这种寄生虫一直被认定为脑碘泡虫（*Myxobolus burii*），现已证明，其与以前报道的寄生于刺虾虎鱼的虾虎鱼碘泡虫为同种。

【对策】

还不知道对该病的治疗方法，且治疗的可能性不大。有报道指出，感染期在稚鱼阶段，在稚鱼期从早到晚连续投放饵料，从而尽量减少稚鱼摄食可成为这种疾病中间宿主或媒介的天然饵料，可减少侧弯症的发病率。一般认为这种疾病的分布有地域性。如前所述，到虾虎鱼碘泡虫中间寄生的无脊椎动物（无特定的种类）等的栖息区域外的区域进行养殖，也是防治这种疾病的一个方法。

（反町稔）

由同样病因引起的出现类似症状的其他鱼种
鲻、绿鲭、水纹扁背鲀等天然鱼

心脏库道虫病
Cardial kudoosis

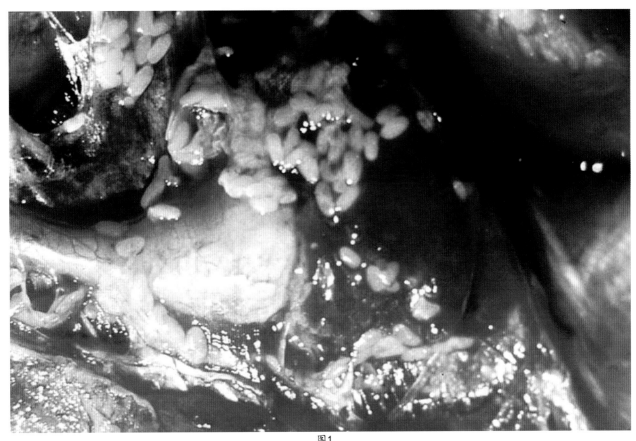

图1

1978年，有报道养殖的五条鰤围心腔中寄生了这种寄生虫，至今对该病的发病情况尚不太清楚。

【症状】

在心室及动脉球的周围形成大量白色、圆形至卵圆形的孢囊（长度从不足0.1mm至最大可达2.7mm）（图1）。孢囊由来源于宿主的膜包被，附着于心脏外膜，或者在围心腔内呈浮游状态。孢囊内充满孢子（图2，1978年的新种记载上使用的标本图）。即使形成再多的孢囊，鱼的外观也未见异常。

【病因】

这种疾病是由大量的碘泡虫及多板目的心胞腔库道虫（*Kudoa pericardialis*）寄生引起的。俯视可见孢子呈圆角的四角形；侧面观察，上部中央部呈稍微的尖状突起，下部呈圆形，直径6~7μm，长4~4.2μm；4个极囊长度2.4~3.0μm，后端稍微呈尖状。此外，在养殖的杜氏鰤围心腔中可见十分相似的库道虫寄生。截至目前，确认的病例均为别种的盐氏库道虫（*Kudoa shiomitsui*），孢子形态与心胞腔库道虫的十分相似；但盐氏库道虫的孢子稍大，直径8.6~9.8μm，长5.6~6.8μm。

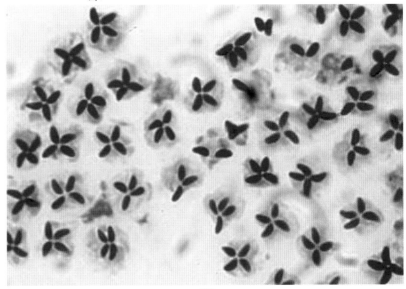

图2

（图1由江草周三提供）

【对策】

病原寄生虫可能是在某种无脊椎动物体内形成的放线孢子虫，对鱼类具有感染性。然而，对该虫的生活史尚不清楚，因此相应的防控对策目前还没有。

（小川和夫）

由同样病因引起的出现类似症状的其他鱼种
无

奄美库道虫病
Kudoosis amami

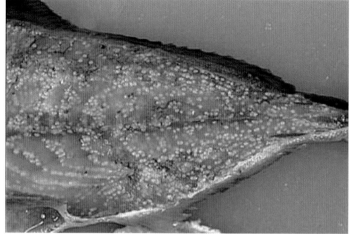

图1

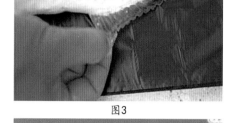

图3

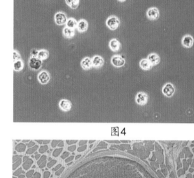

图4

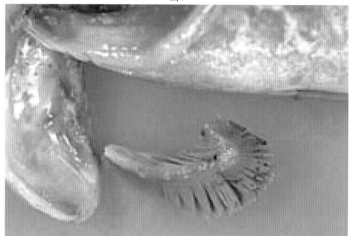

图2

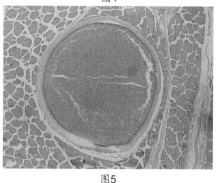

图5

（图5由小川和夫提供）

这种疾病发生在奄美大岛和冲绳的特定海域所养殖的五条鰤、杜氏鰤，发病率很高。患病鱼肌肉中有大量的孢囊，导致这些病鱼失去了商品价值（图1）。

【症状】

鱼体侧肌肉中可见大量的米粒状白色孢囊，重症时在鳃弓周边部（图2）、鳍条膜部（图3）也有寄生。寄生强度（每克肌肉的孢囊数）大时，患病鱼体表似覆盖了一层霜。轻度寄生即使外观不易发现，但是，纵向切开鱼体时，刀刃部会有"咕噜咕噜"的异物感，这时便可发现有孢囊存在。

【病因】

这种疾病是由属于碘泡虫类的奄美库道虫（*Kudoa amainiensis*）在鱼体侧肌肉寄生形成的孢囊所致。孢囊内含有大量的孢子（图4），直径为5~6μm，俯视观察呈圆角的四角形，4个极囊为椭圆形，侧面呈无尖的椭圆形，1~2年的孢囊呈明显的黄色。

目前对库道虫的生活史并不了解，故不清楚该虫是如何感染五条鰤、杜氏鰤等鱼类的。对冲绳各海域该虫感染的调查结果表明，冲绳地区每年五条鰤的感染率为70%~100%，杜氏鰤感染率为30%~90%，感染率明显高于其他海域。进一步调查还发现，该病的发生与季节无关，一般经过1~2个月饲养后就有20%~30%的鱼发病，有的感染率高达90%。累积感染率和感染强度随着养殖时间延长而增加。

五条鰤体内孢囊数量达20~200个，个体差异很大，杜氏鰤体内孢囊仅数个，与五条鰤相比数量很少。在感染后大约2个月，孢囊生长达到肉眼可见程度，大小数毫米，里面充满孢子（图5）。

【对策】

这种疾病仅发生于奄美、冲绳海域。怀疑斑鳍光鳃鱼等也与该病有关。因此，尝试使用3mm网眼的网箱进行常年饲养，使用自动投饵机每隔1~2h频繁给饲使鱼经常保持饱腹状态等方法防治，但仍然有感染情况发生。对这种疾病的防治，目前还没有有效的方法。

（杉山昭博）

由同样病因引起的出现类似症状的其他鱼种
固曲齿鲷类

本尼登虫病
Skin fluke infection（Benedeniosis）

图1

图2

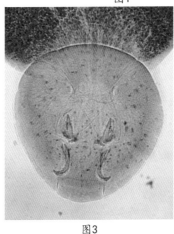

图3

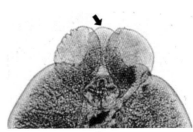

图4

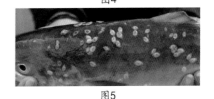

图5

（图1、图4由畑井喜司雄提供）

　　自1960年开始对五条鲕实施网箱养殖以来，人们就发现本尼登虫病为五条鲕的代表性寄生虫病。该病又称为皮虫症。在20世纪70年代，人们将有机锡剂作为防护涂料用在网箱上后几乎见不到皮虫症了。而80年代后期这种方法不再使用，五条鲕又开始频繁发生该病。

【症状】

　　由于寄生虫在寄生部位掠取食物，引起宿主分泌黏液，故在寄生部位及周围可见白色的污斑。寄生虫寄生的刺激引起鱼体摩擦网箱，造成皮肤损伤及出血（图1）。损伤部位可能成为弧菌等病原菌的入侵门户。

【病因】

　　这种疾病是由单巢亚纲的鲕本尼登虫（*Benedenia seriolae*）寄生宿主体表引起的。这种寄生虫体形呈小片形，成虫体长5~12mm（图2）。虫体依靠后端的1个吸盘（图3）和前端的1对吸盘（图4）吸附于宿主体表，摄食宿主的体表上皮。这种寄生虫寄生于鲕属鱼类（五条鲕、杜氏鲕、黄尾鲕、黄尾鲕），不过新本尼登虫属的寄生虫也能寄生这些鱼体，特别是杜氏鲕，两种寄生虫可同时寄生其上。新本尼登虫体长3~8mm，比这种寄生虫小，细长。此外，虫体前端夹着2个吸盘的部分，两者在形状上也有差别，鲕本尼登虫为凸起状（图4的箭头），新本尼登虫呈凹陷状，易于区别。鲕本尼登虫常年都可寄生，水温29℃为其繁殖的温度上限。

【对策】

　　鲕本尼登虫的虫卵容易附着在网箱周边的网格上，因此，在养殖场这种寄生虫容易繁殖。故定期驱虫是必要的。对患病鱼进行3~5min的淡水浴（图5，淡水环境下虫体死亡呈白色），或用双氧水为主要成分的药浴便可驱虫；口服吡喹酮驱虫效果与淡水浴效果相同。上述药品作为水产用医药品市场有售。驱虫时更换养殖网箱，可有效地驱除附着在网格上的虫卵，如同时更换周围的网箱，效果会更好。

（小川和夫）

由同样病因引起的出现类似症状的其他鱼种
杜氏鲕、黄尾鲕、高鳍紫鲕

新本尼登虫病
Skin fluke infection (Neobenedeniosis)

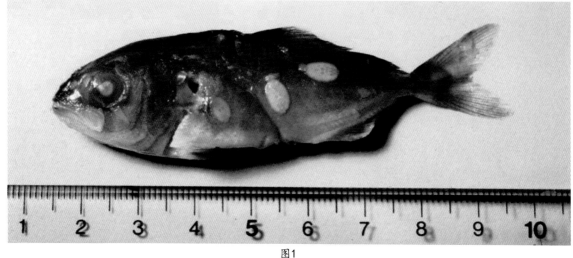

图1

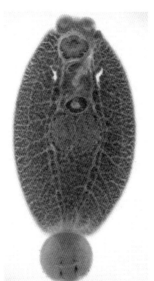

图2

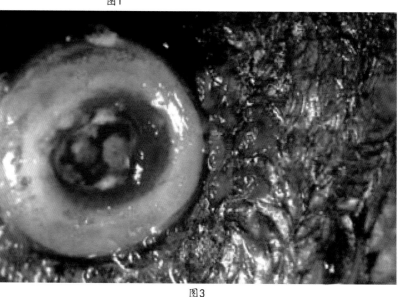

图3

（图1由三户秀敏提供，图3由福留己树夫提供）

　　自1990年从中国进口种苗开始杜氏鰤养殖之后，日本发生了新本尼登虫病。病原寄生虫不仅感染杜氏鰤，在其他很多的养殖鱼中也大量寄生。

【症状】

　　基本上和五条鰤的本尼登虫病症状相同。

【病因】

　　这种疾病是由单巢亚纲的鲕新本尼登虫（Neobenedenia girellae）寄生于宿主体表所引发的。日本鱼类本来没有这种疾病，该病寄生虫是随着从中国引入的杜氏鰤鱼苗进来的（图1）。

　　鲕新本尼登虫体形呈小片状，成虫体长3~8mm（图2，铁苏木精染色的标本）。这种寄生虫与本尼登虫十分相似，但这种寄生虫没有阴道腔，可与本尼登虫区别。但是，确认阴道腔的有无比较困难。有时杜氏鰤体内同时寄生着两种虫，其鉴别可参照"五条鰤的本尼登虫病"。

　　通常，本尼登虫的宿主特异性很强。但是，这种寄生虫除寄生于杜氏鰤外，还可寄生于红鳍东方鲀、牙鲆、真鲷等多种养殖鱼类。这种寄生虫在高水温季节繁殖旺盛，因此发病集中在夏季。水温25℃条件下的实验结果表明，寄生鱼体10~11d后这种寄生虫即发育成熟，生长迅速，繁殖力强。此外，已经证实这种寄生虫在低水温时以虫体状态越冬。这种寄生虫大量寄生于真鲷的情况较少见，但是有集中寄生于真鲷眼部的倾向（图3），从而导致受侵害的真鲷失明，因此值得注意。

【对策】

　　早诊断、早驱虫是十分重要的。夏季，附着于网箱网格上的虫卵在养殖场中繁殖，因此，可对病鱼进行3~5min的淡水浴以驱虫。用双氧水为主要成分的药浴对驱除鰤本尼登虫（Benedenia seriolae）也是有效果的。

（小川和夫）

由同样病因引起的出现类似症状的其他鱼种
红鳍东方鲀、牙鲆、真鲷

异尾异斧虫病
Gill fluke infection (Heteraxinosis)

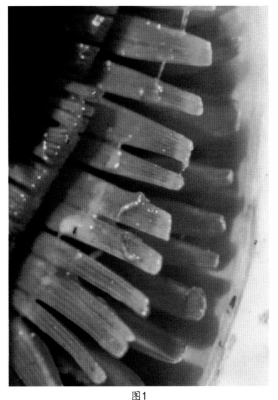

图1

图2

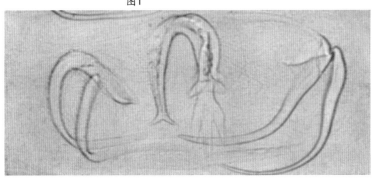

图3

图4

(图1由江草周三提供)

异尾异斧虫也称"鳃虫"，是养殖的五条鰤中一种常见的寄生虫。

【症状】

由于大量寄生的虫体吸食鱼体血液，使鱼鳃褪色，患病鱼贫血。该病的病程发展过程为慢性型，患病鱼由于长期摄食不良而肥满度降低，死亡率升高。

【病因】

这种疾病是由属于单巢亚纲的异尾异斧虫（*Heteraxine heterocerca*）寄生于鳃部引起的（图1）。成虫呈近似三角形，左右不对称，体长5~17mm（图2）。在虫体后端有长短两列吸夹（图3），以便抓住鳃小片。长列有24~32个吸夹，长列的中央部最大；短列有3~14个吸夹，其大小比长列的要小得多。该虫吸食鳃部血液作为营养来源。

虫卵的一端附有长丝，在虫体子宫内可使卵相互连接，300~800个卵连在一起呈带状一同释放出来（图4）。养殖场这种带状虫卵附着于网箱的网格上进行孵化。孵化的幼虫靠纤毛在水中游动，遇宿主后经口进入，到达鳃部，脱落纤毛并在鳃部寄生。开始寄生时该虫尚无吸夹，伴随着该虫在鳃部生长开始出现吸夹，其数量也随之增多。该虫可常年寄生，宿主特异性很强，与五条鰤相似的杜氏鰤、高鳍紫鰤未见有该虫的寄生。

【对策】

将食盐溶于海水配成浓盐水浸泡鱼类，可作为一种驱虫的方法。但是，在浓盐水中鱼会变衰弱，因此，现在几乎不用该法驱虫了。淡水浴对驱除这种寄生虫无效。

（小川和夫）

由同样病因引起的出现类似症状的其他鱼种
无

‖轭联虫病
Gill fluke infection（Zeuxaptosis）

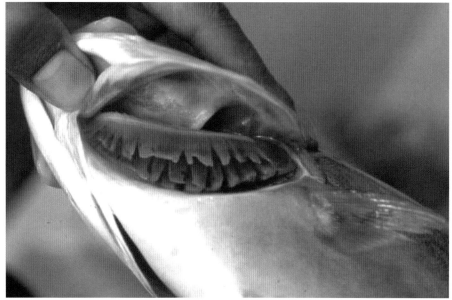

图1

图2

图3

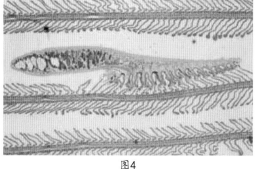

图4

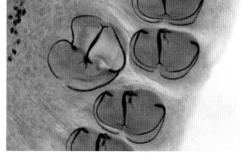

图5

这种疾病无明显的外观症状。病原寄生虫大量寄生时，鱼鳃呈现出贫血状态（图1）。

【症状】

该病寄生虫的有害作用在于吸食鱼鳃的血液。杜氏鰤患这种疾病病程发展过程为慢性型，表现为摄食不良、消瘦。对寄生的鳃部组织进行病理学观察时，未见该虫吸夹附着部有病理变化，因此认为吸夹几乎不会对鱼体造成危害。

【病因】

这种疾病是由单巢亚纲多后吸盘目异尾异斧虫科的日本轭联虫（Zeuxapta japonica，图2）寄生所引起。这种寄生虫体长4~9mm，常年在鱼体上可见有寄生。但是，对这种寄生虫的繁殖习性、生物学特性等方面尚缺乏研究。这种寄生虫为卵生，虫卵由长丝状的附属线连接在一起，以卵块状态产出（图3）。孵化的幼虫寄生于宿主的鳃部生长成熟。

该病寄生虫虽然与寄生于五条鰤的鳃虫（异尾异斧虫，Heteraxine heterocerca）近缘，但是，这种寄生虫不寄生于杜氏鰤和高鳍紫鰤。不过异尾异斧虫经常寄生于杜氏鰤的稚鱼和幼鱼，而杜氏鰤长大后便见不到异尾异斧虫的寄生了。

这种寄生虫的后半部长有两列附着于鳃的吸夹（图2、图4、图5），长短不一，长列有45~47个吸夹，短列有39~42个。吸夹的直径最大为120μm。两列吸夹的不对称性没有异尾异斧虫严重。因此，观察吸夹列的状态是鉴别两种虫的最准确的方法。精巢在虫体稍后方，有80~110个。

【对策】

据推测，在产生的虫卵里，有相当多数量的虫卵是附着于网箱的网格上的。因此，定期更换网箱是有效驱除虫卵的方法。

（小川和夫）

由同样病因引起的出现类似症状的其他鱼种
黄尾鰤

吸虫性旋转病
Trematode whirling disease

图1

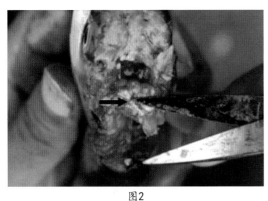

图2

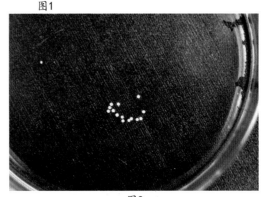

图3

图4

（图4由小川和夫提供）

这种疾病在野生鱼（鳀、日本银带鲱等）及养殖鱼（五条鰤、石鲷、红鳍东方鲀、竹筴鱼）中均有发生，且为五条鰤最严重的疾病。

对于五条鰤，该病常在养殖海域水温最高时发生于当年鱼。最初这种疾病只发生在长崎县的对马地区，开始被认为是地方性疾病。但是，后来这种疾病在对马地区以外的长崎县内以及其他地域也有发生。

【病状】

患病鱼在水面上出现回旋等异常游泳状态（有时狂奔游泳）为该病特征。此种状态的鱼外观上未见异常（图1），但不久患病的五条鰤便出现死亡，而且死亡率很高。

【病因】

病原为吸虫类异形吸虫科的乳白体虫（*Galactoso-mum* sp.），该虫囊蚴在鱼的间脑形成一个包囊（直径0.8~0.9mm）（图2至图4），导致患病鱼出现前述异常游泳症状。五条鰤为该虫第二中间宿主，其终末宿主为海鸥。异常游泳的患病鱼被海鸥发现并吞食。

【对策】

还不知道该病的治疗方法。推测寄生虫第一中间宿主为生息在发病海域的贝类。因此，在高水温时期避免将五条鰤移入该海域，便可防止发生这种疾病。

（畑井喜司雄）

由同样病因引起的出现类似症状的其他鱼种
鳀、日本银带鲱、石鲷、红鳍东方鲀、竹筴鱼

血居吸虫病
Blood fluke disease

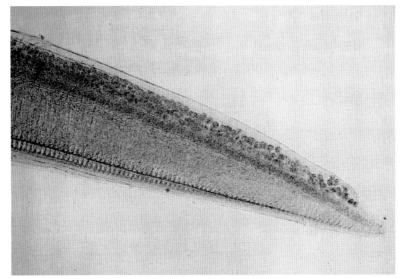

图1

图2

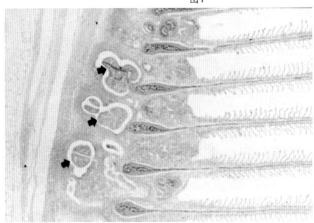

图3

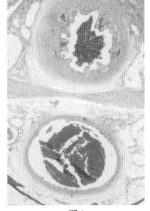

图4

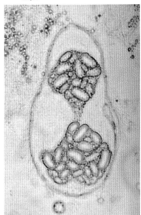

图5

　　1983年前后，该病（目前也被称为血管内吸虫症）发生于四国、九州的养殖场，人们开始认识这种寄生虫病。最近，从中国引入日本的杜氏鰤也发生了这种疾病。

【症状】

　　这种疾病只发生于当年鱼。虽然无明显的外观症状，但是，被该虫严重感染的鱼由于鳃血管充满了虫卵，严重影响血液循环。因此，特别是鱼在因摄食饵料等剧烈运动时，由于供氧不足，会发生窒息死亡，特征是死亡鱼体呈张口状。重症鱼出现慢性供氧不足，降低了对链球菌等的抵抗力。

　　对鳃进行镜检时发现，在入鳃动脉侧（有软骨组织的一侧）的血管内有大量的虫卵（图1）。在每年11月至翌年5月发病，只限低水温时节。冬季持续出现慢性死亡，初夏的短时间内，网箱养殖的紫鰤有时死亡率会超过80％。

【病因】

　　病因为寄生了属于拟德氏吸虫的两种吸虫，即多刺拟德氏吸虫（*Paradeontacylix grandispinus*，体长2~3mm，图2左）和杜氏鰤拟德氏吸虫（*P.kampachi*，体长5~8mm，

图2右）。虫体主要寄生于从心脏到鳃部的动脉血管内（图3，鳃瓣血管内的虫体），虫体所产的卵堵塞血管。入鳃动脉的内皮细胞增生（图4上），形成乳头状突起使管腔狭窄；出鳃动脉未见异常（图4下）。在日本，吸虫在冬季侵入鱼体内产卵，在春季到来之前孵化（图5，毛蚴），成虫死亡；耐过此时期的受感染鱼可康复，且有可能获得免疫，但是并未得到证实。在五条鰤也有类似疾病，病原为其他种类的血居吸虫（未记载）。

【对策】

　　虽然不容易从宿主血管中检测到虫体，但是，借助鳃中蓄积的虫卵进行诊断就比较容易。该吸虫的生活史中一定有中间宿主参与，但是，究竟是什么动物还不知道。中国产的种苗在输入日本时就已经被感染。对这种疾病尚未确立有效的防控对策。发病时应控制投放饵料的数量。

（小川和夫）

由同样病因引起的出现类似症状的其他鱼种
尚不清楚

肌肉线虫病
Muscle nematode infection（Philometroidosis）

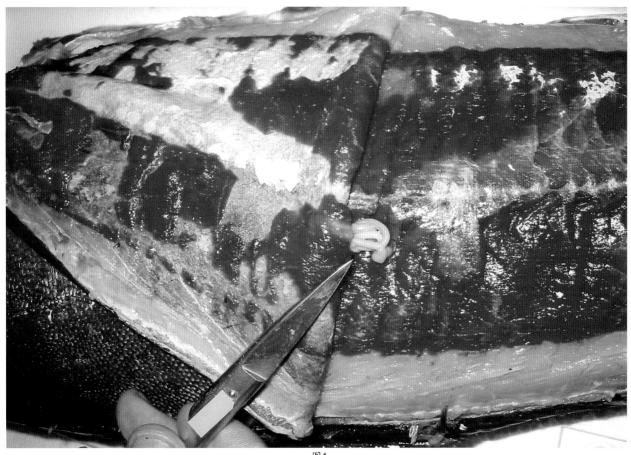

图1

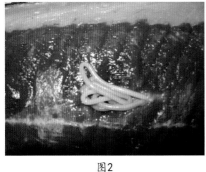

图2

图3

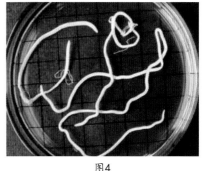

图4

早春时节的五条鰤（特别是野生五条鰤）体侧肌肉内寄生有大型线虫时会使其丧失商品价值。

【症状】

一般认为，早春产卵后瘦弱的野生五条鰤寄生线虫较多。仅从外观不能判断是否寄生该寄生虫。这种寄生虫为大型线虫，通常在肌肉内蜷缩寄生（图1至图3）。

【病因】

这种疾病是由线虫纲的鰤嗜子宫线虫（Philometroides seriodae）寄生所引起。虫体内部几乎被子宫占据，子宫内充满虫卵时虫体呈红色；卵孵化后子宫内充满仔虫，虫体呈淡褐色黄油色。

虫体呈圆筒形，体长可达30~40cm（图4，福尔马林固定的标本）。图4中这个标本为雌虫，未发现雄虫。这种寄生虫侵入五条鰤后是如何在其体内发育、成熟的，目前完全不清楚。

夏季可观察到虫体的一部分露出鱼体，并且裂开以释放子宫内的仔虫到水中。以前人们一直认为该种情形是该虫寄生于浅表肌肉的表现（图1、图2）。不过，寄生于深部肌肉（图3）的虫体不能移动，也有可能发生死亡。现在已经发现寄生在深部肌肉中虫体死亡的现象。

【对策】

一般认为宿主吞食寄生了幼虫的中间宿主后被感染，但是，该虫详细的生活史尚不知道。

（小川和夫）

由同样病因引起的出现类似症状的其他鱼种
无

鱼怪病
Mothocya infection（Mothocyosis）

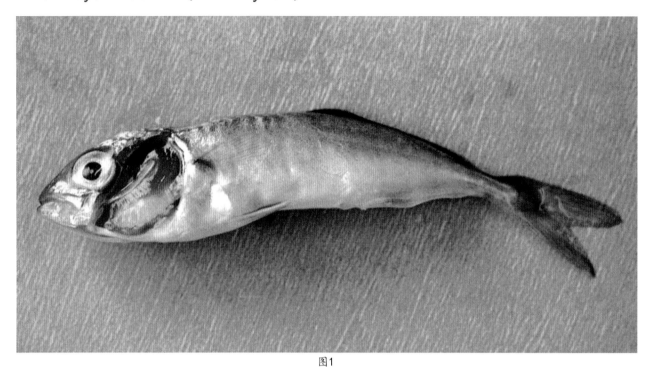

图1

图2

图3

　　1979年，这种疾病在捕捞的五条鰤中发生、流行，不仅发生于长崎县，在其他五条鰤产地也有发生。到目前为止，尚不知这种疾病在养殖鱼中的发生情况，只是有人发现在10g以下鱼体中寄生率高达20％~50％，对鱼的危害状况引起了人们的担心。但是，随着鱼体长大便见不到这种寄生虫在鱼体中寄生了，故还未来得及对该寄生虫的危害进行研究，这种疾病就已经结束了。

【症状】

　　患病鱼鳃盖不会因这种寄生虫的寄生而极度张开，利用外观症状确认这种疾病是比较困难的。但是，打开鳃盖可见其中寄生数个虫体，其中似乎只有一个雌虫寄生。

　　寄生的虫体在鳃腔内背对鳃盖，头朝宿主的前方，虫体稍微弯曲（图1）；在别的部位没有寄生虫。

【病因】

　　这种疾病是由甲壳纲、等足目的鱼怪（*Mothocya par-*

vostis）寄生引起。曾经认为该虫与寄生于鱵的远东鱼怪相同，后来判定后者属于其他种。鱼怪雌虫体长11~15mm，而寄生于鱵的*M. melanosticta*，旧名为柱鱼蚤（*Irona mel-anosticta*），体长16~20mm，比前者体形大。前者的体形呈直线形，侧板的角为圆形，与后者不同。该病的寄生虫也寄生于鮠。

　　图2是从背面观察的虫体（上为雌虫，下为雄虫），图3为有育房室的雌虫（腹面观）。

【对策】

　　因为尚无有效的驱除虫体的方法，只能注意预防继发性细菌感染。幼虫从雌虫的育房室游出后，只能等待雌虫死亡。即除自然放置之外，没有其他对策。

（畑井喜司雄）

由同样病因引起的出现类似症状的其他鱼种
鮠

湖蛭病
Limnotrachelobdella infection (Limnotrachelobdellosis)

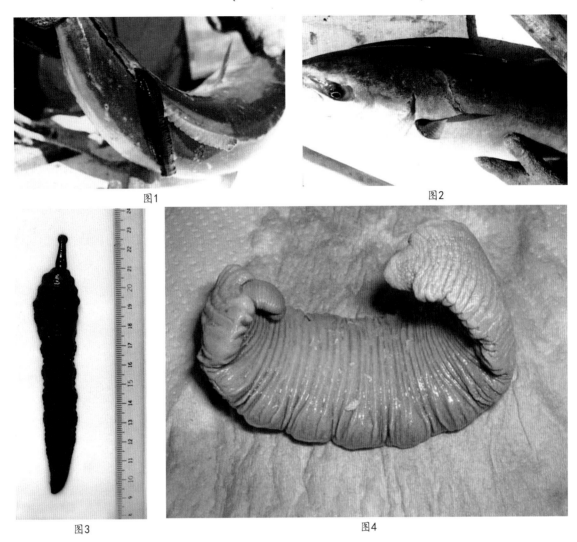

图1　　　　　　　　　　　　　　　　　　图2

图3　　　　　　　　　　　　　　　　　　图4

　　1986年4月在爱媛县三瓶湾，平均体重为4kg的3龄鱼最初发生了这种寄生性疾病。该鱼群为饲养于濑户内海的中间输入鱼，是1985年12月从海湾内收集养殖的。后来，一旦引进这个海域的五条鰤，就会偶然有这种寄生虫出现。现在，中间输入鱼的输送已经很频繁，各地也经常有这种寄生虫的报道。虽然尚未见到因这种寄生虫的寄生而造成患病鱼直接死亡的报道，但是，寄生虫在寄生部位所形成的伤口可能导致细菌等再次感染，且体表出现伤口而造成鱼商品价值降低的问题是存在的。

【症状】

　　寄生发生在鱼体表、肛门、各鳍条基部、口腔内等，几乎遍及鱼体表的各个部位（图1）。虫体的后吸盘钻进肌肉内吸食而寄生。寄生虫脱离寄生部位时，肌肉可能随之脱落而留下很大的伤口（图2）。寄生了这种寄生虫的鱼体未见出现异常行动。观察被该虫寄生的游泳鱼时，因为虫体呈黑色，看似海藻附着于鱼体。也未见患病鱼摄食不良的现象。寄生率在5％左右。

【病因】

　　这种疾病为属于环形动物门的冈湖蛭[*Limnotrachelobdella okae*（=*Trachelobdella okae*）]寄生所致。虫体长8~15cm，为中心膨大的大型寄生虫，虫体主要呈黑色，也有稍微呈白灰色的（图3为伸长的黑色虫体，图4为收缩状态的灰褐色个体，福尔马林固定使虫体褪色）。这种疾病只发生于12月至翌年4月上旬，水温上升到18℃以上自然终止。在这种寄生虫频繁出现的濑户内海，至今也未见大的危害出现。这种寄生虫可寄生于淡水、咸淡水、海水等各种环境中，在各种海产及淡水产的硬骨鱼类中均有可能寄生。

【对策】

　　实验条件下淡水浴无效。用5％以上的浓盐水处理30min以上，虫体死亡。在温度防治方面，5℃以下处理对虫体无效，20℃以上虫体出现异常，30℃水温浸泡10min虫体死亡。

（水野芳嗣）

由同样病因引起的出现类似症状的其他鱼种
数种野生海水鱼

维生素 B₁ 缺乏症
Vitamin B₁ deficiency

图1

图2

（图由畑井喜司雄提供）

　　1970年以前，主要用生鲜饵料饲养五条鰤。单用日本鳀作为生鲜饵料饲养时，曾经有一个时期发生了这种疾病。随后，由于营养添加剂和全价配合饲料的普及，基本上看不到这种疾病的发生了。但是，为了追求低成本，当采用廉价的饵料养鱼，减少营养添加剂的使用时，就有可能发生这种疾病。因此，有必要注意这个问题。

【症状】

　　由于饵料的不同，患病鱼症状可能不一样，大致是投饵1个月左右后出现食欲下降，体色变黑，游泳缓慢的症状。也会出现狂奔游泳的个体。典型的患病鱼表现出体表黏液减少，容易脱鳞，体表及鳍条出血的外观特征（图1、图2）。如果任其发展，患病鱼会发生大量死亡。患病鱼在病程发展中表现抗病力下降，伴有继发性感染，受害程度扩大。

【病因】

　　这种疾病是由于将含有大量维生素B₁分解酶（硫胺酶）的鱼类作为饵料，单独或和其他鱼类饵料混合长期连续饲喂而引起的。在制作湿颗粒性饲料时，由于饲料的生鲜原料中含有大量的硫胺酶，会使配合饲料或饲料添加剂中维生素B₁分解而损失。

【对策】

　　预防这种疾病，首先是不能长期使用含高活性硫胺酶的鱼类作为生鲜饵料。容易获得的养殖生鲜饵料鱼类中，含高活性硫胺酶的代表鱼种为日本鳀、秋刀鱼等。使用含有硫胺酶的鱼作为生鲜饵料时，必须添加高于五条鰤需要量的包被维生素B₁。对于发生这种疾病的鱼群，应停止使用含有硫胺酶的生鲜饵料。投放维生素B₁的强化饵料可以治愈。不过对食欲不振的重症鱼，治疗已经比较困难。

（福田穰）

由同样病因引起的出现类似症状的其他鱼种
无

营养性肌病综合征
Nutritional myopathy syndrome

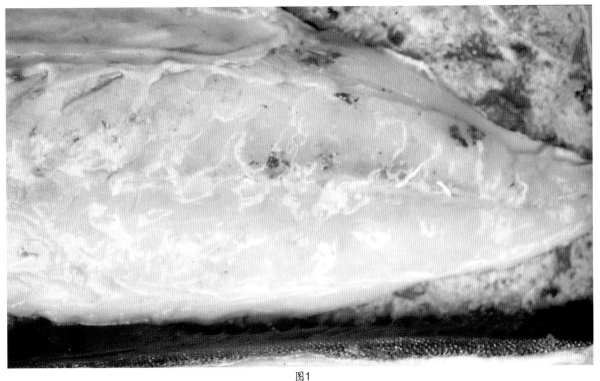

图1

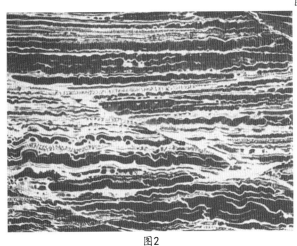

图2

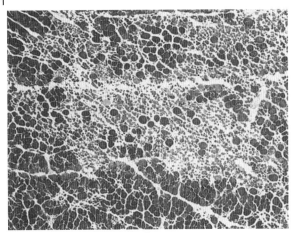

图3

这种疾病是由于饲喂了含有氧化脂肪的冷冻饵料、生鲜饵料、湿颗粒饵料以及贮藏时间过长的配合饲料而引起的。长时间冷冻贮藏以及自然解冻会加快饵料中脂肪的氧化。作为饲料原料的鱼粉，如含有大量氧化脂肪也经常使饵料发生问题。这种疾病发生于所有的养殖场，在很多时候被称为"瘦弱病"。这种疾病和鲤的瘦弱病及真鲷黄脂病的病因相同。

【症状】

病鱼丧失食欲，瘦弱，死亡。严重瘦弱的鱼呈大头针状。其体侧肌肉呈现明胶化，有时肌肉严重变性，容易从脊椎骨上剥离下来（图1）。病理组织学检查可见体侧肌肉的红纤维及白纤维呈肌病变化，发生广泛的萎缩（图2）和坏死（图3）。此外，还可见吞食肌肉、肝脏、脾脏、肾脏血组织以及蜡样变性细胞的巨噬细胞团块。

【病因】

当鱼摄食了变质饵料中的氧化脂肪后，除导致体侧肌肉发生中毒现象外，过度氧化的脂质还会大量消耗维生素E，从而造成维生素E缺乏而加重病情。

【对策】

用优质饵料配以复合维生素预防这种疾病。发病后大量投喂复合维生素可治疗这种疾病，但是，将其治愈是很困难的。

（宫崎照雄）

由同样病因引起的出现类似症状的其他鱼种
真鲷、鲤

驼背病
Kyphosis

图1

图2

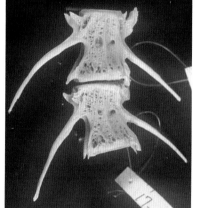
图3

该病主要发生于1龄以上的五条鰤。由于这种疾病不造成鱼死亡，故多在上市时才发现这种疾病。因为该病的发病率可达网箱内放养数量的百分之几十，所以会严重降低鱼体的商品价值，也因此成为养殖业中需要解决的问题。

【症状】

病鱼在外观上表现为自臀鳍开始的后部向上弯曲（向背部方面弯曲），在养鱼业叫做"飞机鱼""直升机鱼"等（图1）。将鱼纵向与脊椎骨平行切成3片，去掉肌肉暴露骨骼后发现，主要为第15~19脊椎骨关节的一部分向背侧上折屈曲（图2下）。在脊椎骨弯曲点中间的椎体背侧，体轴方向缩短。从侧面看，背侧短，腹侧长，呈上短下长的梯形（图3）。而且有时在屈曲点伴有椎体在水平方向加长的情况。

由于这些脊椎中椎骨两两无间隙连接，导致以屈曲点为中心，脊柱整体向背侧屈曲。未见到脊柱侧弯情况，也未见内脏的异常变化。

【病因】

患病鱼体中没有检出造成鱼体侧弯的脑内黏孢子虫、链球菌等病原体。与有报告指出的农药、磺胺类药物、放射物、维生素缺乏所造成的脊椎骨变形也不相同。关于病因，怀疑与影响生长发育的因子和环境因素等有关。至于发病机理，认为与脊椎骨背侧体轴方向肌肉拉力有关，但是尚无明确结论。

【对策】

尚不知有效的预防对策。

（木本圭辅）

由同样病因引起的出现类似症状的其他鱼种
尚不清楚

肾肿病
Nephromegaly

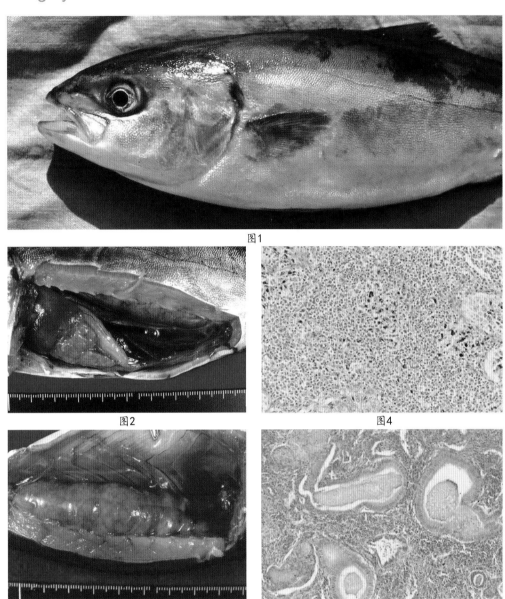

图1

图2

图4

图3

图5

这种疾病发生于8～9月的高水温季节，肾脏肿大及腹腔积水是该病的主要病征。这种疾病多发于当年鱼。

【症状】

患病鱼外观表现为腹部膨胀，也有的鱼体膨胀不明显（图1）。腹部膨胀的个体有腹腔积水。解剖检查时发现，肝脏有时发红或褐色（图2），最明显的病变为肾脏肿大（图3）。

【病因】

将肿大的肾脏组织用各种培养基进行微生物培养后未见任何培养物。病理组织学观察也未从病灶处发现细菌、真菌或寄生虫。但是，病理组织学观察可见在肿大肾脏中有大量的黑色素巨噬细胞中心。肾间质发生此种变化的病因不明，但观察到了单核细胞增生（图4），由于形成细胞圆柱导致肾小管闭锁、崩解和结节化（图5）的现象。

另外，在肾小管内的圆柱大多是由坏死细胞块形成的，还含有类上皮细胞及红细胞等。因此认为，由于尿路阻塞使肾小管膨大，最终导致了肾脏膨大。鉴于这种病理变化，怀疑这种疾病是由饵料问题所引起的营养性疾病。

【对策】

尚没有合适的治疗方法。认为病因并非微生物性的，而是由于饲喂品质不良的饵料以及过度投喂所致。因此，投放新鲜的未氧化的饵料以及避免过度投喂是控制这种疾病的关键。高水温时期养鱼应尽量避免应激性刺激。还要防止发生细菌等病原的继发性感染。

（畑井喜司雄）

由同样病因引起的出现类似症状的其他鱼种
无

低温性应激症
Cold water stress

图1

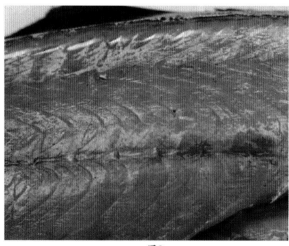

图2

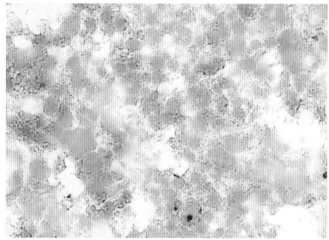

图3

　　在冬季，水温急剧下降到15℃以下的海域可发生鱼类的低温性应激症。在日本西部水温较低的海域养殖的五条鰤容易发生这种疾病。与这种疾病类似的有病毒性腹水病，不同之处是其为水生双RNA病毒所致，而且主要发生于五条鰤的稚鱼。

【症状】

　　在冬季表层水温低于15℃时，饲养鱼可能发生这种疾病。外表见病鱼体色稍发青、腹部膨胀，努力向深水处游动。解剖鱼体检查时，可见其腹腔内有大量的暗红色混有血液和脂肪的腹水。多数病鱼肝脏褪色，甚至变成黄白色。幽门及直肠发红，胃壁水肿（图1）。肾脏稍褪色、肿大。肌肉稍呈红色，也有的出现点状出血（图2）。病理组织学检查可见肝细胞内含有大量的脂肪，有的还出现肝细

胞坏死（图3）。此外，也可见到肾小管上皮坏死，心脏、体侧肌肉出血的情况。

【病因】

　　这种疾病发生于冬季水温急剧下降至15℃以下的时期，因此认为是低温对鱼类产生了应激性刺激所导致。当鱼类受到低水温应激性刺激时，全身细胞的机能发生障碍，其结果会导致全身性的病变。

【对策】

　　冬季将五条鰤移到15℃以上的海域饲养。

（宫崎照雄）

由同样病因引起的出现类似症状的其他鱼种
无

鲷类
Sea bream

收载鱼病

病毒病

真鲷虹彩病毒病/淋巴囊肿病（LCD）

细菌病·真菌病

【细菌病】 上皮囊肿病/腹部膨胀病/弧菌病/滑行细菌病/爱德华菌病
【真菌病】 黑色真菌病

寄生虫病

白点病/凹凸病/肌肉库道虫病/本尼登虫病/片盘虫病/无胃虫病/无胃虫病/双阴道虫病/嗜子宫线虫病/长颈棘头虫病/缩头水虱病

其他疾病

绿肝/体表白浊症

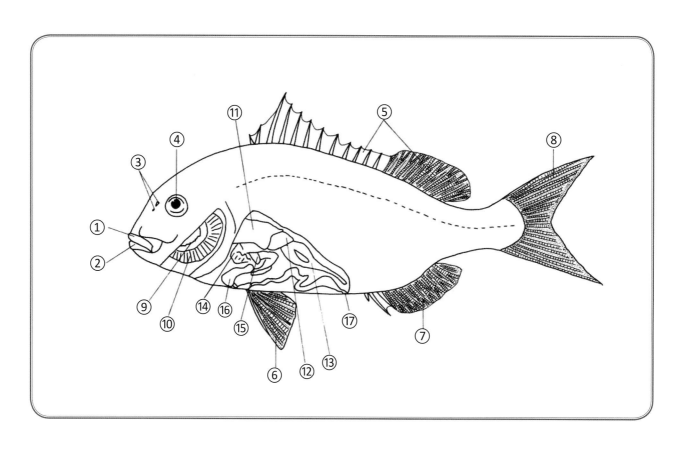

①上颌 ②下颌 ③鼻孔 ④眼睛 ⑤背鳍 ⑥腹鳍 ⑦臀鳍 ⑧尾鳍 ⑨鳃耙 ⑩鳃丝 ⑪肝脏 ⑫胃
⑬生殖腺 ⑭幽门垂 ⑮胆囊 ⑯肠道 ⑰肛门

真鲷虹彩病毒病
Red sea bream iridoviral disease

图1

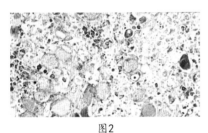

图2

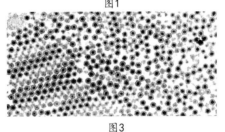

图3

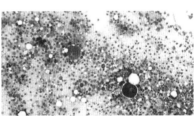

图4

　　这种疾病自1990年在四国地区发生以来，以日本西部为中心扩散到了日本各地的养殖场。东南亚地区广泛存在该病或类似的疾病，有人指出这种疾病在日本出现是由于引进了带病原的种苗。

【症状】
　　患病鱼体色变黑（图1），在水面附近无力地游泳。部分病例可见体表损伤或轻度的眼球突出，外观无特征性症状。由于贫血使鳃褪色，有时可见鳃丝有点状出血、鳃丝前端出血。解剖检查时脾脏肿大为这种疾病的特征，但因鱼的种类不同，肿大程度不同。另外可见围心腔内出血、内脏器官褪色。在组织切片中观察到脾、肝、肾、心、鳃组织有肥大球形的异形肥大细胞（图2）。

　　从梅雨季节到秋季，以夏季高温期为中心，在日本西部地区多发这种疾病，累积死亡率有时超过20%。当年鱼的死亡率较高，1龄以上的大型鱼发病也不罕见。水温下降到20℃以下时发病停止。

【病因】
　　这种疾病由彩虹病毒科的DNA病毒——真鲷虹彩病毒

（RSIV）的感染引起。在电子显微镜下，在异形肥大细胞中可见大量的直径为200~240nm的正二十面体的病毒粒子（图3）。快速诊断时可应用脾脏压片标本姬姆萨染色观察异形肥大细胞（图4），或使用单克隆抗体的间接荧光抗体法以及PCR法。

【对策】
　　对这种疾病没有药物可以治疗，因此做好防疫工作很重要。引入的种苗可能已经感染病毒，尽量不要随便引种，最好引进可信赖的种苗生产单位的人工培育种苗。另外，避免高密度饲养也是防止发生这种疾病的重要措施。对真鲷、五条鰤、杜氏鰤、大甲鲹有市售的注射用灭活疫苗，具有较好的预防效果。怀疑发病时，务必做到早期诊断，以防蔓延。

（井上洁、栗田润）

由同样病因引起的出现类似症状的其他鱼种
真鲈、石鲷、五条鰤、杜氏鰤、大甲鲹、红点石斑鱼、点带石斑鱼、牙鲆、红鳍东方鲀

淋巴囊肿病（LCD）
Lymphocystis disease

图1

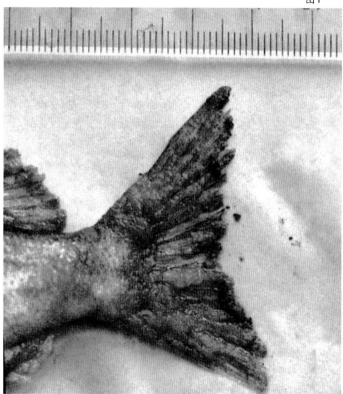

图2

图3

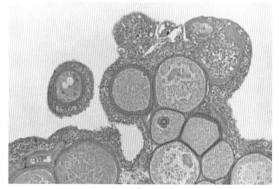

图4

运送真鲷或者更换网箱等时，鱼受到某种应激因子的刺激，即可发生这种疾病。这种疾病多发于水温低的冬季，有时也发生于春季。这种疾病一般不会造成鱼体死亡，但会由于鱼体的外观异常而失去商品价值。

【症状】

这种疾病的外观特征为，在各鳍条大量出现团状的水泡样或肿瘤样物体（图1、图2、图3）。在头、眼、体表等身体各部也可见这样的物体。病理组织学检查结果表明，这些肿瘤样物体为皮肤结缔组织细胞被病毒感染后巨大化的产物，称为淋巴囊肿细胞（图4）。

【病因】

该病病毒为DNA病毒，属于彩虹病毒科的淋巴囊肿病毒（LCDV）。

【对策】

尚不知道治疗方法。由于自愈的病例很多，故可以在无应激的条件下继续养殖病鱼，等待其自愈。

（畑井喜司雄）

由同样病因引起的出现类似症状的其他鱼种
真鲈、五条鰤、牙鲆、摩氏星鲽

‖上皮囊肿病
Epitheliocystis disease

图1

图2

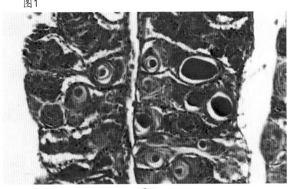

图3

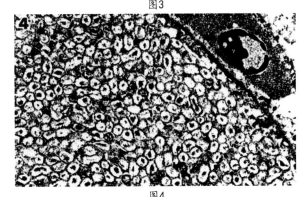

图4

这种病的特征为囊肿样微生物感染了鳃和体表的上皮细胞，产生大的孢囊。几乎在全世界的所有海水鱼、淡水鱼中都能见到这种疾病的发生。在日本，鲤、红鳍东方鲀、真鲷等鱼类中有这种疾病发生，特别是由中国香港进口的真鲷稚鱼，发生这种疾病后的损失巨大。

【症状】

真鲷的稚鱼发病后，食欲丧失，体力衰竭，在水面呈漂浮状。去掉鳃盖观察鳃时，可见稍稍褪色并肥厚（图1）。将鳃的部分组织用低倍镜观察时，发现大量球形或不规则球形的透明孢囊（图2）。当鳃被严重侵染时，鳃上皮增生，引发患鱼呼吸障碍而导致死亡。

【病因】

病原微生物感染鳃小片、鳃小片上皮细胞并增殖，形成孢囊。严重感染时，可见各种发育阶段的孢囊及变性的孢囊。鳃上皮增生严重，鳃丝发生棍棒化（图3）。将该孢囊进行电镜观察时发现，孢囊内有大量的微小的圆形或椭圆形的微生物（0.5~0.7μm）增殖（图4）。通常认为这种微生物属于囊肿类微生物。

【对策】

尚无相关的研究结果。

（宫崎照雄）

由同样病因引起的出现类似症状的其他鱼种
鲤、红鳍东方鲀

‖腹部膨胀病
Abdominal distension

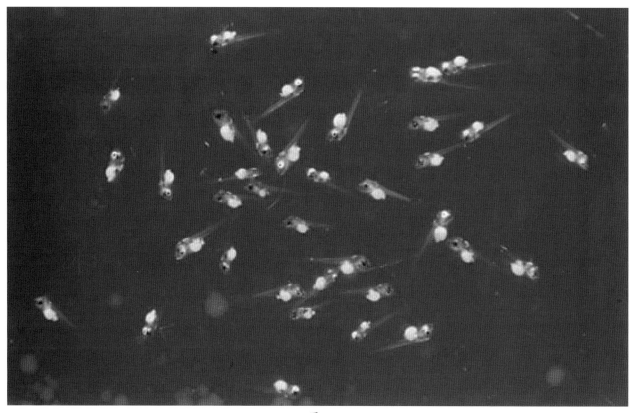

图1

如病名所示，这种疾病是以腹部膨胀为全部症状的疾病。除真鲷外，黑鲷、牙鲆等多种鱼类的仔、稚鱼期也能发生这种疾病。由于采取了生物饵料强化营养的方法，该病的发病率有所降低。直到现在，各种鱼类的种苗生产中仍然有这种疾病流行。

【症状】

典型的病症为腹部膨胀，由于消化道内充满未消化的饵料，外观呈淡黄色至红褐色。膨胀程度各种各样，有时可见肠道萎缩的情况。病理组织学变化主要表现为肠管上皮细胞坏死。

7~30日龄的仔、稚鱼都可能发病（图1），投喂微粒饲料后的15~20日龄的稚鱼多发这种疾病（图2）。高水温时有不易发病的倾向。发病日龄越小，死亡率越高，死亡率达100%的情况并不少见。病情发展迅速，游泳稍稍变慢的第二天，病鱼腹部就开始膨胀并出现大量死亡。

【病因】

一般认为，细菌感染肠管上皮局部后发生这种疾病。从患病鱼肠道中可分离到大量的溶藻弧菌（*Vibrio alginolyticus*）、哈维弧菌（*V. harveyi*）。同一水池发病鱼个体间优势菌群的菌种也有所不同，很难确定哪种菌在疾病发生中发挥主要作用。从发病情况上看，病原菌属条件性致病菌。病原菌的侵入途径主要为污染的饵料，但通过患病鱼的排泄物也可能传播这种疾病。

【对策】

发病时升高水温应对，实验结果并不理想。对养殖

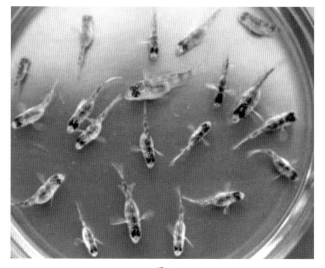

图2

用水、设备进行消毒，以减少饵料中的细菌数量有一定效果。不使用抗菌药而达到无菌化是困难的，而且可能使病原菌在仔、幼鱼的消化道内长期存在。使用有益菌抑制病原菌，或使用微粒配合饲料是防止该病发生的可行的方法。

（石丸克也）

由同样病因引起的出现类似症状的其他鱼种
黑鲷、牙鲆

弧菌病
Vibriosis

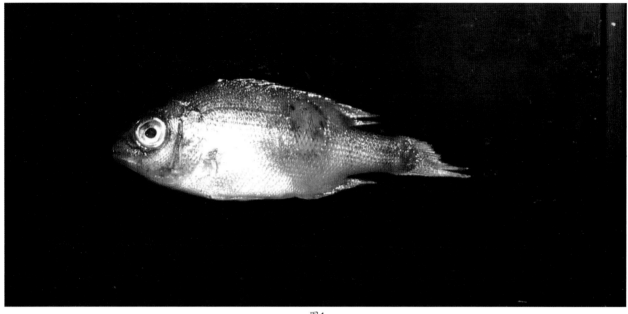

图1

图2

图3

这种疾病易发生于以下三种情况：放置较远海面上养殖的幼鱼、高水温育成鱼以及低水温时越冬期的当年鱼。

运送到较远海面上养殖的幼鱼发病，主要是因为在将幼鱼运送到较远海面的过程中产生应激刺激和外伤，此时首先发生滑行细菌感染症，然后继发感染弧菌而发病。如不采取治疗措施死亡率会很高。

高水温发生这种疾病时，并不是大批发生，而是网箱内个别的鱼发病。

低水温发生这种病时（11月至翌年2月），最初病鱼也是滑行细菌感染，继而发生弧菌病。此时往往会并发双阴道虫病而造成大批死亡。

【症状】

以上三种发病情况，患病鱼的外观症状不尽相同。较远海面的养殖幼鱼发病，最初由于感染滑行细菌而表现为烂尾、烂鳍等症状（图1）。继发感染弧菌则体表出现发红、出血等变化（图2）。低水温发生的弧菌病与前者不同，病鱼体表呈白斑或棉絮状外观（图3）。

【病因】

三种发病情况的病原菌各不相同，从较远海面上的病鱼体内分离的病原菌为鳗弧菌（Vibrio anguillarum），高水温发病的病原为鳗弧菌、溶藻弧菌（V. alginolyticus）及副溶血弧菌（V. parahacmolyficus）的类似菌，而低水温发病的病原为未鉴定到种的弧菌属的细菌（Vibrio sp.）。

【对策】

较远海面的幼鱼发病时可口服抗菌药。高水温育成鱼发病时，因为治疗费用昂贵，且该病不会造成患病鱼大批死亡，故多数情况下不实施治疗。低水温发病时，由于此时病鱼摄食不良，经口服药治疗较难，可采取提升水温让发病自然终止的策略。

（畑井喜司雄）

由同样病因引起的出现类似症状的其他鱼种
无

滑行细菌病
Gliding bacterial disease

图1

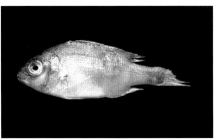

图2

图3

图4

　　种苗生产过程中的幼鱼以及运到远处的幼鱼多发这种疾病。一般发病时间为高水温期，发病时如不及时处置，可导致弧菌的继发性感染，造成鱼大批死亡。低水温期的1~2月，体重80~100g的真鲷可发生这种疾病，也可被弧菌再次感染（和高水温期感染的弧菌可能为不同的菌种）。鱼在低水温发生该病的同时，属于单殖亚纲的鲷双阴道虫（Bivagina tai）也会在其鳃部繁殖，导致病情进一步恶化。

【症状】

　　高水温期发病表现为吻部（图1）、鳍条、鳃丝和尾柄（图2）溃烂等症状，当继发弧菌感染时鱼体表有些发红。低水温期发病时，在鱼体表形成白色棉絮状患部（图3），再次感染弧菌后不久，体侧部及腹部开始发红（图4）。

【病因】

　　病原为海洋屈挠杆菌[Tenacibaculum maritimum（=Flexibacter maritimus）]，革兰氏阴性长杆菌，无鞭毛和菌毛，行滑行、屈曲运动，非常活跃。

　　这种细菌的特征为生长发育时需要海水，需氧型细菌，产生强力蛋白分解酶，和其他细菌竞争力较弱。在高水温与低水温时继发弧菌病的病原不同，前者为鳗弧菌（Vibrio anguillarum），后者为弧菌属的某种弧菌（Vibrio sp.）。

【对策】

　　高水温发病时应口服抗菌药进行积极的治疗。但是，该病发生于低水温时，由于此时真鲷不摄食，故无有效的治疗方法，只能等待水温上升。

（畑井喜司雄）

由同样病因引起的出现类似症状的其他鱼种
无

爱德华菌病
Edwardsiellosis

图1

图2

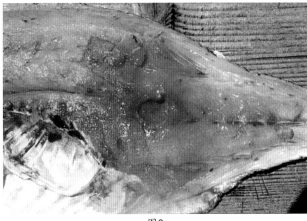

图3

图4

这是一种细菌病，散见于养殖的真鲷。发病与鱼体年龄无关，有在8～11月发病的倾向。从病情进展情况看，2~3龄的鱼发病后病程发展为慢性型。可是该病累积死亡率较高，因此成为养鱼业需要加以注意的病害。

【症状】

越是慢性型疾病，其症状越明显。该病特征是在头部（图1）、尾柄（图2）等的体表以及鳃、肌肉（图3）、鳔腔内等处形成溃疡，有时腹部胀满，脾、肾肿大，在脾脏形成大量的结节样小白斑（图4）。

【病因】

病原为迟缓爱德华菌（*Edwardsiella tarda*），革兰氏阴性杆菌。这种细菌和鳗鲡、牙鲆有关疾病的病原菌迟缓爱德华菌不同，是非运动性细菌。

【对策】

改善饲养管理是防治这种疾病的重要方法。

（畑井喜司雄）

由同样病因引起的出现类似症状的其他鱼种
锄齿鲷、罗非鱼

黑色真菌病
Ochroconis infection

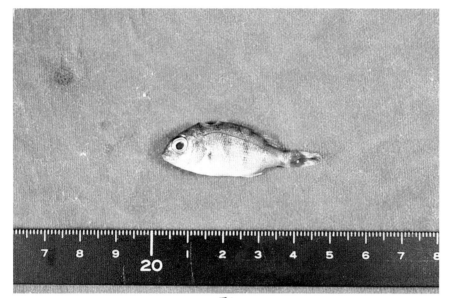

图1

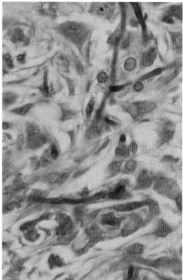

图3

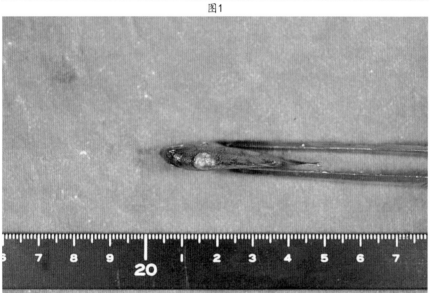

图2

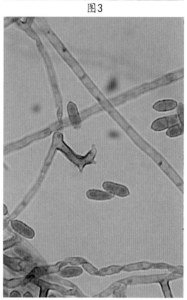

图4

　　该病最初见报道于美国，是一种发生在鲑科鱼类的各内脏器官，由真菌的大量繁殖而引起的深在性真菌病。在日本饲养的鲑科鱼类很少发生这种疾病，在海水鱼种苗生产中偶发这种疾病。发病率不高，不过一旦发病便不治而亡。这种疾病只发生于幼鱼。

【症状】

　　在体长2~4cm的真鲷幼鱼的背鳍基部形成溃疡（图1、图2）。也偶见于体侧部位出现溃疡的。

　　从这些患病部位取样用显微镜观察，可见大量的细长菌丝。该菌丝有隔壁（图3）。活的菌体呈淡褐色，此为该菌的特征（图4）。通常见到菌丝只在病灶处繁殖。一般认为鱼体死亡是由于体表形成溃疡，渗透压调控出现障碍所致。

【病因】

　　病原菌为属于"黑色真菌"的腐质霉属赭霉菌（*Ochroconis humicola*），培养后可形成褐色菌落。该菌发育缓慢。菌体的特征是形成的分生孢子有"1隔壁2细胞性"（2个细胞，由1隔膜分开）（图4）。

【对策】

　　这种疾病为真菌性疾病，尚无有效的治疗方法。鱼类体表出现外伤是这种疾病的原发病因。因此在幼鱼养殖中，小心操作避免伤及鱼体是非常重要的。

　　此外，在形成溃疡的患部易发生继发感染，因此，建议在该病发病率较高时用药浴方法进行消毒杀菌。

（畑井喜司雄）

由同样病因引起的出现类似症状的其他鱼种
鬼鲉、褐菖鲉

白点病
White spot disease（Cryptocaryoniasis）

图1

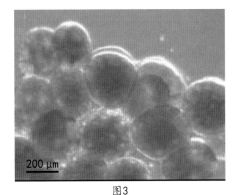

图3

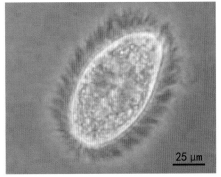

图4

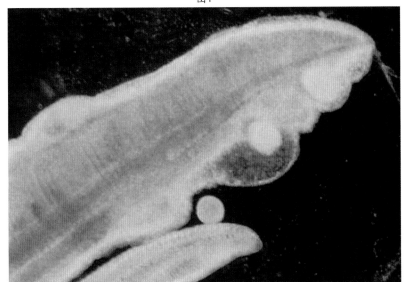

图2

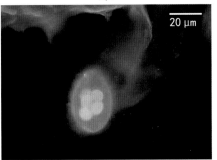

图5

在水族馆、水泥鱼槽等比较封闭的环境下饲养的海水鱼多发这种疾病。近年来，海水养殖网箱内也有发生。这种疾病在水温较高时期发生，但在海水养殖场的环境下，水温在20℃以下时也会有发生，特别是在秋季台风过后。

【症状】

可见患病鱼皮肤、鳍条有直径0.3~0.5mm的白点。严重时体表黏膜脱落呈白云状（图1）。镜检鱼体时，可见其体表、鳃组织内寄生有虫体（图2）。轻度感染时，可见患病鱼异常活泼的游泳状态，而重度感染时鱼体运动迟缓。

【病因】

病原为属于纤毛虫类的刺激隐核虫（*Cryptocaryon irritans*）。该虫可寄生于宿主的皮肤、鳍条以及鳃的上皮组织内。虫体大量寄生时，鱼的皮肤、鳃的上皮组织脱落，最终因渗透压调节异常、呼吸障碍而死亡。这种寄生虫在宿主组织内体积增大但不会分裂。虫体在宿主体内停留生长3~4d后便离开宿主，在水底形成孢囊（图3）。经4d至2周，每个孢囊可释放100~300个感染期幼虫（图4，福尔马林固定；图5，DAPI染色），幼虫再次寄生到鱼体的体表。因此，多数病例在低水平感染后数日内病情会加重。

【对策】

在饲养水中泼洒铜离子溶液对于观赏鱼的白点病治疗是有效的，而在养殖鱼中则不能使用。这种病发生于陆地水槽时，将水槽每3d换水2~3次是有效的；发生于海水网箱时，将网箱移动至水体交换良好的海面是有效的。在所有的措施中，早发现疾病，早采取对策是最重要的。只能在午后到夜间肉眼可见寄生于鱼体的虫体，可以使用属于水产用医药品的氯化溶菌酶防治该病。

（良永知义）

由同样病因引起的出现类似症状的其他鱼种
几乎所有的海水鱼

‖凹凸病
Beko disease

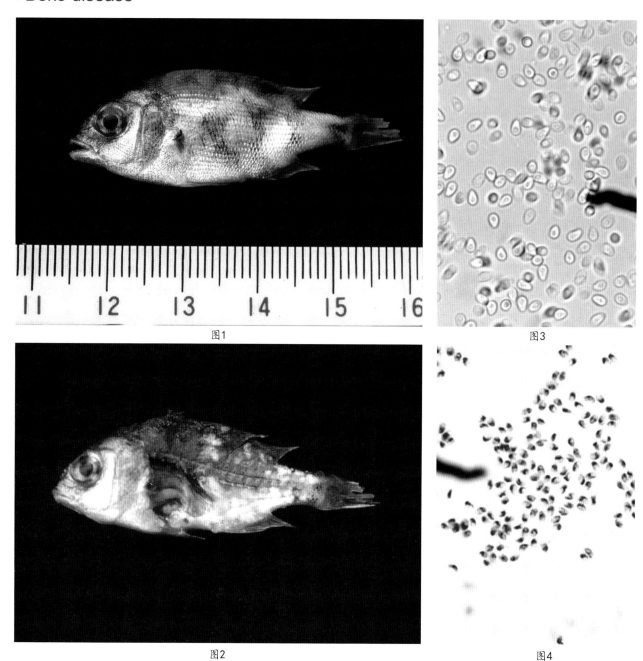

图1

图3

图2

图4

真鲷的幼鱼常发生类似五条鰤凹凸病的疾病。这种疾病只在真鲷稚鱼期发病，随着真鲷的生长，这种疾病的症状会逐渐消失。这是由于随着鱼体肌肉内孢囊的成熟，其内的孢子会全部释放到体外。对于真鲷，有部分孢囊残留于肌肉内，而对于五条鰤，其长大后的肌肉内见不到孢囊。

【症状】

该病的特征为外观体表部分隆起，隆起部位的颜色与其他部位稍有不同，呈白色（图1）。剖开患病鱼体，可见肌肉内有白色块状物（图2）。其他脏器则未见异常变化。

【病因】

肌肉内见到的白色块状物为微孢子虫亚纲的孢囊。成

熟的孢囊内含有大量的孢子（图3，新鲜样本；图4，姬姆萨染色样本），与寄生在五条鰤稚鱼的鰤微孢子虫（*Microsporidium seriolae*）的孢子相比体积稍大，该孢子长2.9～3.9μm，宽1.9～2.6μm。病原被鉴定为另一种微孢子虫（*Microsporidium* sp.）。

【对策】

随着真鲷的生长，病原的孢子释放到鱼体外，患病鱼会自愈，因此没必要采取特别的治疗对策。

（畑井喜司雄）

由同样病因引起的出现类似症状的其他鱼种
无

肌肉库道虫病
Muscular kudoosis

图1

这种疾病是人们早就认识的鱼类寄生虫病，随着人们对食品安全的关注，这种疾病又被重视起来。但通常这种疾病发病率低，不会成为公共卫生安全问题，没有必要对这种疾病过分担心。

【症状】

患病真鲷的体侧肌肉可形成1mm大小的孢囊（图1）。和五条鰤的奄美库道虫病相比，该病平均1尾鱼体内形成的孢囊数并不太多。这种疾病会影响到鱼体的商品价值，是需要解决的问题。还没有鱼体因患这种疾病死亡的报道。另外，海水鱼的库道虫病分两种类型，一是肌肉溶解型（即所谓的明胶肉），二是形成孢囊。这种疾病属后者，被感染的肌肉无明胶化。

【病因】

病原为多壳目碘泡虫的一种，即岩井库道虫（*Kudoa iwatai*，图2）。俯视观察，孢子呈圆角的四角形，径长9~10μm，侧面观察孢子呈顶部尖突的三角形，长约7μm。库道虫属的特征性的4个极囊集中于孢子的中央，侧面观呈梨形，长约4μm。孢囊存在于肌纤维中间，被来源于宿主的结缔组织包裹。孢囊长到大小肉眼可见时，其内形成无数的孢子。这种寄生虫也寄生于五条鰤，不过和奄美库道虫病的病原奄美库道虫（*K. amamiensis*）的大小（直径为5~6μm）相比，明显小得多。依据这一点可以将两者区别开来。

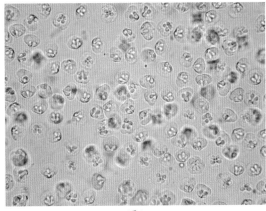

图2

（图1、图2由水野香提供）

【对策】

对这种疾病尚无有效的防治对策。一般认为碘泡虫的生活史中，环形动物起着交换宿主的作用。因此，该病的发生与交换宿主的地理分布有关。但是，尚不明确这种寄生虫的生活史以及交换宿主，故尚无完善的防治措施。又因为从外表不能判定鱼体是否被感染，所以即使到起捕上市时也难以剔除已经被感染的鱼体。

（横山博）

由同样病因引起的出现类似症状的其他鱼种
斑石鲷、黑鲷、五条鰤

本尼登虫病
Skin fluke infection（Benedeniosis）

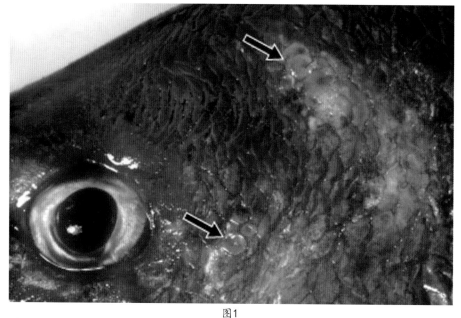

图1

图2

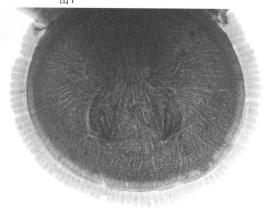

图3

（图1由福田穰提供）

从2000年左右开始，在养殖的真鲷中散见本尼登虫病。虽然发生病例数比较少，但是危害比较大，故人们常常研究这种寄生虫病的紧急防控对策。

【症状】

患这种疾病的真鲷体表出现特征性伤口（图1）。一旦出现带有特征性伤口的鱼，即可怀疑有该病寄生虫的寄生，但确诊仍需确认有虫体寄生。图1中所示的虫体（箭头所指）为已经死亡的虫体，呈白色，活着的虫体则不易被发现。

【病因】

这种疾病是由单殖亚纲的一种本尼登虫（*Benedenia sekii*）寄生于宿主体表而引起。虫体扁平略呈圆形。成虫体长3~6mm（图2，伊红染色标本）。虫体后端的吸盘呈稍横粗的圆形（图3）。虫体活着时呈红褐色，肉眼可确认。该虫摄食宿主体表上皮组织，患部皮肤组织含有的色素细胞也参与了反应，使虫体变红色。真鲷也可寄生有别种的新本尼登虫，新本尼登虫体形细长（参见紫鲕的新本尼登虫病），活体几乎透明，倾向于集中寄生在真鲷眼部。

这种寄生虫寄生的最早记录见于1930年在濑户内海域试验养殖的真鲷。1970年以来，在九州、四国的养殖场也有散见性发生的病例。在养殖五条鲕中这种皮肤寄生虫普遍存在，而真鲷中这种寄生虫的寄生目前只是在极少的真鲷养殖场中得到了确诊。其中的原因尚不清楚，有待于今后继续研究。在澳大利亚产的银金鲷（*Chrysophrys auratus*）中也有关于这种寄生虫的报告。对于这种寄生虫，除形态学分类以外尚未进行研究。

【对策】

淡水浸泡有一定的疗效。但是，在实施时真鲷之间鳍棘有相互刺伤眼部的危险，因此在驱虫时应注意。尚未研究其他的驱虫方法。

（小川和夫）

由同样病因引起的出现类似症状的其他鱼种
澳大利亚产的银金鲷

‖ 片盘虫病
Lamellodiscus infection（Lamellodiscosis）

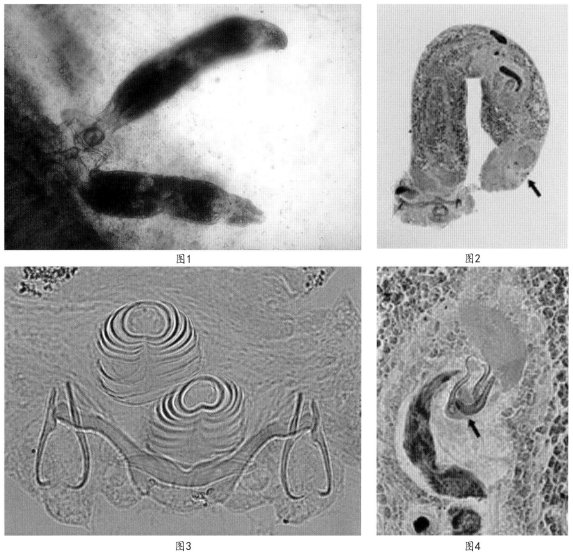

图1

图2

图3

图4

（图1由福田穰提供）

有时可以观察到养殖真鲷鳃丝上寄生具有眼点的小型寄生虫（图1）。天然水域的真鲷中也有寄生，不过在养殖场里饲养的真鲷寄生的情况较多，有时可见鱼体大量寄生。

【症状】

寄生部位及周边未见明显的宿主反应，因此，认为该虫的损害作用不大。但是，经常见有鱼体大量寄生虫的情况，应考虑到对宿主的影响。

【病因】

这种疾病是由单殖生亚纲的一种片盘虫（*Lamellodiscus* sp.）寄生于鳃丝引起的（图2，铁苏木精染色的标本）。这种寄生虫体长1mm左右，摄食鳃的上皮组织。虫体前端有2对眼点（图2箭头所示）。真鲷的鳃丝上还寄生有单殖亚纲的真鲷双阴道虫。这种寄生虫与未成熟的双阴道虫在大小上不易区别，可以根据眼点的有无进行区别。

这种寄生虫后端的吸盘呈皮膜状，有2对钩，3片联结片，7对周缘小钩，1对鳞状盘（图3，固定标本）。腹、背部各有1个鳞状盘（图3箭头所示），其压附于鳃小片上，有助于虫体固着于鳃部。这是单殖亚纲寄生虫类的特征性固着器官。

根据交接器（图4箭头所示）的形态不同可区分寄生于真鲷的3种片盘虫，但是仅能鉴定到属。黑鲷也寄生有类似的寄生虫，但均为其他种类。由此可见，该虫的宿主特异性很强。虫卵的一端附有长丝，它可以黏附于网箱的网丝上，因此认为这是该虫大量寄生的原因之一。

【对策】

尚未研究。

（小川和夫）

由同样病因引起的出现类似症状的其他鱼种
无

无胃虫病
Anoplodiscus infection (Anoplodiscosis)

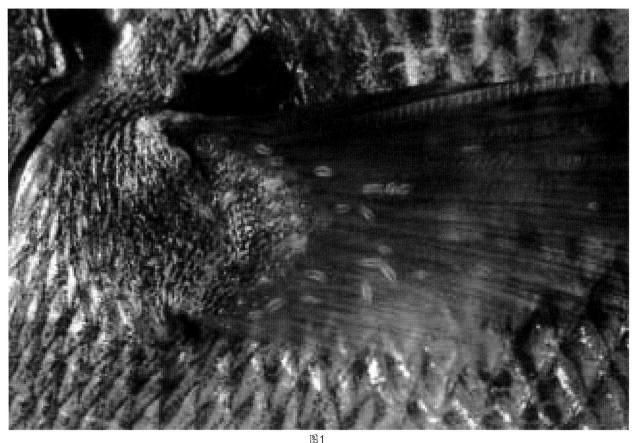

图1

图2

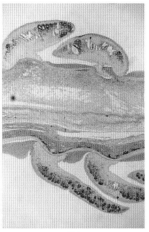

图3

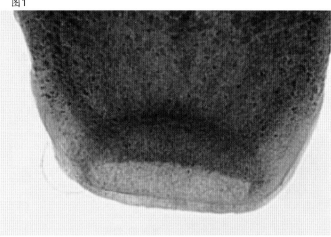

图4

（图1由井上洁提供）

发病原因是在养殖的真鲷的鳍条、体表寄生有数毫米大小的寄生虫。虫体活着时不易被发现，但当接触淡水或冰水时虫体变白，容易被发现（图1）。

【症状】

由于寄生虫摄食鳍条、体表上皮组织产生损伤及吸盘产生刺激，引起鱼皮肤糜烂、鳍条缺损、组织肥厚（图2）。尚未发现由于该病寄生虫的寄生导致患病鱼大量死亡的情况。

【病因】

这种疾病由属于单殖亚纲的真鲷无胃虫（*Anoplodiscus* *tai*）寄生而引起。这种寄生虫体形扁平细长，体长3~4mm（图3，铁苏木精染色的标本）。虫体构造与鲷无胃虫相同。该虫靠后端的吸盘状固着盘强力吸着于寄生部位（图4），不易移动，固着盘的周围被增生的宿主组织所覆盖。

【对策】

淡水浸泡鱼体对驱虫是有效的。但在处理过程中要注意不要使鳍条的棘刺入其他鱼的眼等部位。

（小川和夫）

由同样病因引起的出现类似症状的其他鱼种
无

无胃虫病
Anoplodiscus infection（Anoplodiscosis）

图1

图2

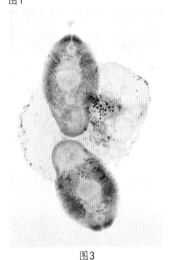

图3

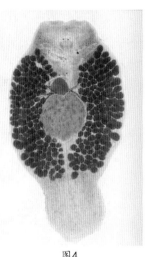

图4
（图1由畑井喜司雄提供）

患病养殖黑鲷出现鳍条、体表出血（图1），患部寄生有数毫米长的寄生虫。

【症状】

患部出血是寄生虫摄食鳍条、体表上皮组织造成的损伤，吸盘的刺激，细菌等的二次感染所致。当病情进一步发展时，皮肤出现糜烂，鳍条出现缺损（图2，由于是福尔马林固定的标本，因此患部出血现象已不明显了。白色部位是鱼体表寄生的虫体）。

【病因】

这种疾病是由单殖亚纲的鲷无胃虫（*Anoplodiscus spari*）寄生引起。该虫体形呈扁平的树叶状，体长2~3mm（图3，活的虫体）。后端的固着盘呈吸盘状构造，强有力地吸附、固着于宿主组织。固着盘无钩。虫体前端有1对吸

盘。虫体中央部分被圆形的睾丸占据，其前端有稍小的卵巢（图4，伊红染色标本）。卵呈四面体，一端有长丝。

该虫很像五条鰤的本尼登虫，但是该虫不仅比五条鰤的本尼登虫要大得多，虫体形态也有很多不同的地方。在本尼登虫后端的吸盘中央有钩及周缘小钩，前端有1对吸盘，精巢也有2个。

【对策】

与驱除五条鰤的本尼登虫的方法相同，淡水浸泡是有效的。与五条鰤不同的是，即使将黑鲷长时间浸泡于淡水中也无大碍。

（小川和夫）

由同样病因引起的出现类似症状的其他鱼种
无

双阴道虫病
Gill fluke infecton（Bivaginosis）

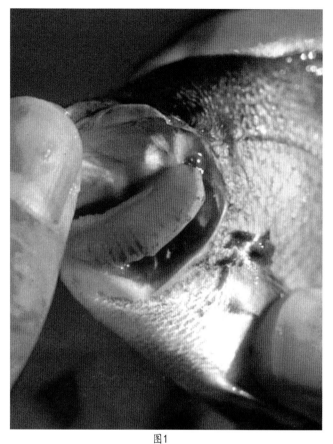

图1

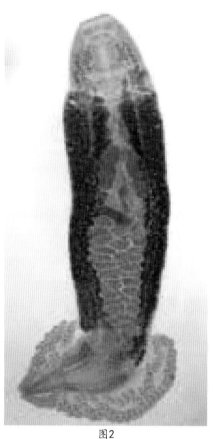

图2

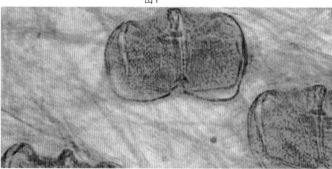

图3

图4

（图1由畑井喜司雄提供）

　　这种疾病是能造成当年真鲷冬季死亡的一种寄生虫病，病原寄生虫也称为真鲷的"鳃虫"。

【症状】

　　冬季养殖的当年真鲷，病鱼呈贫血症状。鳃丝上可见大量的数毫米大小的虫体（图1）。当贫血进一步发展时，虫体透明化，肉眼不易辨别。这种疾病引起的死亡率虽然不高，但是可出现持续的少数鱼死亡。

【病因】

　　这种疾病由单殖亚纲的真鲷双阴道虫（Bivagina tai）寄生于鳃丝引起（图1）。成虫呈细长形，体长3~7mm（图2）。后端长有两列吸附于鳃丝的吸夹（图3）。各个吸夹几乎大小相同，其总数达80~130个。这种寄生虫从鳃部吸血。卵为纺锤形，两端有长柄（图4）。卵呈团块状被

产出，因此易附着于网丝上。刚孵化出来的幼虫靠纤毛游泳，遇到宿主后经口进入鱼体并寄生于鳃部。这种寄生虫宿主的特异性强，尚未见寄生于真鲷之外的其他宿主。

【对策】

　　这种疾病只出现于冬季的当年真鲷，不过最近也经常出现高水温时寄生的病例。作为驱虫法的一种，人们曾经将食盐溶于海水后，将患病鱼进行浓盐水浸泡，由于该法容易使鱼体衰弱，故现在一般不用。淡水浴驱除这种寄生虫无效。水产养殖用药中，现在市售的有以双氧水为主要成分的驱虫药。

（小川和夫）

由同样病因引起的出现类似症状的其他鱼种
无

嗜子宫线虫病
Gonad nematode infection（Philometrosis）

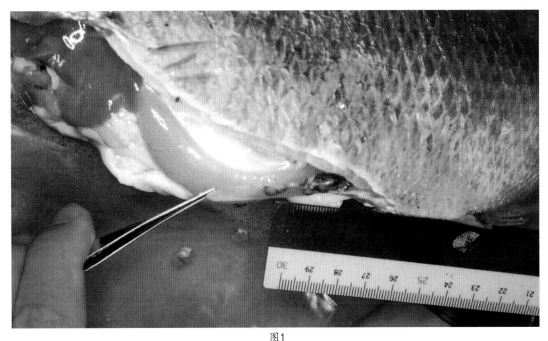

图1

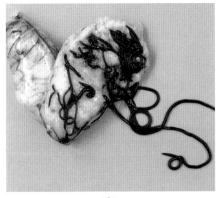

图2

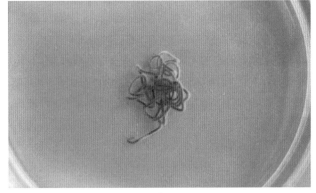

图3

（图1由井上洁提供，图2由宫崎照雄提供，图3由畑井喜司雄提供）

这种疾病曾经是人们熟知的寄生于养殖真鲷的线虫病。但是，最近这种病的发病率已经很低了。由于该病寄生虫属大型寄生虫，当鱼体寄生了这种寄生虫时就容易造成比较大的损伤，尤其是虫体寄生于眼部时。因此，这种疾病成为需要解决的问题（图1）。

【症状】

春季到初夏，死亡或异常游泳的2~3龄真鲷性腺中有很多这种寄生虫。因此，认为该虫具有致病性，不过尚未得到证实。异常的鱼出现体表发黑的症状比较多见。

【病因】

病原寄生虫为线虫纲的麻袋嗜子宫线虫（*Philometra madai*）。分类学上一直以雌性成虫的形态为依据，因此有人认为该虫与寄生在真鲈中的小嗜子宫线虫（*Philometra lateolabracis*）是同一种。由于作为种分类重要依据的雄性成虫被发现，根据其雄虫形态上的差异，最终在2008年将麻袋嗜子宫线虫作为新种报告。

这种寄生虫在养殖黑鲷中的寄生情况有必要进行再探讨，因为其宿主范围还不十分明确。

这种寄生虫虫体为红紫色或灰黑色，经过异常复杂的过程进入生殖腺寄生。也有多条虫体相互缠绕寄生的现象（图2）。寄生的都是雌虫，体长为5.5~29cm。春天至夏天，雌虫在宿主子宫内产仔虫。一般认为仔虫经宿主的输卵管排出鱼体。7月下旬产仔结束，雌虫死亡，以死亡状态残留于子宫内（图3）。未见有关雄虫的记载。

【对策】

尚未研究该病的控制对策。虽然不清楚这种寄生虫的生活史，但是，一般认为真鲷吞食含有这种寄生虫幼虫的中间宿主后被感染。该虫从侵入真鲷到成熟需2年时间。现今养殖的真鲷生长很快，多数在2年内就起捕上市了。养殖真鲷时间的缩短也许是这种疾病发生减少的原因。

（小川和夫）

由同样病因引起的出现类似症状的其他鱼种
尚不清楚

长颈棘头虫病
Longicollosis

图1

图2

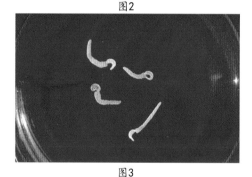

图3

图4

图5

（图4、图5由小川和夫提供）

这种病散见于养殖真鲷中，疾病发生与鱼年龄无关，常年可见。大量寄生时可严重阻碍真鲷的生长发育。因此，该病成为发病地区养鱼业的重要疾病。

【症状】

患病鱼通常摄食活跃，外观未见异常表现。不过，在病原寄生的直肠部位可见糜烂、发红以及出血等变化。重症鱼可见直肠从肛门脱出（直肠脱出），此时通常伴有腹部膨大以及肛门周围发红的症状（图1）。

【病因】

这种疾病是由棘头虫纲的真鲷长颈棘头虫（Longicollum pagrosomi）大量寄生在真鲷直肠而引发的（图2）。这种疾病蔓延的地域，多数情况下每尾鱼寄生虫体

20~50条，大型鱼每尾体内可寄生200~300条。这种寄生虫体长10~20mm，胴部呈橙黄色（图2、图3）。虫的吻及颈部贯通宿主肠壁而突出于腹腔。雌雄异体，雌虫的胴部有细长的卵巢（图4箭头所示），雄虫有2个睾丸（图5箭头所示）。

【对策】

无特效的治疗药物。这种寄生虫的中间宿主为附着于网箱上的麦秆虫亚目及钩虾亚目等端足类生物，因此，驱除这些中间宿主便可防治这种疾病。

（畑井喜司雄）

由同样病因引起的出现类似症状的其他鱼种
红鳍东方鲀

缩头水虱病
Rhexanellosis

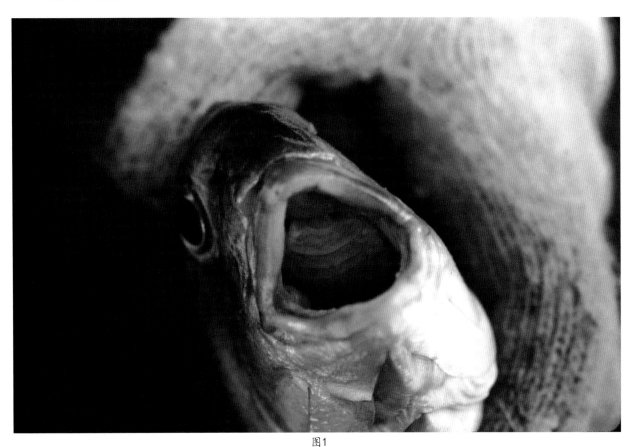

图1

图2

图3

这种寄生虫病虽然在养殖鱼和天然鱼中都有发生，但是在养殖鱼体上寄生情况比较罕见。这种寄生虫病的发病率不高，即使有虫体寄生，对大型鱼也几乎没什么影响。不过，当寄生小型鱼的虫体占据口腔面积很大时，会影响患病鱼摄食，导致患病鱼逐渐衰弱。

【症状】

寄生虫的雌雄虫可以同时寄生在鱼体口腔，其中个体较大的是雌虫，较小的是雄虫（图1至图3）。患这种疾病的鱼体很少表现出外观症状，但当宿主鱼体较小时，可以发生口腔变形。

【病因】

病原寄生虫为甲壳纲等足目种类的缩头水虱（*Rhexanella verrucosa*）。虫体依靠其胸足寄生于宿主的口腔内。虫体颜色为黄色或乳白色，其口器损伤宿主而摄食增生的组织。这种寄生虫的雌虫体长27~50mm，腹侧有育房室。雄虫体长10~15mm（图3）。

【对策】

尚不清楚防治对策。

（畑井喜司雄）

由同样病因引起的出现类似症状的其他鱼种
无

绿肝
Green liver

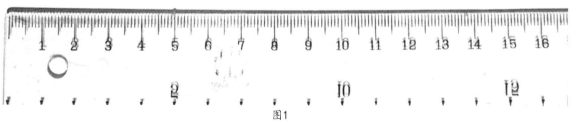

图1

图2

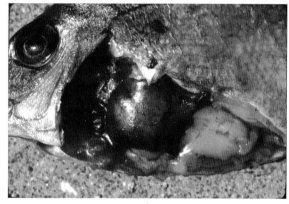

图3

患病真鲷肝脏呈绿色，是在调查其他疾病时偶尔发现的。一般将肝脏呈绿色的病称为绿肝（图1）。肝脏虽然变成了绿色，但是，此种变化对真鲷的影响程度尚不清楚。

【症状】

在多数情况下病鱼外观未见异常情况。解剖检查时可发现肝脏变绿，部分肝脏（图2）或整个肝脏（图3）变绿，因此不难诊断。通常，肝脏变绿而其他脏器未见异常为该病的特征。

【病因】

发病原因是肝脏内的胆管中胆汁淤滞。一般认为，该病的发生是某种病因导致胆管闭塞，使胆汁淤滞，加之摄食已经氧化的饵料、体内缺乏维生素E导致肝脏机能障碍引起的。

此外，低水温时发生滑行细菌感染症、弧菌病等，患病个体也有肝脏变绿的情况。通常还认为，由于真鲷在冬季不摄食饵料，故胆囊内胆汁有浓缩的倾向，而这种浓缩的胆汁在胆管内贮留也容易引起绿肝。

【对策】

应投予营养剂以防营养原因引起的发病，特别是投予维生素E。不过，由于真鲷冬季摄食不良，在该季节试图改善其营养是很难做到的。

此外，只患绿肝很少造成死亡。因此，如何应对其他合并发生的疾病十分重要。允许在水产养殖中使用的药品谷胱甘肽可以口服用于该病，有时可以改善病情。

（畑井喜司雄）

由同样病因引起的出现类似症状的其他鱼种
无

体表白浊症
Body surface cloudiness

图1

图2

图3

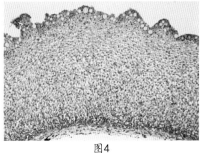

图4

　　1985年秋季至冬季，九州、四国及三重县的真鲷养殖场发生了这种疾病。通常情况下，患病鱼死亡率不高，但是，在某些地方也出现了短时间内全部死亡的病例。即使患病鱼不死亡，也可能由于外观丑陋而失去商品价值，使养殖者在经济上受到重大损失。这种疾病在特定时期如雨季有河水大量流入海湾时，有易发生的倾向。

【症状】

　　这种疾病的外观特征为患病鱼体表发生小的凹凸，可见附着黏液样物质，随着病程的进一步发展，患病鱼全身体表出现白浊（图1、图2）。部分病鱼的角膜也发生白浊。解剖检查时可见病鱼鳃部轻度褪色，有些个体肝脏轻度发红。其他脏器未见明显的病理变化。

【病因】

　　病理组织学检查发现，病鱼体表白浊、表皮细胞显著增生（图3、图4），由于浮肿导致表皮增厚、黏液分泌异常增多。电子显微镜观察时，细胞核内及细胞质内没有发现病毒粒子。根据皮肤和鳃的病理组织学检查结果推断，来源于水环境的刺激物可能是诱发这种疾病的一个重要原因。

【对策】

　　当发现这种疾病的特征性症状时，以网箱为单位将患病鱼移出海湾，大多数情况下数日后患病鱼症状就会消失。

（畑井喜司雄）

由同样病因引起的出现类似症状的其他鱼种
无

牙鲆
Japanese flounder

收载鱼病

病毒病

水生双片段RNA病毒病/病毒性出血性败血症（VHS）/牙鲆弹状病毒病/病毒性神经坏死病（VNN）/病毒性表皮增生症/淋巴囊肿病（LCD）

细菌病

细菌性肠道白浊症/非典型气单胞菌感染症/滑行细菌病/爱德华菌病/巴氏杆菌病/链球菌病（海豚链球菌、副乳房链球菌、格氏乳球菌感染症）/诺卡菌病

寄生虫病

鳃阿米巴虫病/鱼波豆虫病/白点病/纤毛虫病/车轮虫病/黏孢子虫性消瘦病/肌肉库道虫病/本尼登虫病/三代虫病/新异沟盘虫病

其他疾病

浮游海葵蜇刺症

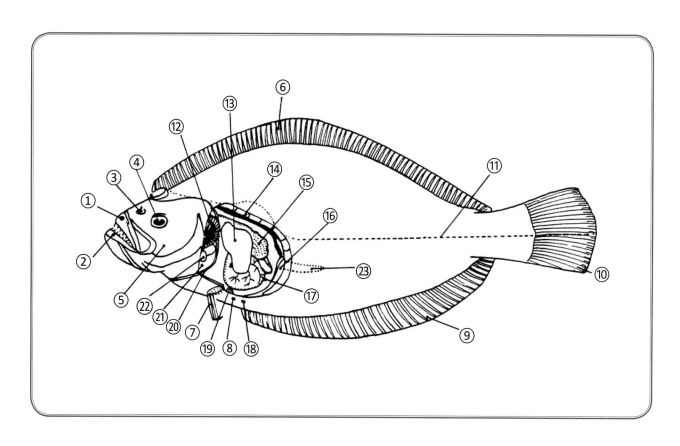

①上颌 ②下颌 ③鼻孔 ④眼睛 ⑤颌部 ⑥背鳍 ⑦腹鳍 ⑧肛门 ⑨臀鳍 ⑩尾鳍 ⑪侧线 ⑫鳔 ⑬肝脏 ⑭肾脏 ⑮胃 ⑯生殖腺 ⑰肠道 ⑱泌尿生殖孔 ⑲直肠 ⑳围心腔隔膜 ㉑围心腔 ㉒心脏 ㉓第二腹腔

水生双片段 RNA 病毒病
Birnaviral disease

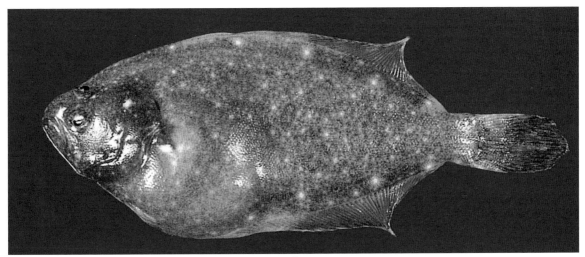

图1

图2

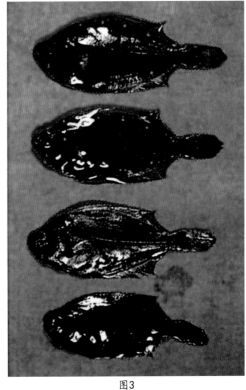

图3

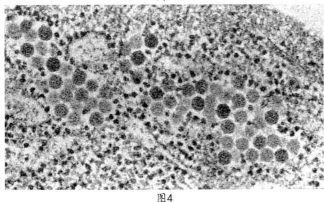

图4

　　1986年3月，该病在爱媛县民营牙鲆种苗生产场培育的稚鱼中首次被确认；1987年以后，在日本西部各地的种苗生产场和养殖场呈现流行趋势；到1990年前后，给1~2.5g的稚鱼带来了很大的危害，随后危害又逐渐减轻。

【症状】

　　该病已知有3种类型，即腹腔积水导致腹部膨大的腹水型（图1），脑及脊髓出血的脑炎型（图2）以及体色变黑的黑变型（图3）。腹水型和黑变型的病鱼同时可见肝脏褪色或透明化的内部症状，脑炎型则未见有显著的病变。

【病因】

　　该病由双片段RNA病毒科的水生双片段RNA病毒属

（*Aquabirnavirus*）的被称作YTAV的病毒感染引起。这种病毒可用CHSE-214等培养细胞分离，病毒粒子呈平面六角形，平均直径63nm（图4）。

【对策】

　　将饲育水温降至20℃以下，水温越低危害越轻。为了预防该病的发生，应避免从怀疑被污染的养殖场引进受精卵、鱼苗和亲鱼。

（楠田理一）

由同样病因引起的出现类似症状的其他鱼种
五条鰤、黄尾鰤、三线矶鲈、丝背细鳞鲀

病毒性出血性败血症（VHS）
Viral hemorrhagic septicemia

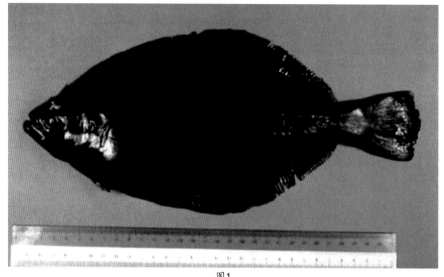

图1

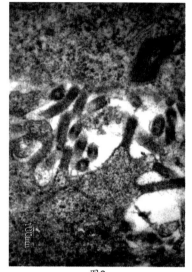

图3

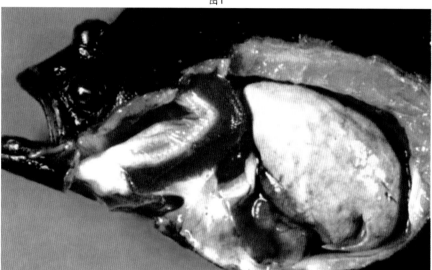

图2

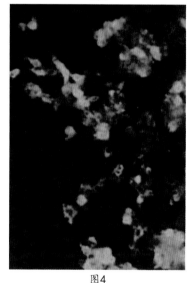

图4

1996年，该病在日本四国的养殖场首先发生，其后发病范围扩大到日本西部海域多个县的牙鲆养殖场。

【症状】

患病鱼外观可见体色变黑和腹水导致的腹部膨大的特征性变化。解剖检查时可见病鱼腹腔和围心腔内积水，肝脏淤血或褪色，多见肝脏、脾脏肿大（图1、图2）。有时可见肝脏的点状或斑状出血，生殖腺出血，也可能见到肌肉内出血。

在海面养殖和陆地水槽养殖的鱼均可发生这种疾病。疾病流行期的水温8~15℃，但是，在18℃水温条件下也可能发生。另外，从稚鱼到成鱼均可发病。低水温期发病时多为慢性死亡的病例，鱼群的累积死亡率各不相同，从百分之几到90％左右。在养殖场可见这种疾病病原的水平传播现象。

【病因】

病原为病毒性出血性败血症病毒（Viral hemorrhagic sepncenna virus, VHSV），属于弹状病毒科，病毒粒子呈子弹状，有囊膜（图3）。

依据G和P遗传基因的分型，日本分离到的病毒株中，1株为欧洲型病毒株，其他均为北美型病毒株。牙鲆VHSV和已经报道的牙鲆弹状病毒（HIRRV）相比，在结构蛋白分子量、敏感性细胞以及血清学特性上均存在差异。

这种疾病具有在低水温期发病的特点，这是值得注意的。牙鲆弹状病毒病伴有严重的肌肉内出血，而该病基本看不到这种病理变化。确诊这种疾病可用FHM细胞进行病毒分离以及使用间接免疫荧光抗体法（图4）。

【对策】

除合理饲养管理（可能的情况下升高饲养水温等）之外，一般认为及时处理病鱼，彻底消毒，使用干净的饵料，不引入可疑的病鱼等是防治该病的有效对策。

（中岛员洋）

由同样病因引起的出现类似症状的其他鱼种
鲹、玉筋鱼

牙鲆弹状病毒病
Hirame rhabdovirus disease

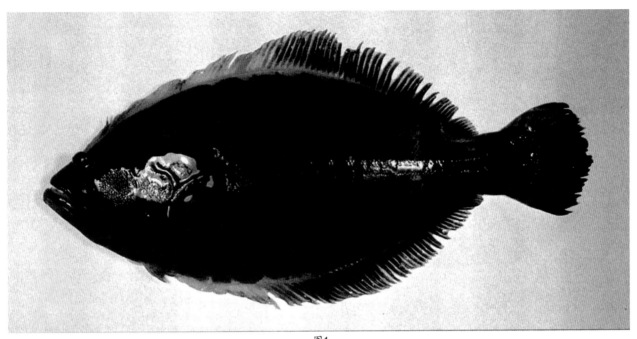

图1

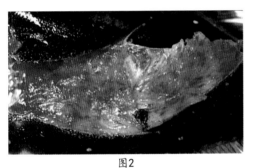

图2

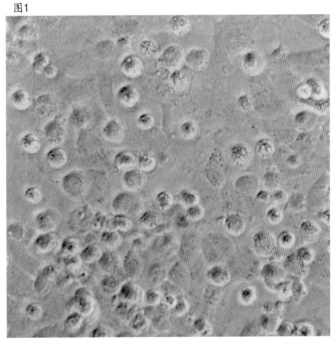

图4

图3

这种疾病于1984年3月首次被确认，冬季至春季感染当年鱼。患病鱼死亡率为2%~90%，在不同的养殖场差异很大。该病产生的危害曾经在短时间内迅速扩大，但是，最近已经没有这种疾病发生。

【症状】

病鱼在外观上以鳍条发红（图1）为主要症状，也能见到腹部膨胀的个体。体内症状主要以腹腔积水、肌肉内出血以及生殖腺淤血为特征（图2、图3）。

【病因】

病原是属于弹状病毒科的病毒，被命名为牙鲆弹状病毒（*Rhabdovirus olivaceus*），一般称为牙鲆弹状病毒（HIRRV）。该病毒可以用RTG-2细胞进行分离，观察到IHNV样细胞病变（图4）。

【对策】

尚没有有效的防治对策。不过，将水温升高到18℃以上，疾病会自然消退。

（五利江重昭）

由同样病因引起的出现类似症状的其他鱼种
鲻、黑鲷、香鱼

病毒性神经坏死病（VNN）
Viral nervous necrosis

图1

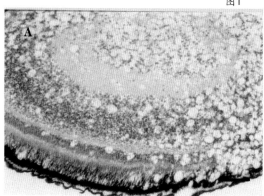

图2

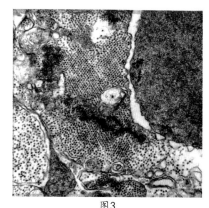

图3

（图2、图3由中井敏博提供）

　　海产鱼的病毒性神经坏死病（VNN）最初是发生在日本的石鲷，随后在多种鱼类中均有发生，并造成了严重的危害。此外，东南亚、大洋洲、欧洲以及美国有欧洲真鲈、石斑鱼、星鲽等30种以上的鱼类发生了这种疾病。该病毒也能感染野生鱼。

　　1992年，日本广岛县的牙鲆种苗生产场的稚鱼（17~18mm）首先被确认发生了这种疾病。随后，该病给牙鲆养殖场和种苗生产场带来了重大损失。

【症状】

　　这种疾病在体长40mm以上的鱼体中发病率较高，但体长20mm以下的小型鱼也可发生。通常在外观和解剖检查时，难以见到具有特征性的症状，不过，在部分个体中可见到脑发红（图1），受感染组织的神经细胞存在显著的空泡变性（图2）。

【病因】

　　和其他鱼种患该病的情况一样，病毒为粒子大小约27nm、正二十面体、没有囊膜的RNA病毒（图3），该病毒属于野田病毒科（*Alphanodavirus*）的β野田病毒属（*Betanodavirus*）。

　　可用PCR法进行诊断。确诊时需要确认病鱼神经组织（脑、脊髓、网膜）的空泡变性并用荧光抗体法、电镜法观察到病毒颗粒。另外，使用SSN-1细胞分离培养也可诊断这种疾病。

　　一般认为，该病的传播方式是垂直和水平传播。从牙鲆亲鱼的卵巢、精巢所检测到的病毒基因、亲鱼血清中抗体检查、亲鱼的病毒检测以及仔鱼发病之间的相关性来看，该病毒可通过受精卵从亲鱼垂直传递给仔鱼。此外，实验结果也证明了存在病毒从死亡个体到健康仔鱼的水平传播。

【对策】

　　由于该病的感染源是产卵亲鱼，因此获取不带毒的亲鱼或病毒感染性低的亲鱼所产的卵是最重要的。臭氧消毒受精卵也有预防疾病的效果。

　　此外，作为水平感染的防治对策，应降低仔鱼的饲养密度，消毒饲养用水以及用具，限制其他人员进入饲养设施，消毒饲养员的手臂，注意通风，防止水槽间的飞沫感染等。

　　通过实施以上综合预防措施，可以降低牙鲆的VNN发病率。

（有元操）

由同样病因引起的出现类似症状的其他鱼种
石鲷、斑石鲷、红点石斑鱼、七带石斑鱼、云纹石斑鱼、大甲鲹、红鳍东方鲀、圆斑星鲽、真鲷、真鲈、鲕、黑金枪鱼

病毒性表皮增生症
Viral epidermal hyperplasia

图1

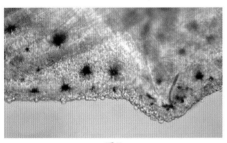

图2

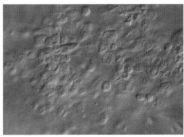

图3

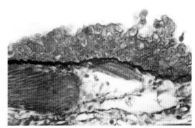

图4

　　这种疾病在孵化后10~25日龄的仔鱼（全长7~10mm）中发生，仔鱼发病后大多在2周之内全部死亡。

　　虽然这种疾病有时也发生在变态后的稚鱼（在池底部的稚鱼）中，但主要还是发生在牙鲆仔鱼期。该病传染性非常强，因此要特别注意防止水平传染。

【症状】

　　在发病的初期，可发现患病鱼摄食不良，在近水面无力地游泳。部分鱼体可见体色变黑。肉眼可见鳍条特征性的白浊（图1），体表细胞增生（图2），鳍的表面可见许多球形化的细胞（图3）。

　　病理组织学观察可见表皮细胞的显著增生（图4），其他脏器未见异常。

【病因】

　　这种疾病是疱疹病毒之一的牙鲆疱疹病毒（FHV）感染导致的表皮细胞增生性疾病。仔鱼期的牙鲆由于鳃不发达，要借助皮肤进行呼吸。由于患病鱼皮肤细胞增生多层化，会阻碍其呼吸。另外，表皮增生可降低患病鱼体表的

离子调节机能。这些被认为是导致患病鱼死亡的原因。

　　病鱼的表皮细胞显著增生，但仅凭病鱼的外观症状诊断该病是不准确的。过去是采用特异性抗血清的间接荧光抗体法以及电子显微镜确认表皮细胞内的病毒颗粒来诊断该病。已开发出PCR法，可以对该病进行确诊。

【对策】

　　由于感染途径不明，无法采取有效防控对策。因此，该病主要是依靠预防。为了阻断来自饲育水的FHV的侵入，可以对饲育水进行紫外线照射处理。

　　另外，使用一般的消毒剂（酒精、氯制剂）就可灭活FHV，因此可以设置消毒槽，防止通过手足媒介向饲育场传入FHV。

　　在20℃以下的水温饲育可导致患病鱼症状恶化，因此，用适当的水温养鱼很重要。

（饭田悦左）

由同样病因引起的出现类似症状的其他鱼种
无

淋巴囊肿病（LCD）
Lymphocystis disease

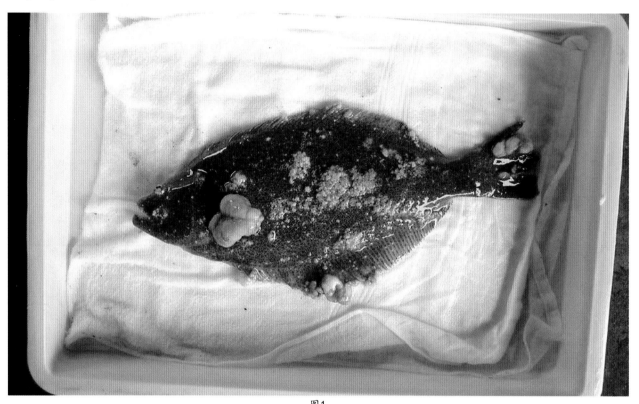

图1

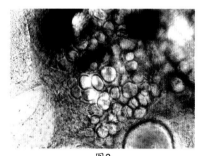

图2

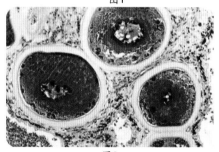

图3

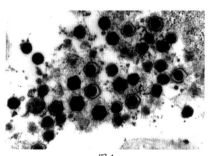

图4

很早以前，人们就知道鱼类有这种病毒病，在牙鲆、真鲷、五条鰤、真鲈、圆斑星鲽等鱼类有发病的报道。

养殖达到商品鱼规格的牙鲆常常发生这种疾病，患病鱼外观极其难看，因而失去商品价值，故这种疾病是不能轻视的鱼病之一。

【症状】

该病发生在春季到夏初期间，多在高水温期终止，但近来也有养殖场常年发病。通常为散见，有时也会带来重大的损失。

患病鱼外部特征为头部、躯干和鳍条等的表面可见米粒大小到直径3cm的白色细胞团块，严重时覆盖患病鱼体表可达1/3（图1）。

已确认有过该病发病史的大龄鱼体很少再发生这种疾病。

【病因】

该病是由属于虹彩病毒科（Iridoriridae）的淋巴囊肿病病毒（Lymphocystis disease virus, LCDV）引起，在显微镜下观察细胞团块，可见直径200~500μm的巨大细胞（图2）。在这些细胞中可见到巨大化的细胞核和在细胞膜周边的棒状或球形的包涵体（图3）。电镜下可见直径200nm左右，呈五角形或六角形的病毒颗粒（图4）。

一般认为这种病毒传播能力比较弱，高密度饲养的方式有增加发病率的倾向，也可能是与患病鱼接触而导致传染。

【对策】

现在尚未确立治疗方法，一般的处理方法是除去严重的患病鱼，等待其自愈。有报道指出，根据定量形质分析（QTL分析）技术，为了选择耐病毒鱼而开发了DNA标记。依据这个DNA标记进行选育，现在已经有抗该病毒的鱼种销售了，有可能通过引进这种抗病毒鱼，减少这种疾病的危害。

（长谷川理）

由同样病因引起的出现类似症状的其他鱼种
真鲷、五条鰤、真鲈、摩氏星鲽、圆斑星鲽

细菌性肠道白浊症
Bacterial enteritis

图1

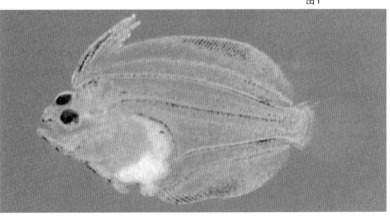

图2

图3

图4

　　1965年正式开始牙鲆人工孵化生产种苗的研究，而在1968年左右该病即被发现。该病只发生在从孵化后15d到进入着底期的仔鱼，鱼越小，危害越大，呈暴发性蔓延，死亡率可达90％以上。

【症状】

　　发病后鱼体游泳和摄食不活泼，随着症状的发展，完全停止摄食。病鱼消化管白浊（图1），萎缩的腹部内陷（图2）。另外，肠管黏膜上皮细胞的排列紊乱、脱落（图3箭头所示）。作为仔、稚鱼期的肠管局部感染症，除了本病外，还有腹部胀满症，可根据本病鱼体不出现腹部胀满而有白化的症状，对这两种疾病进行区别。

【病因】

　　该病是以肠管细菌感染为基础的疾病。从病原菌的致病力极低可以推测，这是一种条件性致病菌。病原菌为弧菌属（*Vibrio*）细菌的一种，和已知的菌种性状不同。因此，该病原菌一开始被称为*Vibrio* sp. INFL，后来作为新种被命名为鱼肠道弧菌（*Vibrio ichthyoenteri*）（图4）。

【对策】

　　可采取避免饲养海水木质恶化、维持适当的养殖密度、改善饲养环境等措施，努力预防这种疾病。

（村田修）

由同样病因引起的出现类似症状的其他鱼种
无

非典型气单胞菌感染症
Atypical Aeromonas salmonicida infection

图1

该病是主要在低水温期（14~16℃）发生于体重10g以内的牙鲆稚鱼的细菌性疾病。日间死亡率低（0.1%~0.2%）的情况比较多，但是，如不及时采取对策的话，死亡情况就可能持续比较长的时间。

【症状】

患病鱼外观上基本看不到症状，最多可见无眼侧的鳃盖发红（图1），缺乏特征性的内部病变（图2），有的个体可以观察到肝脏的出血和褪色、肾脏的肿大、脑周边部的出血。

【病因】

这种疾病是由无运动性革兰氏阴性短杆菌，非典型的杀鲑气单胞菌（*Aeromonas salrnonicida*）感染引起的。根据攻毒实验的结果，在20℃以上的水温条件下，这种细菌对牙鲆的致病性似乎很低。诊断该病，可以用从患病鱼肾脏中分离的菌株与抗杀鲑气单胞菌杀鲑亚种（*Aeromonas salrnonicida* subsp. *salrnonicida*）的血清进行凝集反应。该菌除感染牙鲆外，也可感染石鲽、虫鲽、真子鲽、星鲽等鲽形目鱼类。

【对策】

注意引入种苗后的低水温期的死亡情况，尽力做到早发现是必要的。

（福田穣）

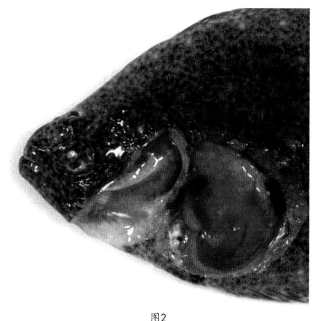

图2

由同样病因引起的出现类似症状的其他鱼种
鲽形目类鱼类、斑鳍六线鱼、黑石鲈

‖ 滑行细菌病
Gliding bacterial disease

图1

图2

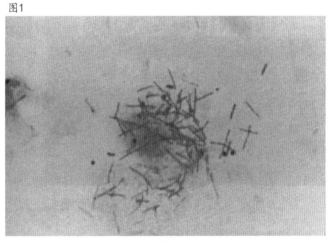

图3

这种病是发生于牙鲆稚鱼的重要疾病，多发生在春天种苗引入之后不久的3～6月（水温14～20℃）。疾病也发生在种苗生产场，对体长3~10cm的小鱼危害大。日间死亡率虽然在0.1％以下，但是，死亡持续时间长。另外，从夏末到秋初的当年鱼发生"烂鳃病"的很多，死亡率不是很高。

【症状】

牙鲆稚鱼的症状是以鱼体表为中心出现皮肤的擦痕或糜烂（图1），重症鱼可见溃疡化。鱼体尾鳍和背鳍腐烂，组织崩解、缺损显著。成鱼可见以鳃丝腐烂（图2）为主要症状的病变，而体表出现明显病变的比较少。稚鱼和成鱼的内脏均几乎没有肉眼可见的异常症状。

【病因】

这种疾病由海洋屈挠杆菌[*Tenacibaculum maritimum*（=*Flexibacter maritimus*），革兰氏阴性杆菌]感染而引起。该菌在海水调制的胰蛋白胨琼脂培养基以及TCY琼脂培养基上形成淡黄色的菌落，为长杆菌（图3），进行特有的滑行运动，具有较强的需氧性，基本上仅感染鱼体体表，很少侵入血管和内部脏器。

【对策】

稚鱼期（50g以下）的一般治疗对策是用三氯醋酸钠（NPs）药浴。病情发展的话，可进行多次浸泡。降低饲养密度，避免密饲，提高水体交换频率，尽量减少对鱼体的刺激（特别是低水温期），避免对鱼体造成损伤。及时除去患病鱼，防止疾病的蔓延。

（水野芳嗣）

由同样病因引起的出现类似症状的其他鱼种
真鲷、黑鲷、红鳍东方鲀、五条鰤、石鲷、斑石鲷

爱德华菌病
Edwardsiellosis

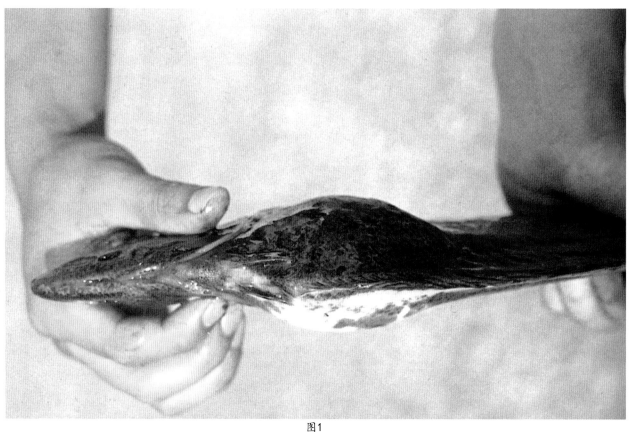

图1

图2

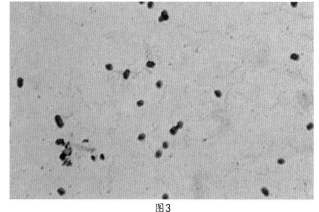

图3

近年，采用陆地水槽饲养牙鲆的养殖业发展很快，不论是稚鱼还是成鱼，基本上全年可见到散见性的以腹部膨满为特征的爱德华菌病。虽然死亡率不太高，但是，对这种细菌病还是有必要采取适当的防治措施。

【症状】

患病鱼外观可见腹部膨满（图1），肛门扩张发红，脱肛比例很高（图2）。解剖后可见腹腔内出血性腹水和肝脏、肾脏的脓肿或出血。此外，有时可见病鱼眼球突出。

【病因】

病原菌为迟缓爱德华菌（*Edwardsiella tarda*）。虽然来自真鲷的菌株没有运动性，不过，来自牙鲆的菌株则有运动性（图3）。

【对策】

经常换水，清扫鱼池，保持饲养环境清洁为首要任务。此外，迅速清除病鱼也很重要。

（松冈学、川上秀昌）

由同样病因引起的出现类似症状的其他鱼种
无

巴氏杆菌病
Pasteurellosis

图1

图2

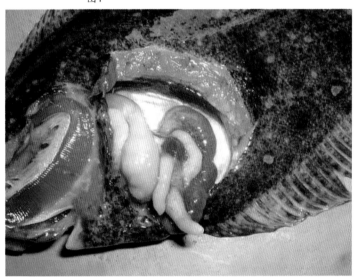

图3

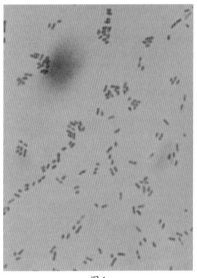

图4

这种疾病作为五条鰤稚鱼期的类结节症广为人知，在真鲷和斑石鲷等其他鱼种也有发生的报道，是海产鱼的代表性疾病之一。1994年10～12月，以日本四国和九州海域的陆上养殖场为中心，该病在饲养的牙鲆中发生。患病鱼以体长10cm大小的稚鱼为主体，而成鱼是否发病未得到确认。

【症状】

可见患病鱼体色发黑，在水面游泳缓慢。混合感染弧菌的个体可见背鳍和腹鳍基部的擦痕和出血、吻端的擦痕和发红等（图1）。鳃和脏器基本看不到特征性病变。图2显示肝脏出现可见程度的褪色，但是患病鱼尚能摄食。看不到在五条鰤出现的脾脏和肾脏结节等特征性症状（图3）。感染鱼群的摄食变化不大。目前养殖场很少发生这种疾病，日间死亡率不高，大约为0.1％。在种苗生产设施中有大量死亡的病例。

【病因】

这种病由发光杆菌属美人鱼发光杆菌杀鱼亚种（*Photobacterium damsela* subsp. *piscicida*，革兰氏阴性非运动性杆菌）感染引起（图4）。秋冬海水温度异常升高，如进入12月之后也高达20℃以上的情况时，可能是这种疾病多发的年份。

【对策】

目前养殖牙鲆中这种疾病只是散见性发生，不是每年必然发生的疾病。推测只是当具备某些条件时（流行条件下，附近有感染源并蔓延，存在体质不佳的稚鱼）才能发病。水温降到20℃以下，疾病流行会自然终止。

（水野芳嗣）

由同样病因引起的出现类似症状的其他鱼种
真鲷、斑石鲷、石鲷、大甲鲹、真鲈

链球菌病（海豚链球菌、副乳房链球菌、格氏乳球菌感染症）

Streptococcicosis, Lactococcicosis

图1

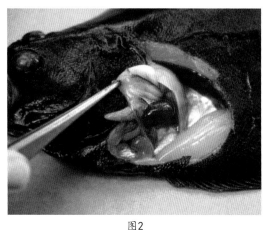

图2

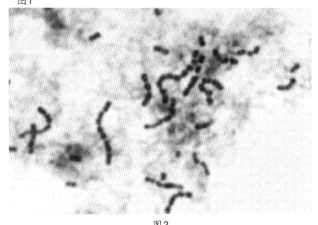

图3

从1980年前后开始，以日本西部为中心的各地养殖牙鲆开始发生该病。该病是牙鲆细菌病中发病率和死亡率均较高的疾病，多发生在高水温期，病程发展呈急性型。在日本已知该病有海豚链球菌（*Streptococcus iniae*）、副乳房链球菌（*S.parauberis*）和格氏乳球菌（*Lactococcus garvieae*）等3种病原菌，其中海豚链球菌感染发病的病例最多。

【症状】

外观可见患病鱼体色发黑和眼球突出、白浊以及出血（图1），也常见鳃褪色和局部的淤血或出血。脾脏和肾脏肿大伴有腹水出现（图2）。患链球菌病的鱼体肝脏、肾脏不形成脓肿，腹水透明的比较多（有时也混有血液），这是与高发病率的爱德华菌病的不同点。副乳房链球菌感染的病例看不到体色黑化和眼球突出的症状，可见鳃腐烂和肌肉出血。

【病因】

病原菌为海豚链球菌、副乳房链球菌和格氏乳球菌，均为革兰氏阳性、非运动性球菌，培养菌呈链状（图3是海豚链球菌，*S. iniae*）。在绵羊血琼脂中海豚链球菌呈β溶血，副乳房链球菌和格氏乳球菌呈α溶血。已经建立的PCR法可确诊这种疾病。

【对策】

口服四环素类抗生素可以治疗这种疾病。另外，已经在生产中使用海豚链球菌的注射用疫苗。

（金井欣也）

由同样病因引起的出现类似症状的其他鱼种
海豚链球菌：五条鰤、杜氏鰤、石鲷、虹鳟、香鱼
格氏乳球菌：五条鰤、杜氏鰤、竹筴鱼、大甲鲹
副乳房链球菌：大菱鲆（地中海沿岸地区）

诺卡菌病
Nocardiosis

图1

图2

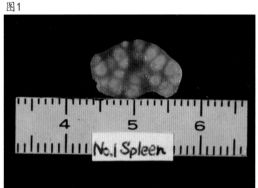

图3

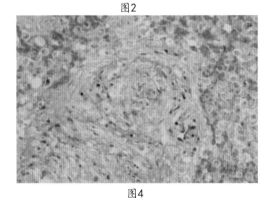

图4

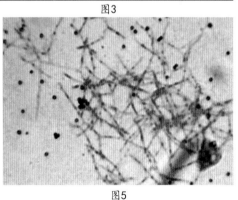

图5

1984年9~11月，在陆地水槽牙鲆养殖场首次发现当年鱼发生这种疾病。病程虽然发展缓慢，但是，发病水槽的累计死亡率可以达到15%，造成了不小的损失，需要引起注意。

【症状】

濒死状态的鱼体，可见体表有散在的出血斑和隆起的小脓肿。此外，有时也可见到口唇部糜烂的个体（图1）。但是，病鱼外观症状多样，有时症状不明显。解剖检查可见脾脏和肾脏中有白色结节形成（图2、图3），是该病的特征性病变。图4显示的是胰腺结节内的细菌（Grocott's variation染色）。

【病因】

病原菌是在五条鰤和杜氏鰤中流行的诺卡菌属的鰤诺卡菌（*Nocardia seriolae*）。病灶内观察到的菌为分支后的丝状菌（图5），呈弱抗酸性。

【对策】

及早发现病鱼，迅速除去病死鱼，通过适当的处理防止疾病蔓延很重要。

（松本纪男）

由同样病因引起的出现类似症状的其他鱼种
五条鰤、杜氏鰤

▌鳃阿米巴虫病
Amoebic gill disease

图1

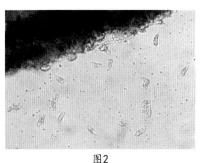

图2

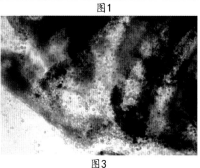

图3

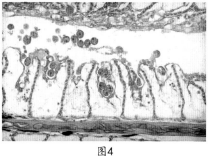

图4

（图4由小川和夫提供）

这种疾病是在1992年首次被确认的，随后被认为是散见性疾病，主要发生在15℃以下的低水温期的陆地水槽养殖的牙鲆稚鱼（体重5~15g），日间死亡率0.05%~0.2%。

【症状】

病鱼群的摄食活动极度减少。患病鱼除鳃褪色之外，可见头部（特别是无眼侧）显著发红（图1）。

【病因】

大量的原生动物阿米巴虫类（未确定种）寄生在牙鲆的鳃丝引起这种疾病。显微镜检查患病鱼鳃丝的活体标本，可以观察到靠伪足运动的不定形的虫体（图2）。从冷冻病鱼获得的标本中虫体呈球形，运动停止（图3），但是放置于室温后又开始运动。在阿米巴虫类寄生的鳃部可见呼吸上皮剥离（图4），因此认为这种寄生虫具有致病性。在鱼类鳃部观察到的阿米巴虫的种类很多，该病的阿米巴虫的种类至今尚未确定。

【对策】

目前，尚未见到关于这种寄生虫的驱虫方法介绍。因此，为了防止该病的发生，有必要保持适当的换水率和适当的饲养密度，增加清扫水槽的次数，维持良好的饲养环境。

（福田穰）

由同样病因引起的出现类似症状的其他鱼种
尚不清楚

鱼波豆虫病
Ichthyobodosis

图1

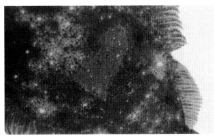

图2

图3

图4

　　鱼波豆虫病作为淡水鱼的原虫病很早以前就为人们所熟知，在海洋中生息的鱼类也有类似的虫体寄生，有时能给养殖场和种苗生产场带来损失。海洋性鱼波豆虫病的分布范围从亚寒带到热带，遍布世界各地。到目前为止，病原寄生虫在25种海产鱼、3种溯河性鲑科鱼类和2种章鱼中有寄生的报道，其宿主范围极其广泛。

【症状】

　　该病在鱼类种苗生产阶段多发。被寄生的种苗食欲显著下降。寄生刺激引起黏液分泌导致鱼体体表白浊（图1），鳍条基部可见出血。也曾发生过大量寄生这种寄生虫导致牙鲆种苗约40%死亡的病例。这种寄生虫也寄生在采卵用的成鱼和未成年鱼，随着病程的进展鱼体体色变黑，体表的一部分发生溃疡并伴随出血（图2、图3）。鳃被虫体寄生后，出现上皮细胞增生、鳃小片相互粘连的病症。

【病因】

　　海水鱼的鱼波豆虫病病原是动物性鞭毛虫类的鱼波豆虫（*Ichthyobodo* sp.）。这种寄生虫与寄生在淡水鱼和溯河性鲑科鱼类的板口线虫属鱼波豆虫在形态上极其相似，但是，通过感染实验等可以进行种类判定。这种寄生虫体长8~10μm，小型，通常有2根鞭毛（偶见4根），寄生时呈纺锤形（图4A），离开宿主自由游泳时呈椭圆形。该虫在体表和鳃上皮细胞上固定寄生，细胞口突起伸向宿主细胞内摄取营养（图4B）。被寄生的宿主细胞坏死，体表上皮层广泛崩解，使鱼体渗透压调节发生障碍。

【对策】

　　实验已经证明，在高密度饲养等应激刺激下，寄生该虫后的鱼发育缓慢，易发生大量死亡。养殖牙鲆发病时，在饲养水槽底铺设沙子可以自然治愈这种疾病。保持良好的饲养环境，感染鱼可依靠自身的防御能力恢复健康，减轻危害。

（浦和茂彦）

由同样病因引起的出现类似症状的其他鱼种
红鳍东方鲀、斑鳍六线鱼、斑石鲷

白点病
White spot disease (Cryptocarioniasis)

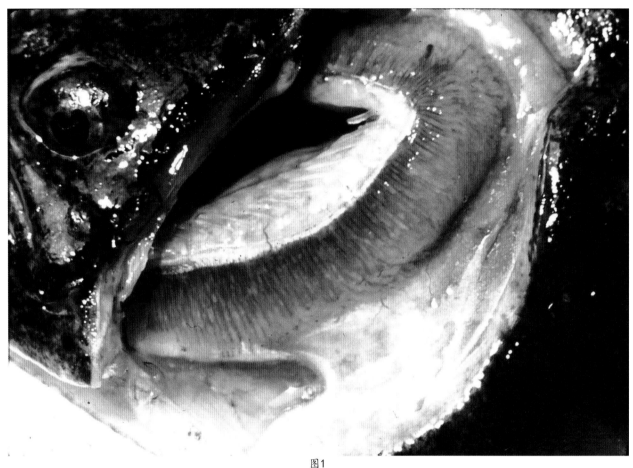

图1

图2

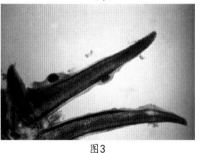

图3

图4

（图2由小川和夫提供）

这种疾病易发于夏季高水温期水槽内饲养的当年牙鲆。一旦发生，该病死亡率很高，因此需要重视。

【症状】

患病鱼除体色稍微黑化外，外观上看不到特别的异常现象。严重感染时，鳃和体表有大量黏液分泌，常可见到白点出现（图1、图2）。轻度感染时，仔细观察也可见到肉眼可见的白点。

镜检可见鳃小片表皮内有活泼运动的白点样病原虫（图3），其形状通常为豆包状（图4）。患病鱼摄食不活泼。

【病因】

这种疾病由原生动物中属于纤毛虫类的刺激隐核虫（*Cryptocaryon irritans*）寄生引起。从表皮内取出的虫体基本呈圆形（直径0.3~0.5mm），有4个串珠样的核。

【对策】

降低饲养密度，提高换水率。此外，还可以更换饲养池，进行水槽内消毒。有可能的话，可在海水水体交换好的海面进行临时避难。

（畑井喜司雄）

由同样病因引起的出现类似症状的其他鱼种
几乎所有的海水鱼

纤毛虫病
Scuticociliatidosis

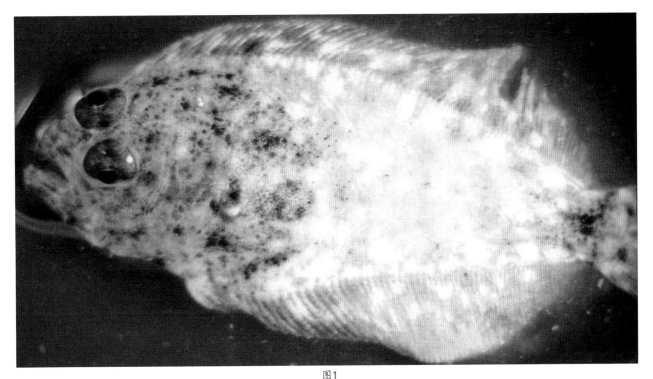

图1

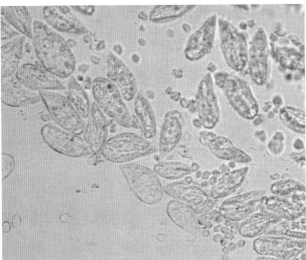

图2

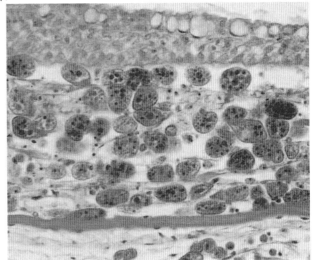

图3

　　1985年前后，生产种苗的牙鲆稚鱼中发生了一种纤毛虫寄生虫病，该病引起了养殖鱼类的大量死亡。

【症状】

　　患病鱼摄食不良，体色全身黑化。严重的患病鱼，可见患部表皮白化（图1），体表、鳍条与鳃盖内侧发红、糜烂，鳃呈现贫血等症状。有时外观上也看不到特别明显的症状（仅在患病部位在脑部的情况下）。

【病因】

　　该病由原生动物的纤毛虫——贪食迈阿密虫（*Miamiensis avidus*）寄生所引起。该虫为长20~45μm的泪滴形，全身有纤毛，运动活泼（图2），在鳍条基质、体表鳞囊内（图3）、真皮下的结缔组织和脑等高密度寄生。用显微镜观察各组织抹片或压片标本可以检出该虫。未见报道脑内寄生的其他纤毛虫。该虫为条件性寄生，池塘中剩下的饵料、死鱼是其喜爱的生存场所。

【对策】

　　患病鱼脑内多有这种虫体寄生，有效治疗很困难。引进种苗时应该进行该虫寄生情况的检查，及时除去水槽底的污物，维持适当的换水率以及饲养密度是预防和抑制感染扩大的主要对策。

（乙竹充）

由同样病因引起的出现类似症状的其他鱼种
大菱鲆等异体类鱼类

车轮虫病
Trichodinosis

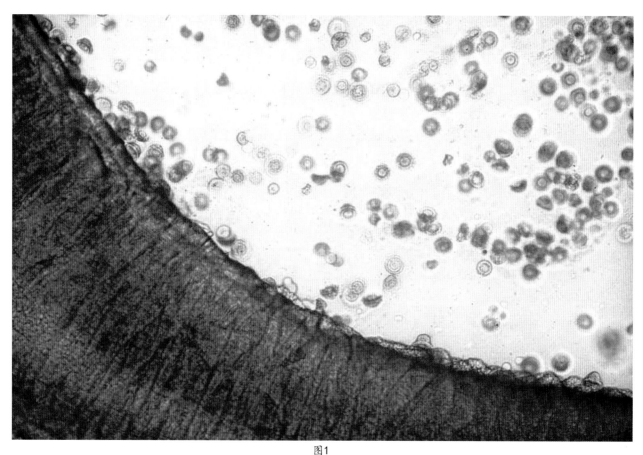

图1

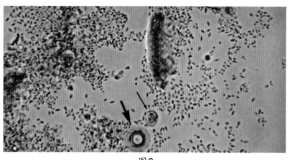

图2

图3

图4

（图2至图4由井上洁提供）

在海水流动性不足的海面小分割区和水交换量不足的陆地水槽中养殖的牙鲆，发生车轮虫病的现象比较多，会给牙鲆造成直接的危害。此外，该病有可能成为继发性细菌感染的诱因，需要注意。

【症状】

鳃丝中寄生大量虫体的病鱼摄食不良、游泳不活泼。虽然未见该病造成急性死亡，但是，随着病情发展可发生慢性死亡。体表有大量虫体寄生的病鱼，可以观察到大量分泌黏液而导致鱼体表白浊，鳍条有"擦痕"样破损，有时在体表可见轻度出血。

【病因】

该病是由原生动物纤毛虫类的车轮虫（Trichodina）大量寄生在体表、鳍条、鳃引起的（图1、图2）。尚未确定寄生在牙鲆上的车轮虫的种类，至少有2个种（图3、图4）的车轮虫寄生。图3的虫体属于车轮虫属，图4的虫体分类地位尚待鉴定。

【对策】

养殖牙鲆的鳃丝上有少量车轮虫寄生的现象很常见。甚至有人认为寄生数量的多少可以作为海水交换量的指标。车轮虫寄生数量的增加提示养殖环境恶化。因此，在陆地水槽养殖时，增加池底的清扫是有效的预防对策。

（福田穰）

由同样病因引起的出现类似症状的其他鱼种
尚不清楚

黏孢子虫性消瘦病
Myxosporean emaciation disease

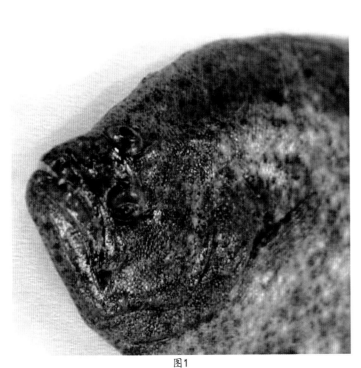

图1

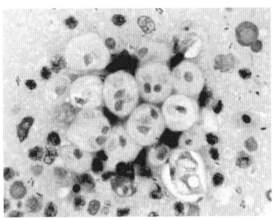

图2

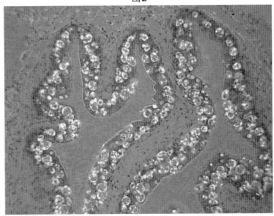

图3

（图1由安田广志提供）

　　人们对由碘泡虫引起的红鳍东方鲀消瘦病已经有了比较多的了解，但包括牙鲆在内的海产养殖鱼也开始出现类似的疾病。对这种疾病尚无有效驱虫药可用，死亡率较高。因此，一旦发病，损失惨重。

【症状】

　　该病外观消瘦症状与黏孢子虫引起的红鳍东方鲀消瘦病一样。但是，由于鱼种不同，体形有异，症状多少也是有些差异的。牙鲆原本就是扁平的鱼，通过症状诊断这种疾病是比较困难的，可以观察到的特征为体色黑化，头骨和背骨部分看起来有些上翘（图1）。此外，偶尔也有脱肛的情况。

【病因】

　　牙鲆的消瘦病是由黏孢子虫之一的肠道黏孢子虫（Enteromyxum leei）寄生于肠道引起的。将所制作的肠黏膜压片标本进行Diff-Quik染色，多数可观察到直径10~20μm的单核或多核营养体（图2）。与患该病的红鳍东方鲀肠管中观察到的虫体状态相比，牙鲆的寄生虫的发育稍快，可以检出进入孢子阶段的虫体。孢子长15~19μm，其特征为2个极囊呈"八"字形排列。观察组织切片可见在肠管上皮组织内形成营养体，荧光增白2B染色呈阳性（图3）。由于消瘦病的黏孢子虫基本上不形成孢子，因此用显微镜观察来诊断该病是困难的。PCR鉴别诊断法已经被开发出来，可将其与红鳍东方鲀的另外一种消瘦病病原河鲀黏孢子虫（Leptotheca fugu）以及附着寄生在肠上皮的河鲀肠道黏孢子虫（Enteromyxum fugu）区分开来。

【对策】

　　肠道黏孢子虫在鱼类之间经口传播，在网箱内或网箱间感染会使病情迅速扩大。因此，应迅速除去病鱼，最好控制容易成为感染源的中间种苗的引入。该寄生虫在15℃以下发育停止，20℃以上开始增殖，要注意水温上升期的发病情况。推测由于肠管上皮崩解，其水分吸收功能下降，导致脱水是发病的原因。避免过量给食等防止发病的饲养管理方法是否有效需要进一步探讨。

（横山博）

由同样病因引起的出现类似症状的其他鱼种
红鳍东方鲀、斑石鲷、真鲷

‖肌肉库道虫病
Muscular kudoosis

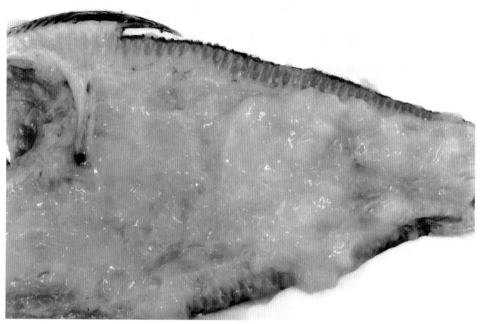

图1

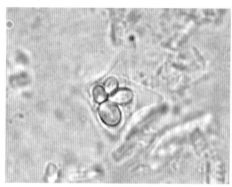

图2

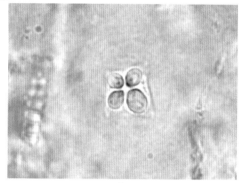

图3

（图1由平江多积提供）

　　该病即所谓的"果冻肉"鱼病，病鱼体侧的肌肉溶解。对宿主鱼不致命，但是，患病鱼会丧失其商品价值。牙鲆的发病率不高（通常在1％以下），加工、流通阶段会发现病鱼。因此，及早发现该病成为需要解决的问题。

【症状】

　　捕捞后在加工处理过程中，可见肌肉溶解呈果冻样（图1）。初期在肌肉内发现呈斑点状散在的白浊病灶，随着病情发展，肌纤维完全溶解。

【病因】

　　这种疾病由多壳目黏孢子虫的一种——鲭库道虫（Kudoa thyrsites）寄生引起。库道虫寄生在牙鲆的肌细胞内形成孢子，在鱼死亡后，来自寄生虫的蛋白分解酶释放到周边组织，引起肌纤维崩解。肌肉在完全溶解状态下，库道虫的孢子也一同溶解而难以检出，所以有时不易诊断该病。鲭库道虫的孢子为星形，其特征是4个极囊中的1个比其他3个大很多（图2）。这种病原在世界各地都有分布，可寄生在大西洋鲑等至少35种鱼类，是宿主范围很广的

寄生虫。孢子厚度平均为14.7μm（12.9~17.8μm），平均长度7.8μm，大极囊和小极囊的平均长度分别为5.0μm和2.8μm。此外，横口真鲈也可见到同样的肌肉库道虫病，有时较牙鲆的发病率还高（几个百分点），但其病原是鲈库道虫（Kudoa lateolabracis），其孢子形态与鲭库道虫（K. thyrsites）极其相似，厚度稍小，平均为11.5μm（9.9~12.9μm），相对而言突起的部分短，以此可区别两者（图3）。

【对策】

　　有引进牙鲆种苗后发病的病例，还不清楚病原寄生虫为国外带来还是在日本养殖期间感染的。一定要很好地把握种苗的流通途径，确定感染源。使用地下海水进行陆上养殖的方式有可能防止感染这种疾病。

（横山博）

由同样病因引起的出现类似症状的其他鱼种
大西洋鲑、飞鱼、鲼鲭、鳕、金眼鲷、梭鱼、大西洋庸鲽、无须鳕

‖ 本尼登虫病
Skin fluke infection（Benedeniosis）

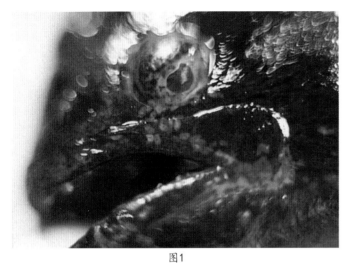

图1

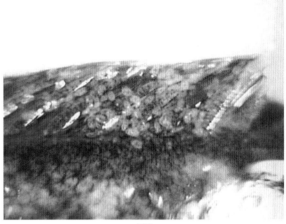

图2

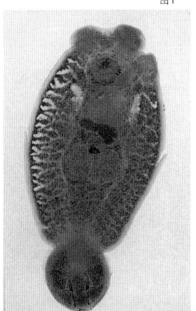

图3

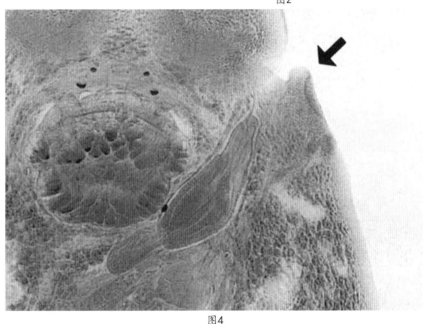

图4

（图1由松冈学提供）

从1989年开始，日本的海水网箱养殖牙鲆就出现这种皮肤寄生虫病，发病没有明显的季节性。

【症状】

病原是小型虫体，因为出生时呈透明状，故不易发现（图1：大量寄生于牙鲆时，虫体因接触淡水而发白）。虫体大量寄生时，鱼体因摩擦患部而形成外伤（图2：牙鲆的鳍条），见到鱼体上有这种外伤时可怀疑有该病，不过，找到寄生虫才能确诊。

【病因】

这种疾病是由属于单殖类的石斑鱼本尼登虫（Benedenia epinepheli）寄生在宿主鳍条和体表引起的。成虫体长2~3mm。皮肤虫是相当小型的（图3：铁苏木精染色的标本）。该虫原本是野生牙鲆的皮肤虫病报道的虫种，宿主特异性低，后来的研究结果表明，该虫寄生在以牙鲆为代表的真鲷、七带石斑鱼等多种的野生、养殖或水族馆饲养的海水鱼中。与已知牙鲆的新本尼登虫相比，该虫为不同种类的寄生虫，新本尼登虫体长3~8mm，比这种寄生虫大，主要寄生在鱼体表，寄生高峰在高水温期，这几点与该虫均不相同。此外，从形态观察可知，该虫的雌雄生殖器开口部附近有突起，是日本已知的皮肤虫所没有的特征（图4箭头所示）。与其他皮肤虫寄生时的情况一样，网箱养殖中虫卵黏附在网上是寄生严重化的原因之一。

【对策】

淡水浸泡被认为是有效的，不过，实际实施的不多。应注意早期发现，及时驱虫。末见研究其他的驱虫法。

（小川和夫）

由同样病因引起的出现类似症状的其他鱼种
双棘石斑鱼、红鳍东方鲀、斑鳍六线鱼、杜父鱼

三代虫病
Gyrodactylosis

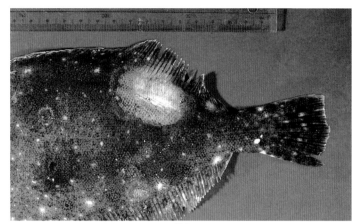

图1

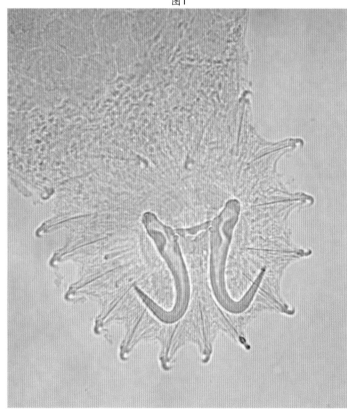

图3

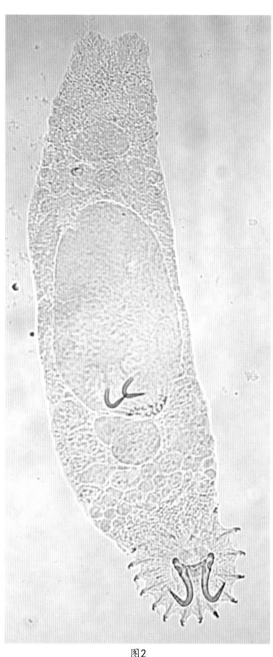

图2

（图2、图3由小川和夫提供）

该病是在牙鲆的饲养过程中散见的寄生虫病。

【症状】

由于三代虫侵食鱼体皮肤，因此皮肤的黏液分泌异常，形成白斑状的糜烂病灶，进而发展为伴随皮内出血的溃疡病灶（图1）。在内脏看不到显著的变化。三代虫单独寄生的情况通常少见，多与属于纤毛虫类的车轮虫共同感染。另外，如继发弧菌或滑行细菌感染，皮肤病灶会加重。

【病因】

病原为属于扁形动物单殖类的三代虫（*Gyrodactylus*

sp.）。其主要寄生在体表的有眼侧（图2）。该虫后端吸盘（图3）中央有1对短且粗的锚钩，长度35~40μm。

【对策】

尚未探讨淡水浴的有效性。继发滑行细菌感染时，配合有效的抗生素治疗是必要的。

（宫崎照雄）

由同样病因引起的出现类似症状的其他鱼种
无

新异沟盘虫病
Gill fluke infection (Neoheterobothriosis)

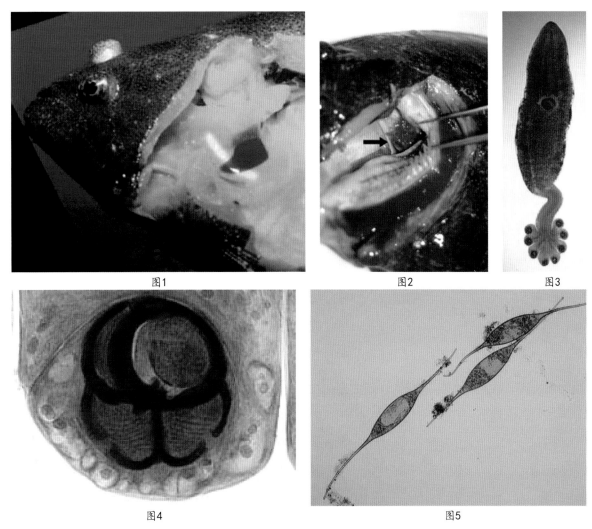

图1   图2   图3

图4   图5

(图1、图2由虫明敬一提供)

1995年前后开始，在野生牙鲆中发现严重的贫血症。最初发现这种疾病时，该病只局限于日本海中部区域，但是，数年来已经扩大到日本沿岸的所有区域，进而发展到太平洋一侧。此外，种苗生产用的牙鲆亲鱼也发现了与该病同样的症状，因此成为了严重的问题。

【症状】

寄生虫的大量寄生导致患病鱼贫血，重症鱼无眼侧体色呈青白色，鳃丝褪为白色（图1）。观察血液涂片标本时，可见纺锤形幼稚红细胞。部分海域牙鲆的捕捞量减少，怀疑是这种寄生虫病的影响。

【病因】

该病由单殖类的牙鲆新异沟盘虫（*Neoheterobothrium hirame*）寄生在鳃和口腔壁吸血引起（图2箭头为虫的团块）。该虫属于大型单殖类吸虫，体长最大可达33mm（图3）。虫体后端吸盘有8根足状延伸物（寄生于红鳍东方鲀的鳃吸虫没有），其尖端具有吸盘，以便抓住鳃小片或口腔壁（图4）。该虫首先寄生在鳃丝，随着成长从鳃弓经过鳃耙移行到口腔壁成熟。由于成虫的后半部埋没（伸入）寄生于口腔壁，在寄生部可见炎症和坏死。虫卵的两端伸展，由于虫卵之间没有黏接情况，故没有黏附在网格上的现象（图5）。

韩国产的牙鲆也确认有该虫寄生。原本北美牙鲆的近缘种是该虫的宿主，一般认为该虫和这种鱼一同被引进亚洲，是外来病原体。在日本，牙鲆以外的鱼类尚未发现有这种寄生虫病。

【对策】

将鱼浸泡在溶解了食盐的海水中进行浓盐水浸泡，是目前已知的驱虫方法。对牙鲆进行浓度为3%的食盐水浴60min，可以完全驱除鳃丝上的未成熟虫。另外，在8%的食盐水中浸浴5min，成虫也可以完全被驱除。在陆地牙鲆养殖场，通过提高换水率，不让水流在水槽中出现停滞，可以防止虫卵和孵化的幼虫在水槽排出，可以防止新的寄生发生。

（小川和夫）

由同样病因引起的出现类似症状的其他鱼种
无

浮游海葵蜇刺症
Jellyfish stings

图1

图2

图3

20世纪80年代，该病发生在九州的红鳍东方鲀饲养场。1992年又有报道在四国海面养殖的牙鲆中也发生了这种疾病。

【症状】

病鱼无特别的外观症状，但是在部分死鱼可见体表发红和鳃部轻微出血。出血被认为是病原寄生虫的胞刺叮咬鳃部所致。当这种寄生虫大量附着在网箱时进行换网操作，会出现10%左右的鱼体死亡（图1）。

【病因】

马氏漂浮海葵（*Boloceroides mcmurrichi*, 图2、图3）分布在本州中部以南的太平洋沿岸各地，是从潮间带到水深20m的浅滩生活的刺胞动物门（腔肠动物门）华虫纲六方珊瑚亚纲海葵目马氏漂浮海葵科的生物。该虫靠摆动触手游动，这点和其他浮游海葵有较大的区别。

【对策】

浮游海葵大量繁殖后，从网箱中驱除是困难的。因此，防止其附着在网格上很重要。使用渔网防污剂涂刷网箱，或混合饲养捕食海葵的马面单棘鲀等鱼类，能够在一定程度上预防这种疾病。高水温期这种寄生虫可能在短时间内增殖，故应在高水温期该虫黏附数量少的时候更换网箱。

该种类的虫体可从切断的触手再生，因此，在换网时要充分注意。观察到大量附着时先不要刺激它们，可等待水温下降时再实施对策。

（川上秀昌）

由同样病因引起的出现类似症状的其他鱼种
红鳍东方鲀

红鳍东方鲀
Tiger puffer

收载鱼病

病毒病

白口病/真鲷虹彩病毒病

寄生虫病

淀粉卵甲藻病/车轮虫病/黏孢子虫性消瘦病/心脏库道虫病/新本尼登虫病/三代虫病/异盘钩虫病/
伪鱼虱病/血居吸虫病

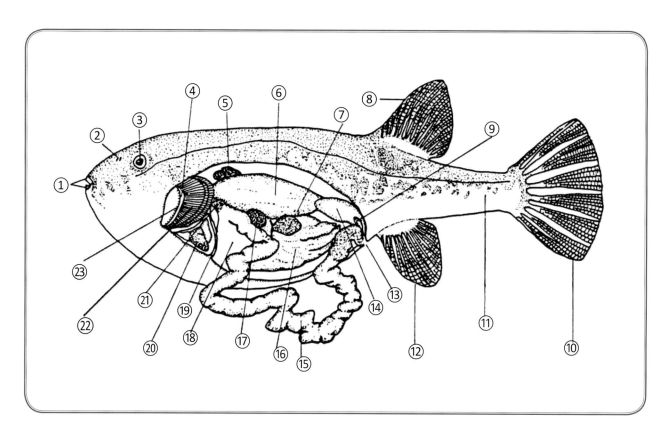

①齿 ②鼻孔 ③眼睛 ④鳃弓 ⑤肾脏 ⑥鳔 ⑦胆囊 ⑧背鳍 ⑨膀胱 ⑩尾鳍 ⑪尾柄 ⑫臀鳍 ⑬肛门 ⑭生殖腺 ⑮肠道 ⑯肝脏 ⑰脾脏 ⑱胃 ⑲围心腹腔隔膜 ⑳心脏 ㉑食道括约肌 ㉒鳃丝 ㉓鳃耙

‖白口病
Kuchijirosho（Snout ulcer disease）

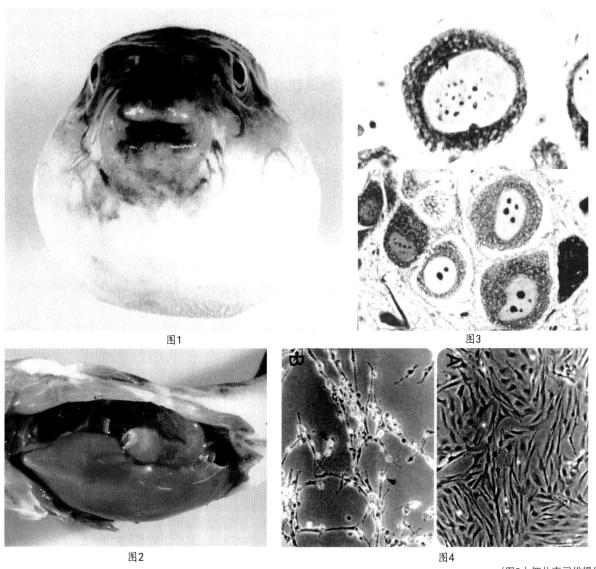

图1

图3

图2

图4

（图3由畑井喜司雄提供）

该病于1982年在长崎县、宫崎县和鹿儿岛开始有病例报道。

【症状】

患病鱼表现出狂游和追咬等行为。指压病鱼膨胀的腹部下陷后不容易复原。随着病程的发展，患病鱼游泳缓慢最终死亡。口吻部的炎症和溃疡的程度各异（图1）。有时炎症和溃疡也可因滑行菌感染引起，诊断时需要特别注意。肝脏的线状出血斑被认为是该病的特征（图2），但是，也有患病鱼体无此症状。从延髓到脊髓的大型神经细胞的核内可以观察到核浓缩（图3：上部是正常分布的染色质，下部是染色质的凝集块）。

有报道在海水养殖场，在高温期该病的发病例数增加。该病出现短时间大量死亡的情况，也有死亡期间长期化的情况。1龄（体重10～500g）以内的鱼受害多。

【病因】

患病鱼脑组织匀浆经50nm孔径滤过后的上清液接种红鳍东方鲀可复制出该病，因此，考虑病原体是病毒。用同一液体接种红鳍东方鲀的卵巢或脑的原代培养细胞，细胞发生变性（图4：上部为正常细胞，下部为病毒导致的细胞变性）。用电镜观察感染脑和感染培养细胞时未能看到病毒颗粒。经乙醚、紫外线照射、蛋白酶、蛋白内酯处理后，感染脑研磨液上清的毒性减弱。从以上情况可以推测，该病是病毒感染中枢神经引起的疾病，但未确定病毒种类。口吻部炎症被认为是病毒在局部神经末梢增殖的结果，也可能是被咬伤之后引发。但该病好像并不是通过咬伤传播的。发病风险与台风后和断齿作业等应激有关。

【对策】

早期发现，及时剔除发病个体，可防止损失扩大。

（宫台俊明）

由同样病因引起的出现类似症状的其他鱼种
星点东方鲀、斑点多纪鲀、豹纹东方鲀

真鲷虹彩病毒病
Red sea bream iridoviral disease

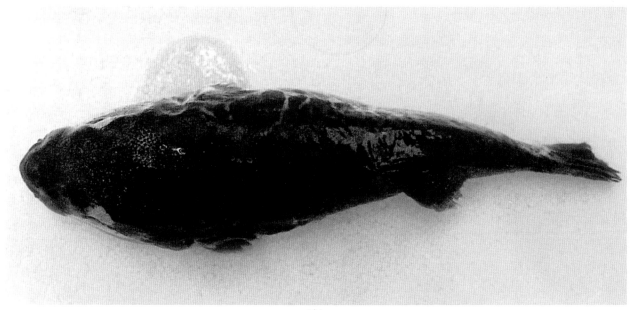

图1

图2

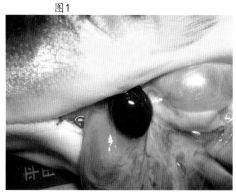

图3

图4

1994年前后，红鳍东方鲀被确认发生了该病。与真鲷等其他鱼类不同的是，红鳍东方鲀以成鱼发病居多。另外，水温下降期的9月下旬到10月为发病高峰期。最近也见有高水温期稚鱼发病的情况。

【症状】

病鱼外观显著消瘦，体表黑化或褐色（图1），动作缓慢，在水面无力地游泳。引人注意的是有的鱼体呈竖立姿势游泳。体表和鳍条表现为出血性的擦伤和糜烂（图2），有不少病鱼眼球浑浊、发白。由于经常可见伪鱼虱、新本尼登虫、异沟盘虫等寄生虫的寄生，因此，由寄生虫导致的外伤也时有发生。解剖时可见明显的鳃褪色、脾脏肥大和黑化（图3）。图4为正常的脾脏（下侧）与被感染鱼的脾脏（上侧）。重症鱼的摄食量极度下降。

【病因】

这种疾病由真鲷虹彩病毒感染引起。水温急剧变化、台风、暴风雨、巨浪等引起的应激，以及换料引起的摄食减少等都有可能增加发病率。

【对策】

发病季节来临之前，给予免疫增强剂和维生素制剂。发病后，限制摄食等措施有时可减轻危害，但是仅限于发病初期，病情发展到一定程度时就很难奏效。遮光和低密度饲养是有效的预防对策。因多数病例有并发的寄生虫感染，不驱除寄生虫，可能导致该病的发病率上升。故及早驱虫，有效地控制寄生虫的感染，可以减轻该病的发生。

（水野芳嗣）

由同样病因引起的出现类似症状的其他鱼种
五条鰤、杜氏鰤、真鲷、大甲鲹、真鲈、石鲷、七带石斑鱼、红点石斑鱼、点带石斑鱼、斜带石斑鱼、牙鲆

‖ 淀粉卵甲藻病
Amyloodiniosis

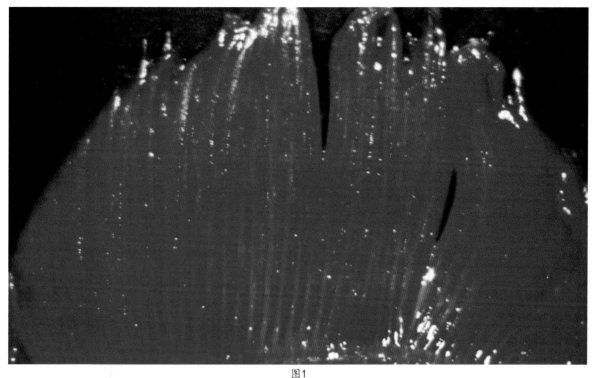

图1

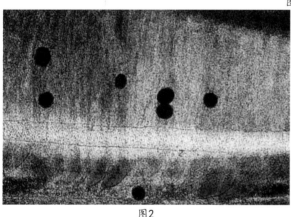

图2

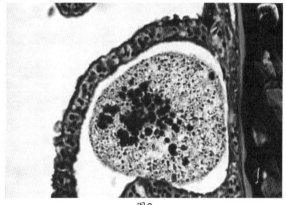

图3

在1997年7月，这种疾病发生于鹿儿岛县网箱养殖的体长9~11cm、体重26~37g红鳍东方鲀幼鱼，导致了大量鱼体死亡。

【症状】

濒死红鳍东方鲀离开鱼群独自游泳，摄食不良。病鱼外观消瘦，也可见体表和鳍条等出现咬伤。鳃稍褪色，虽然未见显著变化，但是肉眼可见鳃丝上有小白点状的东西（图1）。检查后发现，患病鱼鳃上有大量寄生虫虫体（图2：活标本；图3：病理组织标本，姬姆萨染色）。

该病寄生虫繁殖速度极快，不及时处理可能导致鱼体大量死亡。通常可见宿主有大量黏液异常分泌。这种疾病在大型鱼中也有发生。

【病因】

植物性鞭毛虫科的淀粉卵甲藻（*Amyloodinium ocellatum*）寄生在鱼体鳃部而引起这种疾病。虫体最初为梨形，随着发育的进程逐渐呈现球形。其虫体特征是在成熟虫体的一端有假根状突起，体内有多个淀粉颗粒（图3）。虫体长小于150μm，成熟后离开宿主形成孢子，不久在孢子内产生有双鞭毛的多个幼虫（12~15μm），幼虫在水中游泳，遇到宿主后用假根营寄生生活。

【对策】

由于这种疾病发生在高水温期，所以在这个时期如鱼出现食欲减少、黏液分泌异常等情况要引起注意。也有用一般寄生虫驱除法治疗这种疾病的情况，关键要早发现、早治疗。在水族馆常用硫酸铜治疗该病，但现在还没有可用于食用鱼的治疗药剂。

（畑井喜司雄）

由同样病因引起的出现类似症状的其他鱼种
牙鲆、水族馆饲养的海水鱼

车轮虫病
Trichodinosis

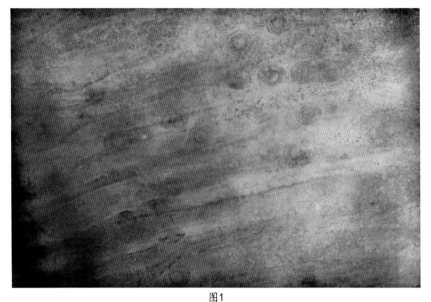

图1

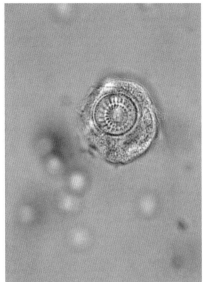

图2

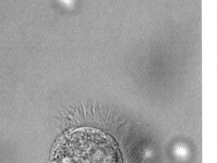

图3

图4

这种疾病由属于原生动物的车轮虫寄生幼鱼鳃部引起，大量寄生时也引起死亡。截至目前，从静冈县、熊本县的养殖场发现1个种，大分县的养殖场发现2个种。

【症状】

病原大量寄生在鳃，引起鳃表面的物理性损伤。和其他车轮虫病相同，由于黏液过度分泌和鳃丝的粘连、棍棒化等，病鱼发生呼吸困难、游泳不活泼。该病特别多发于高水温期。观察患病鱼的鳃，可见多个特殊形态的病原寄生虫（图1）附着其上，或在其周围游动（图2）。

【病因】

由原生动物车轮虫属（Trichodina）的纤毛虫大量寄生引起这种疾病。虫体从侧面看呈圆屋顶状（图3），直径40~50μm。底面有排列规则、带齿状体环的被称为吸盘的特有结构（图4），虫体用其吸附在鳃上。

鲀车轮虫（Trichodina fugu:图4）寄生情况最多，该种寄生虫在静冈、大分、熊本各县均有发现。具有细长的棍棒状的齿棘是其特征。在大分县发现的另外一种车轮虫，是在世界各地都可见的亚卓车轮虫（T. jadranica）。另外，在静冈县看到的有可能是与这些种类不同的车轮虫（未鉴定）。

【对策】

由于这种疾病容易发生在换水不良的地方，因此，发现患病之后应注意换水。避免高密度饲养，及时除去病死鱼和衰弱鱼也很重要。

（今井壮一）

由同样病因引起的出现类似症状的其他鱼种
鳗鲡、五条鰤、真鲈、牙鲆、鲑科鱼类、鲤科鱼类

黏孢子虫性消瘦病
Myxosporean emaciation disease

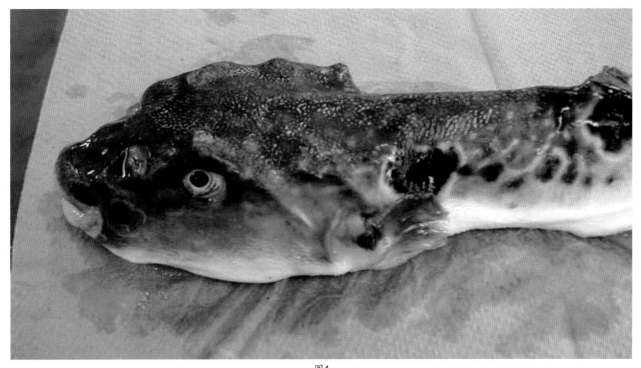

图1

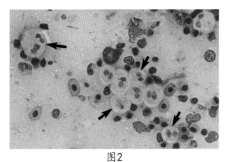

图2

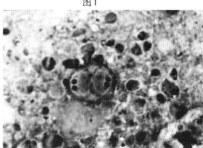

图3

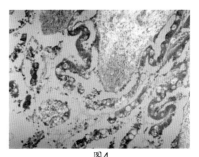

图4

（图1、图2由柳田哲夫提供）

这种疾病于1996年前后开始出现在九州地区的红鳍东方鲀养殖场，随后蔓延到日本各地。达到上市规格的鱼一旦发病，由于没有治疗方法，损失惨重。该病和其他一般的黏孢子虫病不同，其传播十分迅速，故需要特别注意。

【症状】

病鱼出现眼窝下陷，鳃盖消瘦，颅骨上翘等极度消瘦的症状（图1）。解剖可见肠道内有黏性液体（所谓的肠水），肠道管壁变薄呈透明状，肠绒毛缩短。

【病因】

由属于黏孢子虫类的肠道黏孢子虫（Enteromyxum leei）或河鲀黏孢子虫（Leptotheca fugu）在肠管组织内寄生引起。制作肠黏膜的压片标本并进行Diff-Quik染色，可观察到不少10~20μm的多核营养体（图2箭头）。黏孢子虫类薄壳虫有2个圆形极囊的豆粒状的孢子（图3）。肠道黏孢子虫基本上不形成孢子，因此，难以采用显微镜检查诊断。在组织学检查上，肠道黏孢子虫荧光增白2B染色呈阳性，严重寄生时导致上皮剥离，肠管组织严重崩解，这些是该病的特征（图4）。此外，在很多情况下肠管上皮也寄生河鲀黏孢子虫（Enteromyxum fugu），不过，一般认为其对鱼体没有直接的危害。

【对策】

肠道黏孢子虫的一大特征是可以从鱼传染到鱼。从病鱼的肠管排泄出的营养体，被其他的红鳍东方鲀经口摄入而不断扩大感染。因此，不但要尽快剔除病鱼，还应尽量控制引进容易成为感染源的中间宿主的鱼。在引进鱼类种苗时，应该进行上述3种病原的特异性PCR检测，做到防患于未然。肠道黏孢子虫在水温15℃以下停止发育，20℃以上开始增殖，因此有必要进行水温测定。另外，发现有这种疾病发生时，应该一次性将所有的鱼群从养殖场移出，切断感染源很重要；另一方面，河鲀黏孢子虫不会从鱼传染到鱼，因此有人认为该虫感染不会引起急速发病，但因不清楚河鲀黏孢子虫的生活环境，故无法采取积极的防治对策。

（横山博）

由同样病因引起的出现类似症状的其他鱼种
牙鲆、斑石鲷、真鲷

心脏库道虫病
Cardial kudoosis

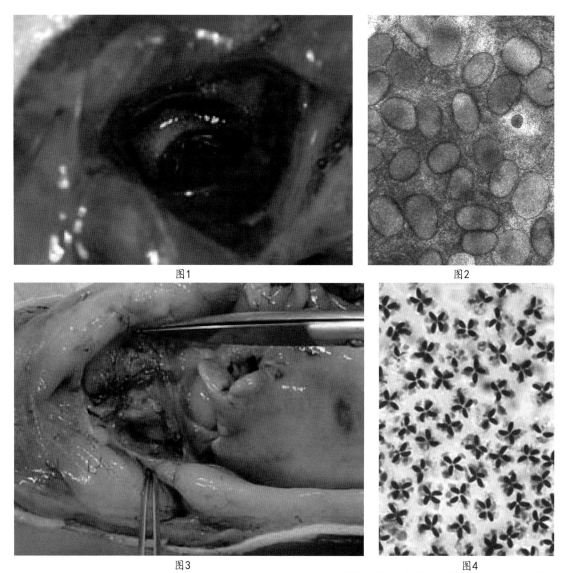

图1

图2

图3

图4

（图1、图4由小川和夫提供，图2、图3由杉原志贵提供）

在九州南部养殖的红鳍东方鲀的围心腔内多见该病病原虫体的寄生。这种寄生虫的寄生率和寄生强度有时很高，但是，尚不明了对宿主的危害。

【症状】

在围心腔以及心脏的外壁和内腔可见（图1）几个，多时几百个到数千个的白色椭圆形孢囊（0.5~3mm）。孢囊的数量越多，其平均体积越小。孢囊被来自宿主的结缔组织包围，在内部形成多个孢子（图2）。许多孢囊黏附在心脏表面，也有游离的。到目前为止，尚未确定对鱼体有多大的危害性。观察到虫体严重寄生时引起围心腔内壁和心脏粘连，呈茶褐色的干酪样病变（图3）。另外，推测寄生在心脏内腔的孢囊，或由其释放出的孢子有可能阻塞鳃丝的毛细血管。

【病因】

由属于多壳目的黏孢子虫清水库道虫（*Kudoa shiomitsui*）寄生而引起。该虫从上面观察呈圆角的四角形；

侧面看上部平坦，下部圆形膨出；直径8.6~8.9μm，长5.6~6.8μm；4个极囊呈梨形，长2.5~3.0μm（图4）。此外，在养殖五条鰤的围心腔内也可见同样的心脏库道虫病，这是由另一种被称作围心腔库道虫（*Kudoa pericardialis*）的寄生虫寄生引起的。其孢子形态和清水库道虫非常相似，但其直径为6~7μm，长4~4.2μm，明显小于清水库道虫，在这点上可以区别两者。

【对策】

据说使用地下海水的陆地养殖场不发生感染。由于对该虫的生活环境不清楚，故没有科学依据证实。一般认为用物理的方法，即除去混入饲养水中的感染媒介（可能是放线孢子虫）能够预防该虫的感染。

（横山博）

由同样病因引起的出现类似症状的其他鱼种
牙鲆、杜氏鰤

新本尼登虫病
Skin fluke infection (Neobenedeniosis)

图1

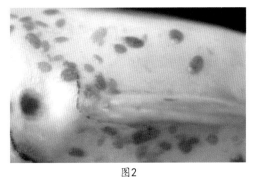

图2

图3

图4
（图1至图3由杉田显浩提供）

　　新本尼登虫是随着从中国引进杜氏鰤的种苗一同被带进日本的寄生虫。已知该虫能寄生在很多种类的鱼体上，1991年初次在红鳍东方鲀中确认有寄生现象，其后在日本全国的红鳍东方鲀养殖场均有发现。

【症状】

　　基本上和五条鰤的本尼登虫症的症状相同。这种寄生虫由后端的固定盘和口前吸盘吸附寄生在鱼体表（图1）。该虫寄生在鱼体的腹侧时容易被找到（图2），而寄生在背侧时则难以被发现（图3：淡水浸泡后由于虫体变白，容易看见）。经常由于发现太晚而造成受感染鱼大量死亡。

【病因】

　　由单殖吸虫类的新本尼登虫（*Neobenedenia gire-llae*）寄生在鱼体表引起这种疾病。该虫成虫体长3~8mm（图4：有关铁苏木精染色标本形态和生物学特性请参照杜氏鰤的本尼登虫部分）。在水族馆饲养的红鳍东方鲀，曾经有寄生新本尼登虫属的石斑本尼登虫（*Benedenia epi-nepheli*）的记录，在网箱养殖的红鳍东方鲀未观察到（关

于该寄生虫的说明请参见牙鲆的本尼登虫病部分）。与其他养殖鱼类的新本尼登虫病同样，这种疾病的危害集中在夏季。从新本尼登虫的宿主特异性低这点来看，不仅仅在红鳍东方鲀，还包括其他种类的养殖鱼和野生鱼在内，都有感染环节成立的可能性。尚未确认寄生在红鳍东方鲀的该虫是否能越冬。

【对策】

　　作为驱虫法，可进行3~5min淡水浴或以过氧化氢为主要成分的药浴。在网箱养殖时，附着在网上的虫卵是主要的传染源。由于虫卵的孵化在25℃条件下需5~6d，27~30℃需要4d，因此，在夏季换网作业实际效果不大。由于这种疾病危害严重，早期发现并在虫体大量寄生之前进行驱虫非常重要。

（小川和夫）

由同样病因引起的出现类似症状的其他鱼种
杜氏鰤、牙鲆、真鲷

‖ 三代虫病
Gyrodactylosis

图1

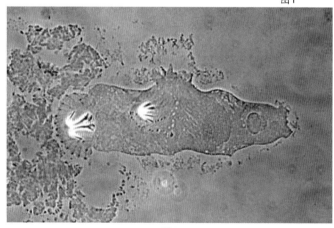

图2

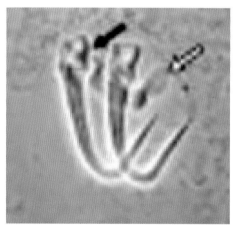

图3

（图1由山本贤治提供）

这种疾病是1980年以来，随着网箱养殖红鳍东方鲀的盛行而发生的寄生虫病。

【症状】

在虫体寄生的初期，未见外观症状，故难以诊断。当虫体大量寄生以后，可见患病鱼游泳不活泼，摄食不良，体表部分白浊、出血、溃疡等（图1）。由于这些症状均不是这种疾病的特征性症状，因此，诊断需要在鱼体患部确认虫体。

【病因】

属于单殖吸虫类的红鳍鲀三代虫（*Gyrodactylus rubripedis*）寄生在鱼体表或鳍条是发病原因（图2：箭头所指为虫体中央子宫内的幼虫，压平固定标本）。该寄生虫为0.4~0.6mm的小型虫体，由位于后端的膜状固定盘的2根钩和16个边缘小钩固定附着。三代虫的种类繁多，红鳍鲀三

代虫宿主特异性强，只有这种寄生虫寄生在红鳍东方鲀的报道。其特征是钩前端向腹侧弯曲，连着2根钩的腹侧支持棒两端有耳状突起（图3：黑色箭头表示钩的弯曲，白色箭头表示支持棒的突起）。体前有黏附腺开口。用虫体的前端和后端进行移动，状似尺蠖，摄食体表的上皮组织。一年中长期寄生于养殖的红鳍东方鲀。由于该虫体型小，少量寄生时不出现问题。冬天有寄生数量增加的倾向。

【对策】

对病鱼进行淡水浸泡有驱虫效果。但是，浸泡时间和水温与驱虫效果的关系尚未见详细研究。

（小川和夫）

由同样病因引起的出现类似症状的其他鱼种
无

异盘钩虫病
Gill fulke disease (Heterobothriosis)

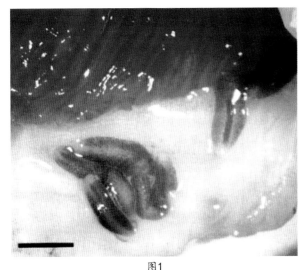

图1

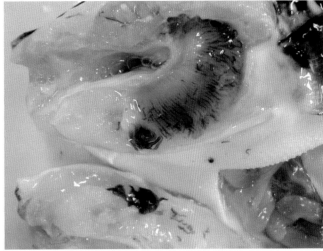

图2

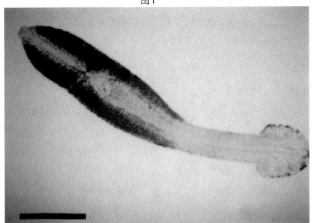

图3

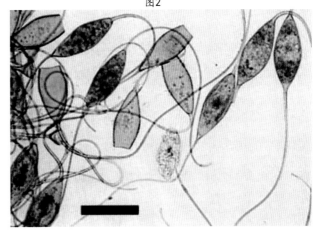

图4

（图1、图3、图4由中根基行提供）

　　该病1963年初次被报道引起养殖红鳍东方鲀大量死亡，1980年以后给养殖红鳍东方鲀带来严重危害。

【症状】

　　大量的未成熟虫寄生在鳃，成虫（图1）寄生在鳃盖壁，导致患病鱼出现贫血症状。鳃褪色（图2），有时可见体色黑化，不过，在诊断时有必要通过解剖找到虫体。成虫在口腔壁内将身体的后半部深埋其中，有时引起寄生部位的炎症和继发感染。大量寄生时，导致贫血引起患病鱼死亡。寄生严重时，从鳃中可见带着丝的虫体浮游于水中，在养殖网箱上也可以观察到缠绕着大量虫卵的情况。

【病因】

　　单殖吸虫类异盘钩虫科的冈本异盘钩虫（*Heterobothrium okamotoi*）的成虫（图3）或未成熟虫寄生在鳃或鳃盖壁吸食红鳍东方鲀的血液而引发该病。1个成虫在25℃条件下1d能产450枚卵。由于虫卵为丝线念珠状，很容易缠绕在养殖网箱上（图4）。虫卵在20℃经7d孵化，幼虫在孵化后2d就具有很强的寄生能力。幼虫的密度比海水大，具有移动性，能自然下沉。在养殖场水温25℃以上的7～8月寄生少，水温开始下降的9月以后寄生急剧增加。

【对策】

　　用过氧化氢药浴或口服芬苯哒唑制剂驱虫。特别是针对吸血量多的成虫，口服驱虫药是有效的，加上换网等对虫卵的驱除效果更好。另外，可以考虑增加稚鱼和已经发现寄生虫的次年鱼的网箱的距离，减少虫体对稚鱼的早期寄生。对同一湾内的养殖场一齐实施以上防控措施，可以减少这种寄生虫寄生的绝对量。

（木村武志）

由同样病因引起的出现类似症状的其他鱼种
无

伪鱼虱病
Pseudocaligus infection（Pseudocaligosis）

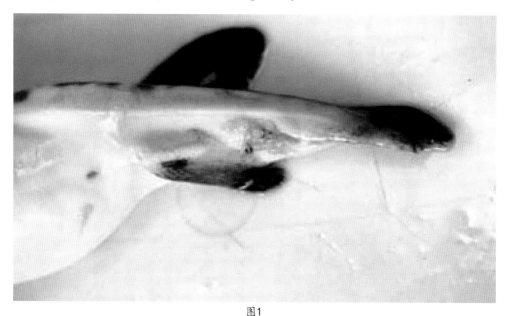

图1

图2

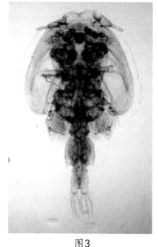

图3

图4

这是一种随着红鳍东方鲀网箱养殖的发展而经常发生的寄生虫病。

【症状】

这种疾病的危害性不大，少量寄生不会对鱼体有什么危害。不过，大量寄生（图1）时可引起患病鱼的摄食不良，有时导致鱼体表受伤，因此，适当的处理还是有必要的。

【病因】

这种疾病由属于寄生性甲壳类的河鲀伪鱼虱（*Pseudo-caligus fugu*）在红鳍东方鲀体表寄生（图1）而引起。在虫体头胸部的背面愈合形成的背甲上，有多个褐色斑点是该虫的特征。该虫使用头端的1对和背甲紧密结合的吸盘状构造吸附在红鳍东方鲀体表，使用头胸部和腹部的附属肢在鱼体表移动，用筒状口器顶住鱼体表，用大颚抓住皮肤组织并摄食。综合迄今为止报道过的测定值，雌性（图2）体长3.1~4.6mm，雄性（图3）体长2.3~3.3mm。

刚孵化出来的幼虫营自由生活，能感染鱼的阶段是桡足幼虫，寄生鱼体时变态为用前额丝系附在体表或鳍条的鱼虱幼虫，其后前额丝脱落发育为前成虫、成虫。成虫也可以离开宿主，在水中游泳寄生到其他鱼体上。有在野生红鳍东方鲀鳃中寄生鱼虱的文献资料，不过，在养殖红鳍东方鲀中尚未得到确认，已知仅有该种虫的寄生。另外，与腹部第四足发达的鱼虱属相比，伪鱼虱属的第四足已经退化，用此点可以区别两者（图4箭头所示）。

【对策】

以过氧化氢为主要成分的水产用医药品，药浴时间20min，比驱除鰤本尼登虫（*Benedenia seriolae*）的设定时间要长。淡水浸泡或浓盐水浸泡的效果不确定。此外，虫卵没有缠绕在网箱的特性，故换网不能作为防治这种疾病对策。

（小川和夫）

由同样病因引起的出现类似症状的其他鱼种
星点东方鲀、豹圆鲀、小点鲀

血居吸虫病
Blood fluke disease

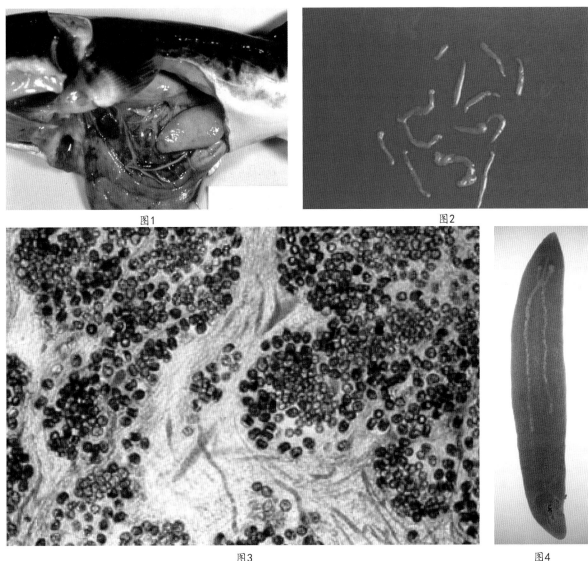

图1

图2

图3

图4
（图1至图3由杉田显浩提供）

　　1993年在若狭湾的蓄养红鳍东方鲀中发生该病病例，最近在中国产的鱼苗中发现大量虫体寄生，成为严重的问题。

【症状】

　　将春天在若狭湾捕获的产卵后的亲鱼蓄养至夏天后，发现有这种寄生虫大量寄生的现象。患病鱼在外观上不表现出特征性的病变，解剖后可见重症鱼的内脏血管扩张（图1）。重症鱼表现出摇摇摆摆的游动，或肚皮朝上仰泳等异常游泳状态。虫体寄生在内脏血管内，从被严重寄生的鱼血管中很容易收集到虫体（图2）。虫体所产的卵阻塞内脏毛细血管。镜检肠管、肝脏、肾脏、脾脏等主要器官可见大量虫卵（图3）。患病鱼出现慢性死亡，死因可能为虫卵阻塞血管。2005年养殖中国产的鱼苗时，出现相同症状的鱼体大量死亡的情况。

【病因】

　　病原为血居吸虫属的血管内吸虫，种名未定（*Pset-tarlum* sp.）。寄生在蓄养红鳍东方鲀的虫体长6~10mm（图4：铁苏木精染色标本），寄生在中国产鱼苗的虫体长3~5mm。由于虫体长度差异大，两种寄生虫可能是不同的种类。尚缺乏该虫侵入鱼体的时期、发育成熟的天数、寿命等生物学和形态学的资料。日本的其他鲀类（小点鲀、星点东方鲀等）也有类似的血管内吸虫（未记载）的寄生，是与本吸虫不同的种。

【对策】

　　通过确认内脏血管内的虫体或内脏和鳃内的虫卵可以诊断这种疾病。在该吸虫的生活史中肯定存在着中间宿主，但尚不明确。中国产的鱼苗在进口时已经被寄生。未确认有中国产鱼苗的寄生虫传染给日本产的养殖红鳍东方鲀的病例。对这种疾病尚未确立有效的防治对策。

（小川和夫）

由同样病因引起的出现类似症状的其他鱼种
无

大甲鲹
Striped Jack

收载鱼病

病毒病

病毒性神经坏死病（VNN）/真鲷虹彩病毒病

细菌病

假单胞菌病/链球菌病（格氏乳球菌感染症）

寄生虫病

皮肤鱼虱病/大甲鲹贝蒂虫病

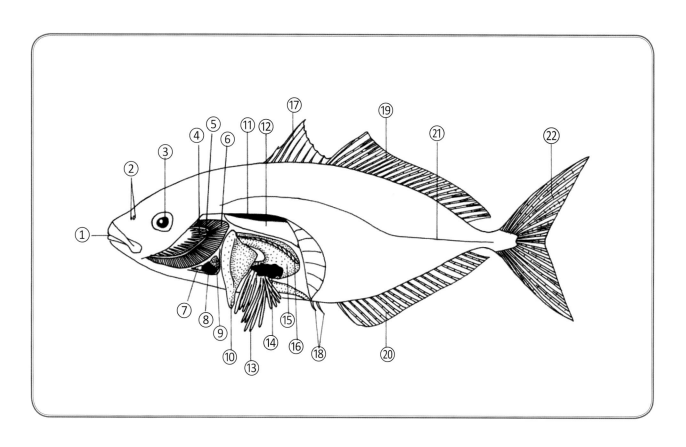

①口 ②鼻孔 ③眼睛 ④鳃耙 ⑤鳃弓 ⑥鳃丝 ⑦动脉球 ⑧心室 ⑨心房 ⑩肝脏 ⑪肾脏 ⑫鳔 ⑬幽门垂 ⑭脾脏 ⑮胃 ⑯胆囊 ⑰第一背鳍 ⑱背鳍棘 ⑲第二背鳍 ⑳臀鳍 ㉑侧线 ㉒尾鳍

病毒性神经坏死病（VNN）
Viral nervous necrosis

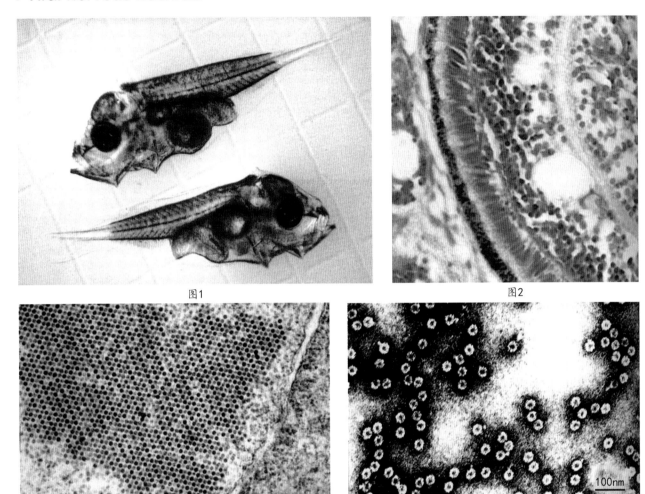

图1

图2

图3

图4

　　该病于1990年前后发生在长崎县等地的大甲鲹仔鱼。在日本，除大甲鲹外，牙鲆和七带石斑鱼等也受到这种疾病的危害。亚洲各国、澳大利亚、地中海诸国、挪威、美国、加拿大等的30多种海水鱼都有发病报道，而且死亡率都很高。该病又称为病毒性脑和视网膜病（VER:Viral encephalopathy and retlnopathy）。

【症状】

　　该病主要发生在孵化后到全长8mm的仔鱼，几天时间内就可以导致全军覆没。病鱼以体色变黑和游泳异常为特征。消化道内无内容物，个别患病鱼鳔胀气（图1上为正常鱼，下为病鱼）。

　　在组织学检查中可见中枢神经系统和视网膜（图2）形成大型空泡，在神经细胞的细胞浆内有高密度、结晶状排列的球形病毒颗粒（图3）。此外，鲹科等鱼类在幼鱼到稚鱼期也可能因感染此病而死亡。

【病因】

　　病原病毒（SJNNV）为25nm的正二十面体构造，无囊膜（图4）。SJNNV及其他鱼种的该病病毒，在分类上属于野田病毒科β野田病毒属（Betanodavirus, α野田病毒属来源于昆虫）。以其外被蛋白包膜RNA2的碱基配对为依据，该病毒主要有4个基因型，一般认为各基因型的宿主特异性不同。

【对策】

　　因为大甲鲹主要的感染源为产卵的亲鱼，所以产卵前需要对亲鱼的卵巢进行病毒检查（主要使用PCR法）。在剔除感染亲鱼的同时，对受精卵和养殖用水使用臭氧进行消毒，可防止病毒垂直和水平传播。考虑到诱导产卵处理的应激可能是导致病毒增殖的诱因，故减轻对亲鱼的刺激是非常重要的。

　　另外，最近有从饵料鱼中检出该病毒的报道。因此，有必要注意饵料带来的病毒对亲鱼以及设施的污染。

（中井敏博）

由同样病因引起的出现类似症状的其他鱼种
石鲷、牙鲆、红点石斑鱼、七带石斑鱼、云纹石斑鱼、红鳍东方鲀、圆斑星鲽、真鳕、真鲈

真鲷虹彩病毒病
Red sea bream iridoviral disease

图1

图2

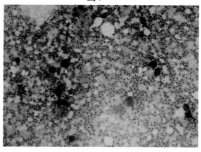

图3

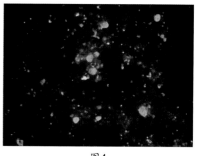

图4

在水温25℃以上的高水温期，以真鲷为首的众多海水养殖鱼类可发生真鲷虹彩病毒病，并造成损失。大甲鲹在高水温期虽然也可能发生这种疾病，但发病增多是在晚秋（20~23℃），有长期持续死亡的情况。

【症状】

患病鱼肉眼可见的特征性症状为鳃、肝脏褪色（图1），脾脏肿大。不过，上述症状不明显的个体也很多。用显微镜观察患病鱼鳃丝鲜标本时，可见大量的黑褐色点（图2）。作为诊断这种疾病的简易方法，可将脾脏压片标本进行姬姆萨染色，如确认有异形肥大的细胞（图3）便可诊断这种疾病。

【病因】

这种疾病由属于虹彩病毒科的真鲷虹彩病毒（RSIV:Red seabream iridovirus）感染引起。使用与RSIV反应的单克隆抗体的荧光抗体法，在病鱼脾脏压片标本中可以观察到阳性细胞（图4）。

【对策】

预防该病理想的方法是稚鱼期（10~70g）注射灭活疫苗。注射疫苗的鱼群，保持良好的养殖环境和营养状态，避免其免疫机能下降，时刻注意正确的饲养管理也十分必要。因长尾鱼虱（*Caligus longipedis*）的寄生造成体表损伤的鱼容易感染该病。因此，针对寄生虫的防治对策也很重要。另外，在该病流行之前，补充饲料中的维生素类（维生素C和维生素E等）是降低这种疾病危害的有效手段。

（福田穰）

由同样病因引起的出现类似症状的其他鱼种
真鲈、石鲷、五条鰤、杜氏鰤、真鲷、双棘石斑鱼、点带石斑鱼、斜带石斑鱼、牙鲆、红鳍东方鲀

假单胞菌病
Pseudomonas infection

图1

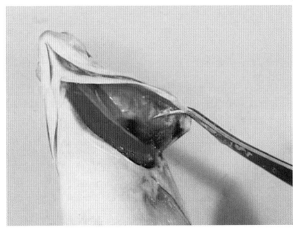

图2

图3

该病主要发生在2～4月的低水温期（20℃以下），有时给大甲鲹的养殖带来极大的危害。日死亡率在0.1%～1%，由于死亡可长期持续，累计死亡率有时达20%～30%。

【症状】

重症患病鱼的食欲下降，游泳不活泼。病鱼外观症状以吻部、鳃盖外侧及内侧的发红和出血为特征（图1、图2），部分个体可见眼球出血和尾柄部发红。虽然肉眼可见的内部症状不明显，不过，多数患病鱼体可见脑部发红（图3）。

【病因】

由鳗鲡红点病的病原、革兰氏阴性杆菌——鳗败血性假单胞菌（*Pseudomonas anguilliseptica*）感染所引起。用普通琼脂培养基可从病鱼的肾脏以及脑中分离出这种致病菌（有关该菌的性状请参照"鳗鲡红点病"）。

【对策】

该病的发生以及危害集中在低水温期。因此可以推断这种疾病起因于大甲鲹的防御机能下降。该病随着春季水温上升而自然平息。

（福田穰）

由同样病因引起的出现类似症状的其他鱼种
真鲈、杜氏鰤、三线矶鲈、真鲷

链球菌病（格氏乳球菌感染症）
Lactococcicosis

图1

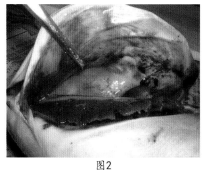

图2

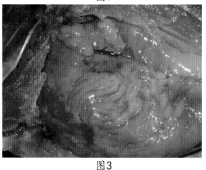

图3

图4

　　这种疾病为大甲鲹细菌性疾病中发病率最高的。每年都持续引起损失。这种疾病属全年发生型，但流行期主要在6～10月水温20℃以上的时候。与稚鱼相比，成鱼的发病率高，达到上市规格的鱼也经常发病。最近，该病与寄生虫感染或其他细菌性疾病并发的现象增多，加重了危害。

【症状】

　　外观以体表及各鳍条基部的出血、尾柄部以及胸鳍条基部的脓肿为主要症状，表现出与五条鰤链球菌病相类似的症状，特别是从吻端到鳃盖的发红特征（图1）。另外，鳃盖内侧严重的充血也是很显著的特征（图2）。解剖后可见肝脏变色和萎缩，腹腔内脂肪过多，常可观察到蜡样沉积（图3）。被感染的鱼食欲不减，也不消瘦。外表肥胖的鱼感染较严重。

【病因】

　　该病由格氏乳球菌（*Lactococcus garvieae*）感染引起。虽然病名称为链球菌病，但病原菌不是球形，而是椭圆形（图4）。患病鱼寄生本尼登虫和鱼虱的现象也很多。另外，肥胖鱼群发病较多。虽然，病原菌的感染是发病的主要原因，但是，寄生虫寄生和肥胖可以成为这种疾病的诱因。

【对策】

　　目前，这种细菌对以红霉素为首的大环内酯类抗生素显示出高度敏感。由于并发寄生虫感染的情况很多，故通过定期驱虫可以减轻这种疾病的危害。推测脂肪过多也是助长发病的因素，因此，有必要调整饲料中的脂肪含量。鱼体重差异大、饲养密度高的网箱损失大，故良好的饲养管理可以有效地预防该病的发生。

（水野芳嗣）

由同样病因引起的出现类似症状的其他鱼种
五条鰤、杜氏鰤、黄尾鰤、真鲈、竹筴鱼

皮肤鱼虱病
Dermal caligosis

图1

图2

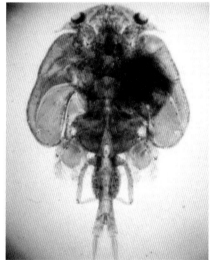

图3

图4

这种疾病是随着大甲鲹养殖的盛行而逐渐增多的寄生虫病。养殖场养殖密度的增加与最近这种疾病发生增加有密切的关联。

【症状】

如果鱼体寄生的虫体数量少，一般不会成为问题。如果一尾鱼体上有数百个虫体寄生的话（图1），患病鱼开始在网箱的表层游泳。仅仅因为该虫的寄生而导致鱼死亡的情况几乎没有，但因患病鱼有外伤会丧失商品价值。患病鱼会出现摄食不良状态。

【病因】

寄生性甲壳类的皮肤鱼虱（*Caligus longipedis*）在鱼体表寄生（图1）引发这种疾病。雌虫（图2）体长4.1~4.6mm，雄虫（图3）体长3.4~6.6mm。大甲鲹以外的

野生鱼类也有该虫寄生，但是，养殖鱼中只有大甲鲹被寄生。雌虫的卵囊从开始游动的孵化幼体开始，经过两次蜕皮到能感染鱼的桡足幼虫阶段。其接触大甲鲹后寄生在体表或鳍条，发育为附着幼虫（图4）；经过反复蜕皮，脱落成为前成虫，在体表来回移动；在这一时期交尾，然后成为成虫。水温20℃时，幼虫寄生10d后发育为成虫。

【对策】

淡水浴或浓盐水浴对该病不太有效。另外，虫卵没有黏附在网箱上的特性，故换网也不能作为预防的对策。

（小川和夫）

由同样病因引起的出现类似症状的其他鱼种
无

大甲鲹贝蒂虫病
Ceratothoa infection

图1

图2

图3   图4

野生大甲鲹的口腔内有大型甲壳类寄生虫的寄生。捕获天然大甲鲹种苗进行养殖时，也有同样的寄生情况，故认为在鱼苗时鱼体就已经被寄生了（图1、图2）。

【症状】

没有特别明显的外观症状。不过有时可观察到被寄生的鱼有消瘦的情况。因此，有人认为可能是由于虫体的寄生而影响宿主的摄食。未见其他有关致病性的资料。

【病因】

等足类的大甲鲹贝蒂虫（*Ceratothoa trigonocephala*）在鱼口腔内寄生引起这种疾病（图3为虫体的背面观；图4为腹面观，左为雌虫，右为雄虫）。该虫雌雄配对寄生，

雌虫比真鲷的缩头水虱细长得多。雌虫体长30mm，雄虫比雌虫小，体长大约12mm。雌虫头部朝向海鲷口的方向，似骑在舌上的姿势。虫体前端钩爪状的胸足（图4）抓住舌体（图2）。雄虫在雌虫的附近，寄生在口腔壁上。雌虫用腹侧的育幼房保育幼虫，幼虫的放出量和时期不明。也不清楚虫体的寿命。

【对策】

尚未研究。

（小川和夫）

由同样病因引起的出现类似症状的其他鱼种
无

其他海水鱼
Other marine fishes

收载鱼病

病毒病

病毒性神经坏死病（VNN）/病毒性出血性败血症（VHS）

细菌病

细菌性肉芽肿病/无色杆菌病/链球菌病（海豚链球菌感染症）/假单胞菌病/弧菌病/链球菌病（格氏乳球菌感染症）

寄生虫病

本尼登虫病/微杯虫病/血居吸虫病/囊双吸虫病/心脏尾孢虫病/脑库道虫病

病毒性神经坏死病（VNN）
Viral nervous necrosis

图1

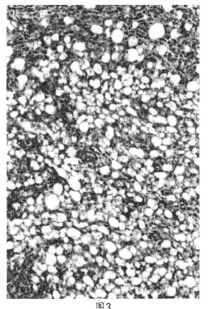

图3

图2

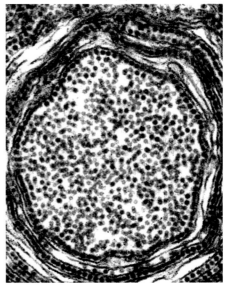

图4

这种疾病发生于世界各地30种以上的海产鱼。多数鱼类发病仅限于稚鱼、幼鱼期，数种双棘石斑鱼类和欧洲真鲈等育成阶段也发生这种疾病。

日本从20世纪80年代中期开始，在育成阶段（鱼苗引进后不久到上市规格）的真双棘石斑鱼多发这种疾病，由于患病鱼出现特征性游泳状态，这种疾病又被称为"翻转病"。发病时期从夏季到秋季，死亡率有时超过50%。

【症状】

病鱼以翻转状态在水面游动（图1）。此外，病鱼横卧于网底的情况也不少见。行翻转游动的患病鱼出现鳔扩张症状（图2）。

【病因】

在脑脊髓以及眼球网膜的神经组织，可见神经细胞坏死和形成空泡等病理组织学变化（图3）。在这些病变部位的神经细胞内，多数可以观察到直径25~30mm的球形病毒颗粒（图4）。该病毒被分类归于野田病毒科β野田病毒属（Betanodavirus）。该病毒对神经组织的损伤是引起患病鱼游泳异常和死亡的原因。

【对策】

可在高水温期限制投放饵料，但是这种措施的效果也不是很明显。

（田中真二）

由同样病因引起的出现类似症状的其他鱼种
云纹石斑鱼、牙鲆、丝背细鳞鲀

病毒性出血性败血症（VHS）
Viral hemorrhagic septicemia

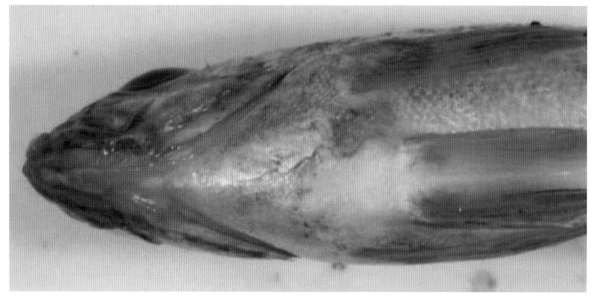

图1

图2

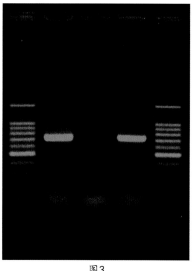

图3

2001年在四国的养殖场确认了该病的发生。发生时期为在鲴种苗引入的1～4月（水温14~18℃），发病时的鱼体重为20~30g，多在种苗从海外引入之后马上发生。日间死亡率有时达到6%。

【症状】

病鱼特征为从口唇部到腹鳍有擦痕（图1），病鱼大多快速旋转游泳。解剖可见脾脏肥大（图2）。

【病因】

病原为有囊膜、呈子弹形或玉米形的弹状病毒科（*Rhabdoviddae*）的病毒。该病毒对酸（pH 3）、碱（pH 11）和热（56℃，30min）不稳定。在来源于鱼类的细胞系中，这种病毒对FHM细胞表现高度敏感。这种病毒的血清型与牙鲆的VHS相同，为北美型。

诊断时可以利用脏器材料，使用RT-PCR法、脏器压片间接荧光抗体法以及FHM细胞分离病毒法。到目前为止，病毒分离法最可靠。

但是，作为濒死鱼或死亡鱼的快速诊断法，可以利用脏器材料采取RT-PCR法（图3），或脏器压片的间接荧光抗体法。

【对策】

由于该病是病毒性疾病，没有有效的治疗方法。因此，避免从怀疑感染的区域引进鱼苗以及剔除感染的死鱼是重要的对策。

该病毒对各种消毒剂的敏感性和IHN病毒相同，可以应用与IHN防治对策相同的方法，对养殖环境和用具进行消毒。

（川上秀昌）

由同样病因引起的出现类似症状的其他鱼种
牙鲆、真鲷、玉筋鱼（暂养中）

细菌性肉芽肿病
Bacterial granulomatosis

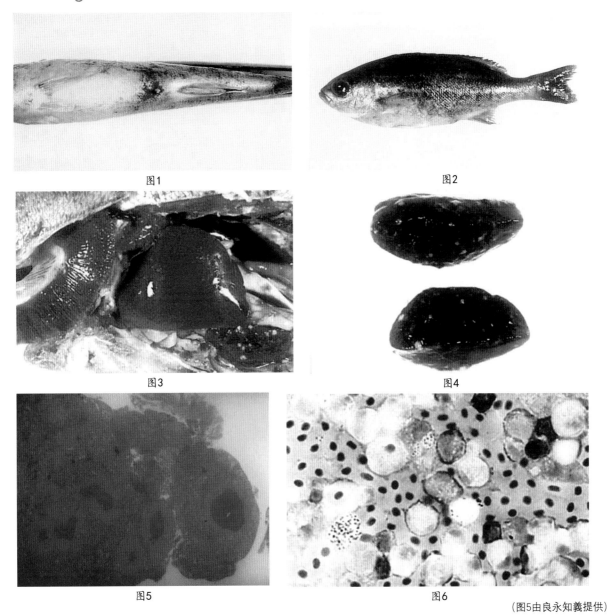

图1

图2

图3

图4

图5

图6

（图5由良永知義提供）

【病因】

　　1999年在养殖的中国产的三线矶鲈中，该病首次被确认是由细胞内细菌寄生引起的感染性疾病。这种疾病发生与否与年龄无关，从10g以下的当年鱼到500g以上的3龄鱼均能发病。发病期间的水温在17~30℃，高峰期的水温为24~25℃。高峰期的日死亡率为0~0.6%，累计死亡率达5%~30%。该病对小型鱼群的危害更严重，日间死亡率达5.7%，累计死亡率有时达到60%。

【症状】

　　检查患病鱼的外观症状时，可在很多患病个体中观察到肛门发红（图1），有的个体可见体表（图2）及鳃丝出血。内部症状可见肾脏及脾脏出现大量的小白点（图3、图4），有的个体在肝脏也可见到同样的病变。图5为在肾脏形成的大量肉芽肿。

【病因】

　　将病鱼的肾脏和脾脏压片标本用美蓝或M-G染色，显微镜观察可见直径0.5~1.0μm的球形菌寄生在细胞内（图6）。该细菌革兰氏染色为阴性，吖啶橙荧光染色呈橙黄色。该细菌可以用血红蛋白加胱氨酸心浸液琼脂培养基分离。根据遗传子解析结果，2009年这种细菌被定为弗朗西氏菌属（*Francisella*）的弗朗西氏菌东方新亚种（*F. noa-tunensis* subsp.*orientalis*）。

【对策】

　　目前尚不知有效的对策。因此，这种疾病发生后只能采取尽快剔除病死鱼等一般处理方法，防止病害蔓延。

（福田穰）

由同样病因引起的出现类似症状的其他鱼种
尚不清楚

无色杆菌病
Achromobacter infection

图1

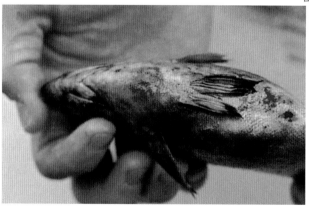

图2

图3

　　该病与鱼年龄无关且常年可见，低水温期容易发病。一旦发病，呈长期流行，累计损失甚大，值得注意。

【症状】

　　患病鱼体表呈擦伤样外观，可见黏液分泌增多、出血（图1、图2）。此外，出现眼球白浊的个体也很多（图3）。病鱼游泳不活泼，停止摄食，在网箱角落浮游，不久死亡。病鱼的脾脏和肾脏肿大，胃和肠道多充满水样物质。

【病因】

　　这种疾病是由某种无色杆菌（*Achromobacter* sp.）引起的细菌病。该菌是无运动性、不产色素、不利用糖的革兰氏阴性杆菌，最适宜的发育条件为pH 7.2~8.4，温度26~27℃，食盐浓度0~0.75%。可以用SIM培养基和CTA培养基培养这种细菌。实验性感染五条鰤显示，该菌具有强致病性。

【对策】

　　为了防止再发生感染，一旦发现濒死的鱼，应立即淘汰。

（畑井喜司雄）

由同样病因引起的出现类似症状的其他鱼种
无

链球菌病（海豚链球菌感染症）
Streptococcicosis

图1

图2

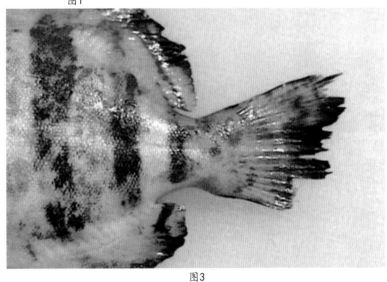

图3

（图由井上洁提供）

　　该病在夏季到秋季的高水温期发生。其危害因饲养条件不同而异，通常死亡率很高，有时几乎全军覆没。已知该病也发生在同一属的石垣鲷，与石鲷相比，石垣鲷受损较少。

【症状】

　　病鱼（图1）的特征性外观症状为眼球突出（图2）和出血，也能观察到鳍条以及鳍条基部发红（图3）。内脏可见肝脏和脾脏的肿胀症状。

【病因】

　　由革兰氏阳性的β溶血性链球菌的海豚链球菌（Strep-tococcus iniae）感染所引起。可以从病鱼的脑和肾脏分离到细菌，用抗血清对分离菌进行凝集反应可诊断该病。

【对策】

　　一般认为该病的发生与饲养条件密切相关，治疗时必须改善饲养条件。另外，体表寄生保科本尼登虫（Benede-nia hoshinai）等的鱼群容易感染该病。因此，为了预防该病，经常驱除寄生虫也很重要。

（福田穰）

由同样病因引起的出现类似症状的其他鱼种
五条鰤、牙鲆、篮子鱼、魞、大陆真鲈、石鲷、斑鳍六线鱼、鲴、丝背细鳞鲀、鲑科鱼类、鳗鲡、香鱼

假单胞菌病
Pseudomonas infection

图1

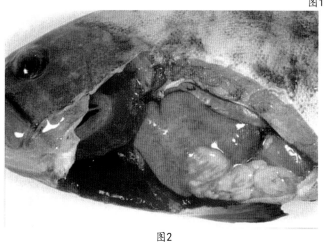

图2

图3

　　1995年的低水温期，从韩国引入日本不久的真双棘石斑鱼鱼苗（体重24~106g）发生了这种疾病。到平息为止的1个月的时间里，累计死亡率约为30％。不清楚鱼苗引入时是否已经感染了该病。随后，在日本国内包括育成的真双棘石斑鱼在内，可散见该病的发生。

【症状】

　　典型的病鱼在体表出现伴随脱鳞的擦伤样症状，也可见出血（图1）。肉眼可见的内部症状不明显，有的个体肝脏轻度出血（图2），有时可见脾脏肿大。重症鱼表现食欲缺乏。

【病因】

　　这种疾病由革兰氏阴性杆状的鳗鲡败血假单胞菌（*Pseudomonas anguilliseptica*）感染引起。

【对策】

　　感染初期，可见轻度症状的鱼体表鳞片部分脱落（图3），此时可确认发生了该病。

（福田穰）

由同样病因引起的出现类似症状的其他鱼种
斑石鲷

弧菌病
Vibriosis

图1

图2

图3

图4

近几年，竹筴鱼养殖业在离大都市不远的主要消费地附近发展。7~10月的高水温期，竹筴鱼会出现这种疾病并出现死亡。出现类似病症为弧菌病的可能性很大，需要尽早治疗。该病在高水温期发病，患病的不是稚鱼，而是体重100g左右的育成鱼，如果对这种疾病置之不理，饲养鱼的死亡率可达30％。

【症状】

患病鱼多离群，游泳无力。在濒死鱼的体侧部和内脏不表现病症，而在眼及其周围出现特征性症状（图1），病变的程度存在个体差异。通常，最初为眼发红（图2），或白浊（图3）、突出，不久眼球脱落（图4）。有时眼周边部发红（图2）。

【病因】

从眼及内脏各器官可分离培养出发育迅速、近似副溶血性弧菌（Vibrio parahaemolyticus，肠炎弧菌）的细菌。该细菌生长的适宜温度比副溶血性弧菌低，42℃时不能生长。此外，两者的生化特性也存在许多差异。因此，根据这些可认定病原菌是广义的副溶血性弧菌。攻毒实验确认，该菌对竹筴鱼有强致病性。

【对策】

由于病原菌对盐酸四环素有高度敏感性，口服该药可以避免病鱼死亡，但是，停药后可复发。

（畑井喜司雄）

由同样病因引起的出现类似症状的其他鱼种
无

链球菌病（格氏乳球菌感染症）
Lactococcicosis

图1

图2

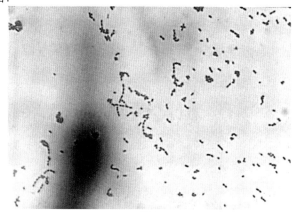

图3

这是在竹䇲鱼养殖中发生的疾病。由此病导致养殖产量的损失，占生产量的5%~6%。

这种疾病和五条鰤的链球菌病的流行状况相同，多在水温上升期发生。另外，如果在这一时期进行筛选、分养、换网等作业的话，有时可导致成为慢性型疾病。近几年，这种疾病的危害有上升的趋势。

【症状】

病鱼狂奔游泳，眼球突出、白浊是特征性的外观表现。如症状进一步发展，眼球脱落（图1、图2），在尾柄部可见肿胀隆起。观察内部，可见鳃盖内侧发红，心外膜炎，肝脏褪色或充血等与五条鰤的链球菌病相似的症状。

【病因】

病原菌和五条鰤的链球菌病相同，为格氏乳球菌（Lac-tococcus garvieae）。该菌是2链或者链球状的革兰氏阳性菌（图3）。

【对策】

有计划地在水温上升期和高水温期降低饲养密度，保持营养平衡等良好的日常管理是重要的预防对策。

作为治疗对策，可口服抗生素，主要有氟苯尼考等。投药之前进行药敏试验，然后给药，可获得理想的治疗效果。

（花田博）

由同样病因引起的出现类似症状的其他鱼种
五条鰤、杜氏鰤、大甲鲹、澳洲鲭

链球菌病（格氏乳球菌感染症）
Lactococcicosis

图1

　　该病主要发生在高水温期（24℃以上），与养殖鲐的年龄无关。日间死亡率多在0.1%~0.3%，不过，有时根据成鱼的状态可超过1%。1974年首次报道了五条鰤发生该病的病原菌，一直被认为是链球菌。故目前在养殖场仍然称这种疾病为链球菌病。

【症状】

　　病鱼的外观特征为眼球白浊和周边出血，症状进一步发展出现眼球充血（图1），以至脱落。体内变化方面，多数个体可见肝脏出血。成鱼个体的生殖腺，有时也能观察到淤血现象。

【病因】

　　这种疾病是由革兰氏阳性的格氏乳球菌（*Lactococcus garvieae*）感染而引起。在养殖鲐中也发生β溶血性链球菌

[海豚链球菌（*Streptococcus iniae*）]的感染，出现眼球充血等和这种疾病类似的症状。因此，该病的诊断需要从病鱼的脑或肾脏分离到细菌，使用抗血清进行凝集反应等鉴定。

【对策】

　　一般认为这种疾病的病原菌是典型的条件致病菌。因此，为了预防发病，应保持良好的饲养环境和进行良好的饲养管理。特别地，在给鲐进行换网作业或筛选作业时，容易造成擦伤，体表损伤的个体易受病原菌的感染，因此有必要小心仔细地操作。

（福田穰）

由同样病因引起的出现类似症状的其他鱼种
五条鰤、杜氏鰤、大甲鲹、竹筴鱼

241

本尼登虫病
Skin fluke infection（Benedeniosis）

图1

图2

图3

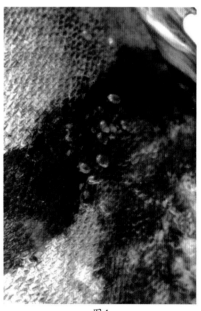

图4

该病与鱼年龄无关，常年可见，特别是在鱼活力下降的低水温期（12月至翌年3月）容易发生。如遇到继发性弧菌病或滑行菌感染，会引起死亡，需要注意。

【症状】

虫体容易寄生在尾部或侧线上部的体侧后部，基本不在其他部位寄生。大量寄生时，继发感染因素会导致鳍条损伤（图1）或体表溃疡，因此从网箱上方观察容易发现这种疾病。

【病因】

这种疾病由属于单殖吸虫类的保科本尼登虫（Benedenia hoshinai）寄生引起（图2）。

该虫比寄生在五条鲕、杜氏鲕的鲕本尼登虫（Benedenia seriolae）稍小而细长。虫体最大为8mm，产卵频繁（图3：由于在容器内产卵，虫卵成团块，而在寄生于宿主的状态下是一个一个地产出，不成团块）。

【对策】

经10min以上的淡水浸泡虫体会死亡。与弧菌病并发的状况下，最好在淡水浸泡后口服抗生素。淡水浸泡后寄生的虫体变得清晰可辨（图4）。另外，为了防止再次感染，可以更换网箱。

（畑井喜司雄）

由同样病因引起的出现类似症状的其他鱼种
斑石鲷

微杯虫病
Gill fluke infection（Miciocotylosis）

图1

图2

图3

图4

（图1、图2由畑井喜司雄提供）

　　曾经在试验性养殖生产鱼苗的褐菖鲉时发生这种疾病。这种疾病是一种在今后褐菖鲉的养殖中可能成为问题的寄生虫病。

【症状】
　　病鱼不表现特别明显的外观症状（图1）。但是，鳃或内脏出现严重贫血（图2）。曾在11月，体长7~9cm的当年鱼发生过26％的死亡事例。

【病因】
　　这种病由属于单殖吸虫类的鲉微杯虫（*Microcotyle sebastisci*）寄生在鱼体鳃丝而引起（图3：铁苏木精染色标本）。该虫是所谓的鳃虫的一种，和真鲷双阴道虫（*Bivagina tai*）的亲缘关系较近，在后端的吸盘排列着2列吸夹

（图4）。真鲷双阴道虫吸夹的数量有时超过100个，该虫只有29~62个。因为该虫从鳃吸血，所以被寄生的鱼表现贫血。无寄生在褐菖鲉以外宿主的记录，故认为该虫宿主的特异性高。有关该虫种的研究基本上尚未进行。

【对策】
　　有报道，将病鱼在添加了7％食盐的海水中浸泡3min，连续2d可以完全驱虫。不过，浓盐水浸泡对鱼体的影响大，因此，在实施时要格外小心。

（小川和夫）

由同样病因引起的出现类似症状的其他鱼种
无

血居吸虫病
Blood fluke disease

图1

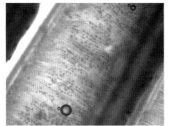

图2

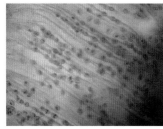

图3

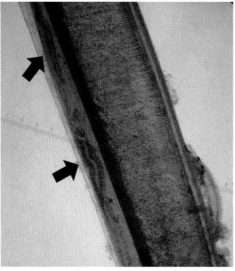

图4

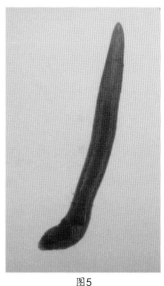

图5

（图1至图4由高见生雄提供）

　　该病是随着养殖黑金枪鱼的盛行而出现的一种寄生虫病。对病原寄生虫的地理分布、生活史、危害等基本上不清楚。

【症状】

　　病鱼没有明显的症状（图1）。重症鱼由于鳃丝毛细血管充满虫卵，引起循环障碍。镜检鳃时，可见鳃丝毛细血管内有无数的虫卵（图2、图3）。该虫的寄生对宿主会造成很大的不良影响，是今后需要注意的寄生虫病。不过，由于这种疾病是比较新的疾病，尚不清楚其危害程度。

【病因】

　　属于血居吸虫属的东方血居吸虫（*Cardicola orientalis*）寄生于鱼体的动脉内（图4：鳃丝毛细血管内的虫体）并产卵引发该病。虫卵不能通过鳃丝毛细血管而阻塞毛细血管是该寄生虫的主要危害。

　　虫体呈细长叶状，体长2~3mm（图5：铁苏木精染色标本）。该虫是否仅寄生在鳃丝的血管尚未进行过调查，对侵入黑金枪鱼的时期、流行期、虫体的寿命等也不清楚。另外，该虫与寄生在杜氏鰤、五条鰤、红鳍东方鲀等养殖鱼的血管内吸虫分属不同的种。最近，还发现了寄生于心室内的最大可达10mm的属于不同种类的后睾血居吸虫（*Cardicola opisthorchis*）。

【对策】

　　根据鳃丝毛细血管的虫体或虫卵蓄积容易诊断。这种吸虫的生活史一定存在着中间宿主，但尚未知晓宿主种类，也尚未确立有效的防控对策。

（小川和夫）

由同样病因引起的出现类似症状的其他鱼种
无

囊双吸虫病
Didymocystis infection

图1

图2

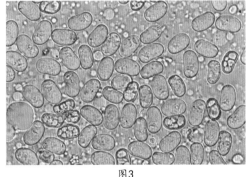

图3

最近，随着各地利用天然黑金枪鱼鱼苗，在进行鱼病检查时，这种寄生虫成为经常被发现的虫体。该寄生虫属于囊双科（Didymozoidae），以在一个包囊内有一对雌雄虫为特征。鲭科和竹筴鱼科鱼类除寄生有这种寄生虫以外，还有该科其他多种寄生虫已经见报道。有人还利用这种虫体的寄生状况推测鱼类的洄游路线与种群。尚未确定这种寄生虫的寄生强度与野生当年鱼至1龄鱼的成长和肥满度之间是否存在相关性。一般认为只有大量寄生才可能对鱼体造成危害。

【症状】

虫体寄生部位是鳃，通常在鳃弓外侧上方有数个至数十个呈块状的包囊存在（图1）。可以同时观察到成熟与未成熟的包囊。虫体寄生于第1鳃弓的频度最高，依次下降至第4鳃弓。未在虫体寄生部位观察到炎症等宿主反应。

【病因】

由属于囊双科的纹理囊双吸虫（*Didymocystis wedli*）寄生所引起。成熟的包囊呈稍微压扁的卵圆形，大小为

2.5mm×2.0mm。雌雄同型呈现鲜橙黄色的双尾虫体（图2箭头所示），以上下相反方向拥抱状存在于透明的薄膜包囊中（图2*所示）。口吸盘和咽喉所在的前体极小，几乎无色透明呈象鼻状，大小为1.6mm×0.3mm。内藏有黄色弯曲的卵巢等细管的身体后部，像人体的胃形状，大小约为2.5mm。卵特别多，均呈空心豆状，大小约为20.0μm×12.5μm（图3）。有报道指出，在尾叉长32~76cm的野生黑金枪鱼中该虫的寄生率约为88%，30cm以下的个体的寄生率为0。另外，黑金枪鱼除寄生这种寄生虫外，也常见其他几种囊双属的寄生虫同时寄生在鳃以外的部位。

【对策】

尚未研究驱虫方法。因为该寄生虫对于宿主的危害几乎可以忽略，也不寄生在食用部位，对鱼体的商品价值没有影响，所以，没有特别必要注意其防控对策。

（桃山和夫）

由同样病因引起的出现类似症状的其他鱼种
无

心脏尾孢虫病
Cardiac henneguyosis

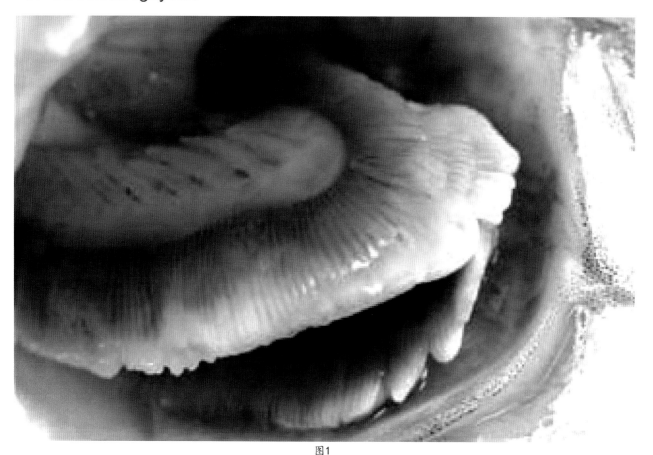

图1

图2

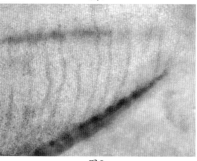

图3

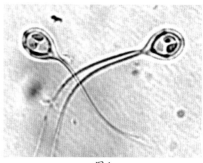

图4
（图1、图3由小田晴美提供）

从中国引入日本的真鲈鱼苗发生了新的心脏尾孢虫病，该病成为养殖这种鱼需要解决的问题。在引进鱼苗当年的12月到翌年6月发病，表现为慢性持续死亡。

【症状】

病鱼外观上表现为食欲不振、缓慢游泳，进而死亡。患病鱼出现鳃贫血，黏液分泌过多（图1），心脏炎性肥大（图2），内脏贫血等特征性症状。鳃丝的毛细血管内充满大量的黏孢子虫的孢子，血管因此被阻塞（图3）。

【病因】

这种疾病由属于黏孢子虫类的花鲈尾孢虫（Henneguya lateolabracis，图4）寄生所引起。孢子长10~12μm。从孢子的后端伸出在尾孢虫属特有的2根尾端突起，长度平均为38μm（31~50μm）。这种寄生虫在心脏的动脉球内发育形成孢子，然后大量的孢子流入鳃丝内，导致毛细血管阻塞、充血，鳃丝上皮脱落，成为出血性贫血发生的原因。

【对策】

该病是孢子在向体外排放过程中使鱼鳃负担过重而引发的疾病。因此，在发病高峰期应限制投饵量，注意保持良好的饲养环境，避免发生氧气不足。如能够坚持到第二年的6月，孢子释放殆尽，病鱼有可能自愈。起初，怀疑该虫是随鱼苗进口而带入的外来病原体，但日本国内生产的鱼苗也确认有这种寄生虫的寄生，故也有可能这种寄生虫原本就是分布在日本的寄生虫。

（横山博）

由同样病因引起的出现类似症状的其他鱼种
无

‖ 脑库道虫病
Cerebral kudoosis

图1

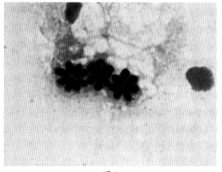

图2

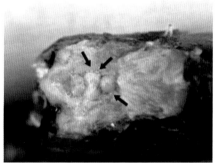

图3

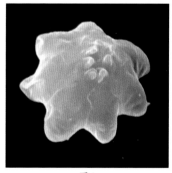

图4

　　1980年，在九州沿岸真鲈养殖场发生了该病，为黏孢子虫在脑内形成孢子而引发的疾病，此后仍有散见。

　　后来，该寄生虫的孢子在养殖的五条鰤、石鲷、真鲷、红鳍东方鲀和野生的鮸等鱼类的脑内也有检出。

【症状】

　　患病的真鲈在养殖网箱内身体弯曲，表现特征性的旋转游泳状态，但是将这些游泳异常的鱼捞上来后，从外观上看不到任何异常，这是这种疾病的特征（图1）。

　　解剖检查时未发现内脏异常的变化，但是脑周边存在小球状的孢子（图2，箭头指示为孢子），在其内部充满带有6~8（通常为7）个极囊的黏孢子虫（图3）。图4为具有7个极囊的孢子的电镜图。孢子在脑的内部散在的情况也不少，在延髓和脊髓的前部也能看到这种孢子。

【病因】

　　病原寄生虫是属于黏孢子虫类多壳目的安永库道虫[Kudoa yasunagai（=Septemcapsula yasunagai）]。

【对策】

　　尚不清楚。

（畑井喜司雄）

由同样病因引起的出现类似症状的其他鱼种
无

甲壳类
Crustacea

收载疾病

病毒病

中肠腺坏死杆状病毒病（BMN）/对虾白斑病（WSD）

细菌病·真菌病

【细菌病】 弧菌病
【真菌病】 海壶菌病（幼体）/海壶菌病/腐皮镰刀菌病/腐霉菌病/链壶菌感染症

其他疾病

肌肉坏死病

中肠腺坏死杆状病毒病（BMN）
Baculoviral midgut gland necrosis

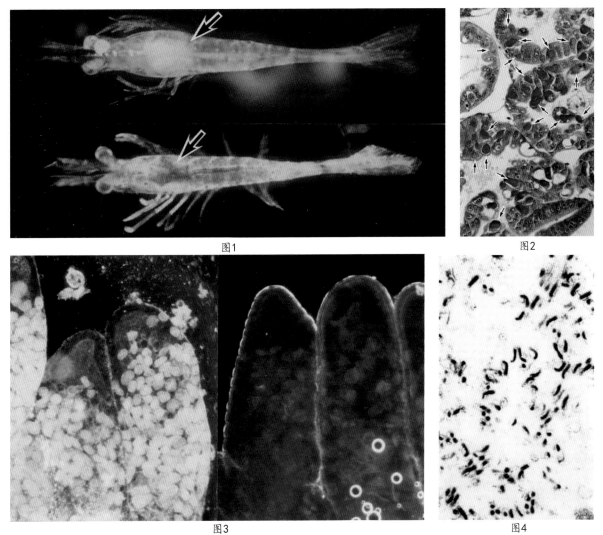

图1

图2

图3

图4

该病发生在对虾从幼体到透明初期，能够对虾苗生产造成损失。从幼体到4日龄的透明期对虾的易感性高。体长超过8mm、10日龄以上的透明期对虾对该病具有抵抗力。大多数情况下，该病造成死亡率达90％以上。在没有发明洗卵预防发病方法的1985年之前，这种疾病是对虾苗种稳定供给的最大障碍。自1993年以来，发病的报告已经比较少了。

【症状】

病虾表现食欲缺乏、游泳缓慢、发育不良等症状。病毒侵害的器官为中肠腺和肠，发病末期这些器官发生白浊和软化（图1：病虾的外观图。上为病虾，下为健康虾）。病毒在上皮细胞内增殖，引起细胞核肥大和核质崩解（图2）。坏死的上皮细胞从基底膜开始向内腔脱落。用暗视野显微镜观察新鲜中肠腺，可见轮廓清晰的感染病毒的肥大细胞核，呈圆形到椭圆形、10~30μm大小的白色物体（图3：新鲜中肠腺的暗视野显微观察图像。左为病虾，右为健康虾）。

【病因】

病原病毒（BMNV）是具有囊膜的杆状病毒，病毒粒子和核衣壳大小分别约为310nm×72nm和250nm×36nm（图4）。现在，不形成包涵体的BMNV已被从杆状病毒科（Baculoviridae）排除，因此该病毒的分类学地位不明。除对虾之外，该病毒对中国对虾有强致病性，但是，对黑刀额新对虾不显示致病性。BMNV在5mg/L氯制剂中10min，在25mg/L碘制剂中10min以及在30％酒精中10min均可灭活。

【对策】

传染源是虾苗生产时使用的亲虾。一般认为是随粪便排到海水中的BMNV被海虾幼虫经口摄入而感染。采取清洗受精卵的方法可有效防止垂直感染，而消灭感染的虾群可防止水平感染。耐过感染的虾作为虾苗使用时可成为传染源（带毒者）。经常在中肠腺中检出弧菌是因为二次感染，因此，给予抗生素是无效的。

（桃山和夫）

由同样病因引起的出现类似症状的其他鱼种
无

对虾白斑病（WSD）
White spot disease

图1

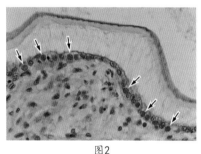

图2

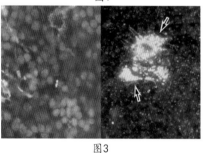

图3

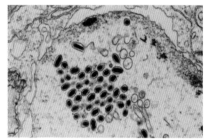

图4

　　1992年在中国台湾开始发生这种疾病，其现在已经成为全世界对虾养殖最重要的疾病。这种疾病于1993年从中国传入日本，其后不仅仅是在养虾场，在虾苗生产和中间育成过程也发病，因而成为重大问题。

【症状】

　　病程发展急剧，特别是在数克以下的幼虾，有时几天内全军覆没。体色变红和在外骨骼上形成白点是病虾主要的外部特征（图1），不过，也有不少的病虾不表现此现象。这种疾病属全身性疾病，病毒首先感染外骨骼的角质层，在对虾中、外胚叶起源的细胞核内增殖，引起核的肥大和核质的崩解（图2：胃的表层上皮）。感染核在暗视野显微镜下呈轮廓清晰、大小为10~15μm的白色物体（图3左：胃的表层上皮）。末期红细胞数量减少和凝血能力显著下降，在血液淋巴细胞中出现许多病毒粒子，呈现所谓的病毒血症（图3右为血液淋巴细胞，中央为2个红细胞）。

【病因】

　　病原WSV是具有囊膜的长椭圆形病毒，病毒粒子和核衣壳大小分别约为152nm×404nm和84nm×226nm（图4），基因的dsDNA的大小约为$3×10^5$bp。这种病毒分类上属于新近划分的线头病毒科（*Nimavirvidae*）白斑病毒属（*Whispovirus*）。WSV致病性强，宿主范围广，众多的虾、蟹中均可检出。在日本有对虾和苇虾大量死亡的报道。在氯制剂（1mg/L）、碘制剂（2.5 mg/L）或酒精（30%）中分别作用10min，WSV均可被灭活。

【对策】

　　由于WSV的致病性极强，预防为首要任务。垂直感染是最重要的传播途径之一，在虾苗生产过程中，通过紫外线照射养殖用水消毒等增加日常卫生管理，通过PCR检查选择未感染WSV的亲虾，对受精卵用碘伏（5min、5mg/L）消毒。此外，实验性口服肽聚糖（Peptidoglycan）和脂多糖（LPS）等免疫增强剂可有效预防该病。

（桃山和夫）

由同样病因引起的出现类似症状的其他鱼种
斑节对虾、刀额新对虾、凡纳滨对虾

弧菌病
Vibriosis

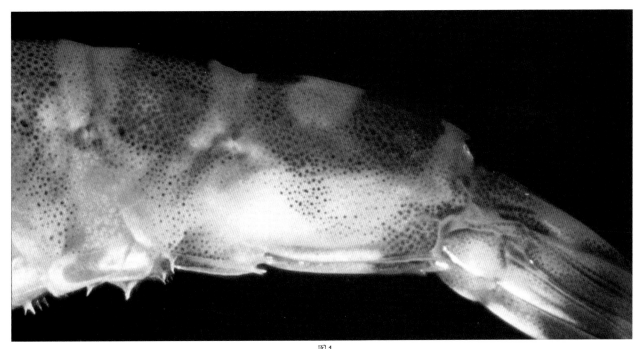

图1

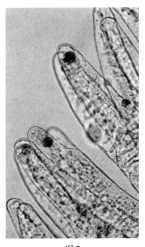

图2

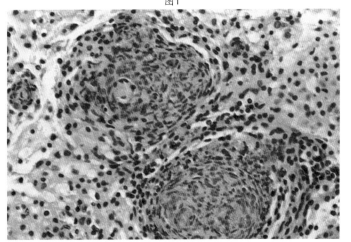

图3

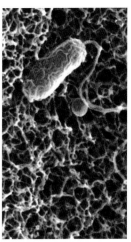

图4

1984年前后该病开始发生，到20世纪90年代势头强劲，最近呈散见状态。水温18~29℃时，特别是20~26℃的9~11月容易发生。只要水温处于此范围，不论是稚虾还是成虾均可发病。

【症状】

该病特征是肉眼可见第6腹节肌肉白浊（图1），淋巴样器官白浊、肥大、硬化，以及淋巴样器官和鳃有褐色斑（图2）。最近，患病虾不出现防御反应、症状没有完全显现就出现死亡的情况也不少。组织病理学变化可见淋巴样器官中很多血细胞成层包围病原菌（图3），可以发现形成黑色小结节以及坏死的症状。

【病因】

由对虾弧菌（*Vibrio penaeicida*）感染而引起（图4）。将普通琼脂培养基配制成50％海水培养基，这种细菌在此培养基上生长良好，25℃培养1d，可形成直径约0.5mm的白色、微透明的圆形菌落。除该菌以外，可引起对虾发病的弧菌属细菌还有几种，它们引起的疾病也称为弧菌病，但观察不到上述特征性症状。此外，对虾弧菌对对虾显示高致病性，野外病例死亡率高，而其他弧菌属的细菌致病性低，危害也小。

【对策】

生活在有机物多、呈还原状态的池底导致虾的抵抗力降低，容易发生这种疾病。因此，具备通过水流将有机物集中在池中央然后除去的系统，能较好地预防这种疾病。另外，在休养期一定要进行池底的翻耕，可能的话最好放入新砂。

（高桥幸则）

由同样病因引起的出现类似症状的其他鱼种
无

海壶菌病（幼体）
Haliphthoros infection (Haliphthorosis)

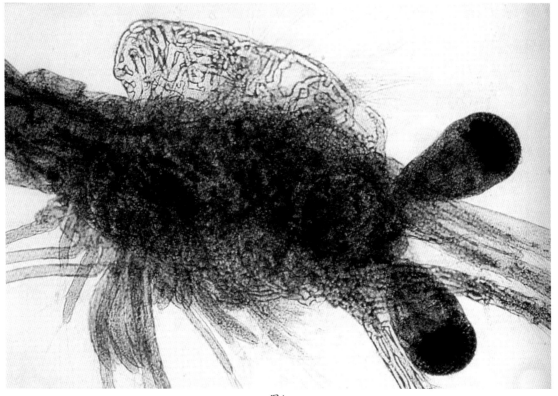

图1

图2

图3

对虾在虾苗生产场时，如果幼体（无节幼体到糠虾期幼体）发生真菌感染，大多数情况下，一旦发生迅速传播，几天内幼体几乎全部死亡。

【症状】

在幼体饲养槽发生真菌病时，短时间内幼体死亡。死亡幼体下沉到槽底，通常，由于养虾时进行不间断通气，如不停止通气的话难以确认这种疾病（图1、图2）。

【病因】

该病为真菌病，病原菌为卵菌类链壶菌目（Lagenidiales）的密尔福海壶菌（*Haliphthoros milfordensis*）。该菌的特征是在菌丝内形成游走子囊，不久，游走子囊放出管向体外伸长；几乎同时，在其内形成游走孢子，游走子囊内形成的游走孢子从放出管（图3）的前端游向水中。另外，对虾真菌病的病原菌并不止一种，在不同的病例，

病原菌有所不同。也就是说，即使能在幼体体内确认到菌丝，也不能确定其为病原菌。病原菌的鉴定需要进行分离培养和详细的检查。除海壶菌（*Haliphthoros*）之外，已知还有链壶菌（*Lagenidium*，参见梭子蟹的链壶菌感染症）和卤虫（*Halocrusticida*）。后者的孢囊不成为菌丝状而为囊状是其特征，因此菌落不会变大。此外，由游走子囊形成的放出管有好几根，并且有时放出管有分支。

【对策】

发生真菌病时，排空饲养槽，用氯制剂等进行环境消毒。

（畑井喜司雄）

由同样病因引起的出现类似症状的其他鱼种
梭子蟹、刀额新对虾、鲍

海壶菌病
Haliphthoros infection（Haliphthorosis）

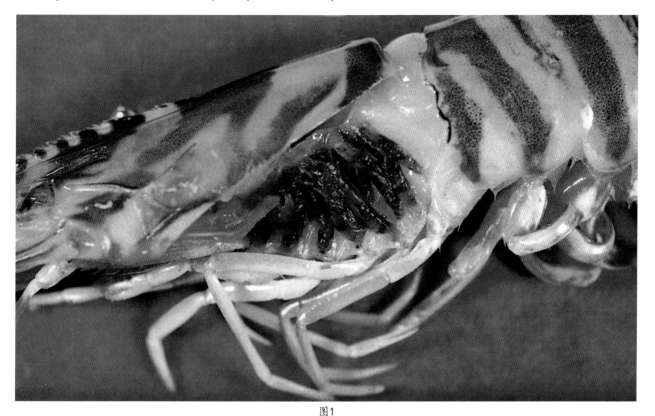

图1

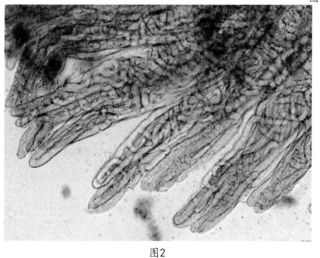

图2

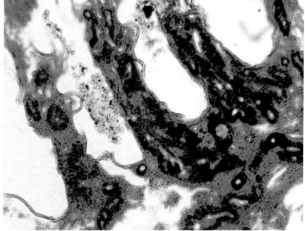

图3

在长崎县境内的对虾养殖场，平均体长13cm、平均体重30g的对虾发生过这种疾病的流行，造成对虾大量死亡。

【症状】

死亡对虾均表现鳃黑症状是该病的特征（图1）。究其病因，在患病对虾的鳃部发现了大量的菌丝。该菌丝无隔，并且菌丝的直径约有14μm（图2）。因此，判断不是由分类上属于不完全菌的腐皮镰刀菌（*Fusarium solani*）引发的疾病。未见其他异常。组织病理学明确显示鳃被真菌感染（图3：Grocott's Variation染色）。

【病因】

试图从对虾鳃丝进行真菌的分离培养，结果获得一种真菌，经鉴定是属于海水性卵菌类链壶菌目的密尔福海壶菌（*Haliphthoros milfordensis*）。故这种疾病为真菌病。因为已知类似的真菌病病原还有腐皮镰刀菌，所以仅凭症状是不能确定这种疾病病原菌的。

【对策】

杀灭作为传染源的水中游走孢子，可以防止疾病的蔓延。

（畑井喜司雄）

由同样病因引起的出现类似症状的其他鱼种
无

腐皮镰刀菌病
Fusarium infection（Fusariosis）

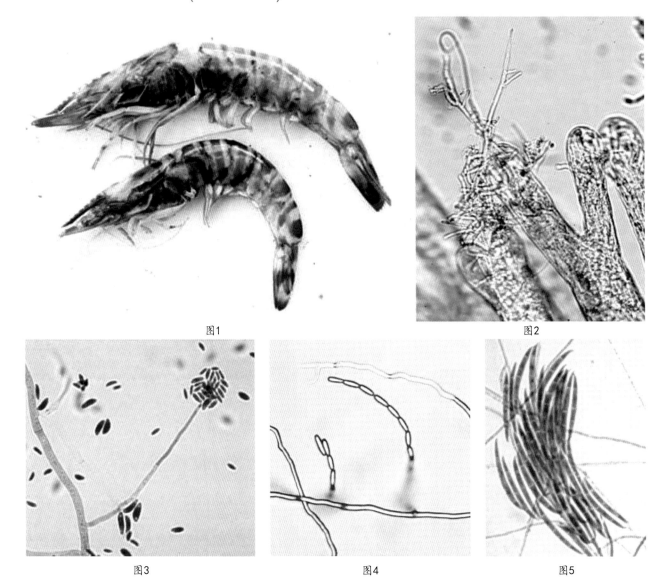

图1

图2

图3

图4

图5

自1972年甲壳类的腐皮镰刀菌病在日本的养殖对虾被报道以来，在多个国家也都有报道。特征性的病变是对虾鳃变黑（图1），曾经被称为黑鳃病。但是，对虾鳃变黑的现象，也可以在水质恶化、细菌感染、原虫感染等条件下产生，所以，黑鳃病的病名已不再使用了。

【症状】

对虾鳃的一部分或全部呈黑色。镜检鳃丝的内部可见有隔膜的菌丝，有时菌丝伸长到鳃丝外面（图2）。

【病因】

病原菌主要是对放线菌酮有耐药性的腐皮镰刀菌（*Fusarium solani*）。该菌的特征是形成2种大小的分生孢子，另外还形成厚垣孢子。特别是在有隔的长分生孢子细胞的

前端，形成块状小分生孢子，这是鉴定的关键（图3）。也有对放线菌酮不敏感的串珠镰刀菌（*F. moniliforme*）引起的腐皮病。前者小，分生孢子呈连锁状（图4），后者只产生大分生孢子（图5）。

【对策】

还没有有效的治疗方法。发病后把对虾打捞上来，用10mg/L的氯制剂对饲育池进行彻底消毒。仅晾干池底无效。

（畑井喜司雄）

由同样病因引起的出现类似症状的其他鱼种
无

腐霉菌病
Pythum infection（Phythiosis）

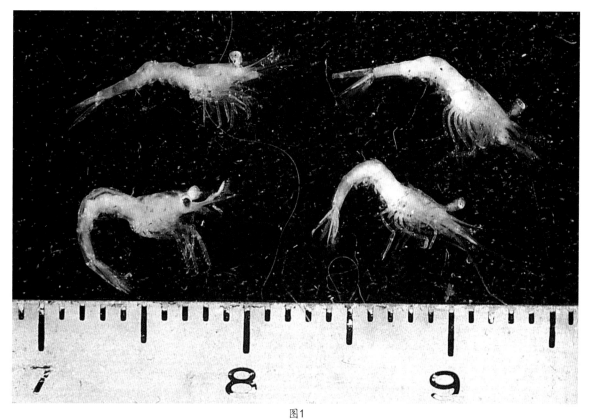

图1

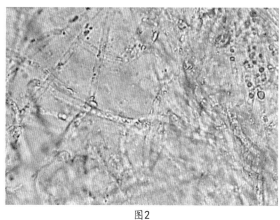

图2

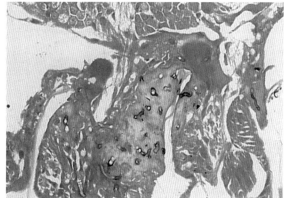

图3

　　富山对虾幼体如发生链壶菌病的话（以前称为乳酸菌症），其传染急速，几天内幼体几乎全部死亡。

【症状】

　　濒死或死后不久的富山对虾，外观可见白浊（图1）。镜检白浊部位可见多个无隔的粗菌丝（图2）。这些菌丝特征是不向体外伸长，只在体内发育。早期感染的部位是虾的游泳足和步足（图3：Grocott's Variation染色），该菌在此构筑发育的立足点，然后菌丝向体内生长。不久，对虾体内充满菌丝，幼体死亡。

【病因】

　　使用PYGS琼脂培养基进行病原菌的分离培养，能培养出卵菌类链壶菌目的腐霉菌[*Pythium myophilum*（=*Lagen-*

idium myophilum）]。这种细菌引起发病的病例不仅仅是富山对虾，还有北海虾和北国红虾的幼体。

　　另外，该菌在亲虾的肌肉和鳃等部位也被确认有感染的情况。

【对策】

　　该病的发生是使用带有腐霉菌的亲虾进行种苗生产的结果。在进行种苗生产之前，有必要检查亲虾是否带菌。带菌虾有时出现黑鳃或肌肉乳白色（有时为黑色）症状。

（畑井喜司雄）

由同样病因引起的出现类似症状的其他鱼种
凯氏长额虾、长毛明对虾

链壶菌感染症
Lagenidium infection (Lagenidiosis)

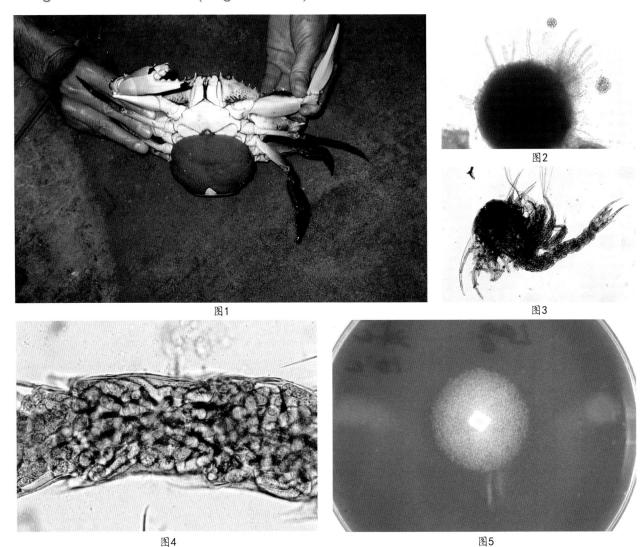

图1

图2

图3

图4

图5

在甲壳类的种苗生产过程中，经常发生梭子蟹的卵及幼体感染真菌而导致全军覆没的情况。

这种疾病的发生是在梭子蟹抱卵之际（图1）。因某种病因而成为死卵的情况下，该卵感染产生不久的游走孢子，成为新的感染源而扩大这种疾病。另外，健康的卵也有感染的可能性。特别是从卵到幼体的孵化之际，被在其周围游泳的游走孢子感染，并迅速感染孵化的幼体，引起大量死亡。这成为需要解决的问题。

【症状】

卵以及幼体被感染后（图2至图4），肉眼确认真菌感染比较困难。但是，用显微镜观察死卵和幼体，可以在其内部确认充满粗菌丝（5~30μm）。经过一段时间后，在宿主内部从菌丝伸出放出管，可以观察到所产生的游走孢子向水中游出。

【病因】

该病由卵菌类链壶菌目链壶菌属（*Lagenidium*）的真菌感染所引起。该属菌在PYGS琼脂培养基上25℃条件下生长良好（图5）。迄今，在日本的梭子蟹中，已知的病原菌是青虾链壶菌（*Lagenidium callinectes*）和嗜热链壶菌（*L. thermophilum*）两种。

这类菌是菌丝均成为游走子囊的全实性菌，只在组织内繁殖。该属菌的特征是从菌丝伸长的放出管的前端形成小囊（vesicle，图2），其内部形成的游走孢子溶解小囊的膜后游向水中。

【对策】

避免将已被感染的个体带入种苗生产场是十分重要的。假设已经引进了感染的种苗，有必要采取措施防止该个体体内游出的游走孢子感染孵化的幼体。另外，仔细观察抱卵的梭子蟹，发现有白色死卵者，不要将其作为亲蟹使用。将饲育水槽的pH调升至9.25的方法也能有效防治该病。

（畑井喜司雄）

由同样病因引起的出现类似症状的其他鱼种
台湾梭子蟹、锯足梭子蟹、对虾、刀额新对虾

肌肉坏死病
Muscle necrosis

图1

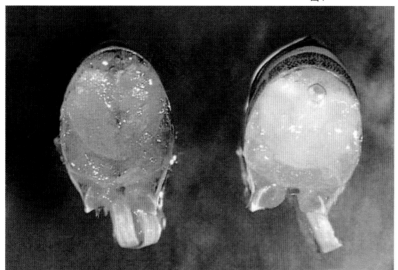

图2

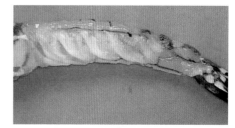

图3

图4

在濑户内海区域的养殖场，对虾于收获期的秋天到冬天发生这种疾病。病虾活力丧失，对刺激反应迟钝，上市时成为与"活对虾"不同的不合格品。通常发病率不高，危害也不大，故不是十分严重的问题。

【症状】

主要表现为以腹部屈曲运动为主的第2腹节到第5腹节的肌肉坏死。正常肌肉的透明感消失而变白浊（图1上为正常虾，图1下为病虾。图2：腹部横断面，左为正常虾，右为病虾）。由于坏死多发生在屈肌，轻度的病虾的腹部纵断面病变呈现白带排列（图3：病虾腹部纵断面）。病变部在后来成为白色隆起。除肌肉白浊之外，也有的个体表现斑纹褪色或不鲜明、外骨骼软化或剥落。组织学检查可见肌纤维坏死、消失，红细胞浸润，坏死区域的结缔组织增生、置换（图4上：肌原纤维融合，玻璃化了的肌纤维；图4下：正常肌纤维）。但观察不到病原菌和寄生虫。

【病因】

从发病状况和组织病理学症状等观察，这种疾病不具传染性。病因是在对虾的收获作业时，对虾在低水温期间受到电网等的刺激发生应激，引起过度的肌肉收缩和痉挛，即发生了俗称的"肉剥离"。有关虾类的肌肉坏死病，已知还可由低氧、水温和盐分的急剧变化、密度过大等应激引起，但在这些情况下，如同被称作"烂屁股"那样，坏死通常发生在腹部后端的第4~6腹节，随着病情发展而向前方扩大。

【对策】

虽然没有采取预防对策的必要，但在发病率急剧升高时应检查收获装置和方法。

（桃山和夫）

由同样病因引起的出现类似症状的其他鱼种
无

贝类·海胆
Shellfish & Sea urchin

收载疾病

病毒病

肌肉萎缩症

细菌病·真菌病

【细菌病】 脱棘病/斑点病
【真菌病】 海壶菌病

寄生虫病

卵巢肥大病/扇贝袋虫病/派琴虫病/派琴虫病

其他疾病

珠母贝变红病

‖肌肉萎缩症
Amyotrophia

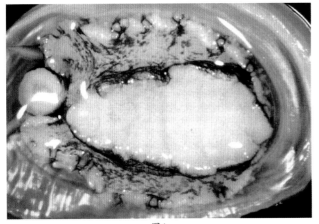

图1

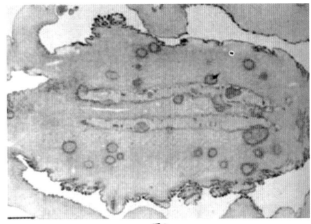

图2

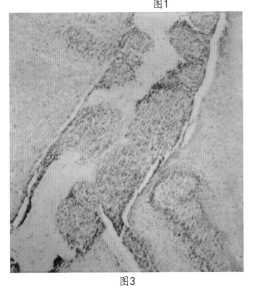

图3

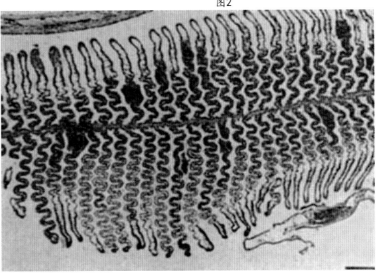

图4

大约在20世纪70年代末期，以日本西部为主的栽培渔业中心等鲍种苗生产场和中间育成场发生了这种疾病。该病是引起黑鲍稚贝等大量死亡的疾病。发病时期主要是在4～8月水温上升期，发病期的水温为13~25℃，死亡高峰在5～6月。水温升高到25℃以上有自然平息的倾向。过去这种疾病的死亡率为30％~90％（平均50％左右）。盘大鲍不发生这种疾病。

【症状】

病贝（图1）特征是摄食量、附着力和移动性下降，软体部（腹足肌肉部、外套膜）萎缩，在一部分病贝可以观察到贝壳外唇部部分缺损以及贝壳内侧赤褐化。

病贝的组织病理切片（图2）可见腹足肌肉内的神经干以及末梢神经系统有圆形或长椭圆形等的异常细胞块，其中有异常细胞块压迫神经干、神经纤维的情况（图3）。同样的异常细胞块在鳃（图4）和外套膜也可看到。

【病因】

从人工感染实验结果得知，该病是以病毒为代表的滤过性病原体引起的传染病，尚未确定病原。对于这种疾病的诊断，目前除观察组织病理标本外没有其他方法。

【对策】

尚无有效的治疗方法，对栽培渔业中心等鲍种苗生产、中间育成场的隔离设施，可采取以下预防对策：对种苗生产和育成设施、水槽和使用器具类等用氯制剂事先消毒；与亲贝饲育设施隔离；用灭菌海水洗净受精卵；从业人员进入设施内时，对手指等进行例行消毒。

此外，对培养饵料藻类以及饲育幼体、稚贝使用的海水，采取紫外线照射杀菌的措施。

通过这些防治措施的实施，可以生产培育完全不发生该病的黑鲍群。

（中津川俊雄）

由同样病因引起的出现类似症状的其他鱼种
鲍、皱纹盘鲍

脱棘病
Togenukesho

图1

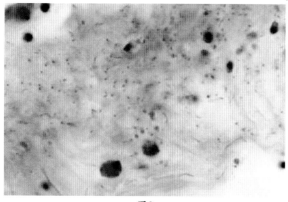

图2

图3

　　该病是1980年前后开始在日本西部各地的海胆种苗生产机构发生的高死亡率的疾病。低水温期，特别是水温开始上升的早春（2月下旬至3月）多发，但是水温16℃以上发生少。据报道，高水温期由滑行细菌感染引起的脱棘症是和这种疾病不同的疾病。近年，有因该病引起大量死亡的情况，在野生的大型个体和养殖的海胆中都有发生，给海胆养殖业造成了危害。

【症状】

　　患病个体附着力下降，也可见横向或逆向附着的个体。脱棘现象首先从局部开始，逐渐发展到全身（图1）。在患部出现绿色乃至黑色的斑点，壳变脆且容易破碎。在患部的壳以及棘内部，多数能观察到丝屑样的长杆菌（图2）。

【病因】

　　使用红海胆壳的海水提取液制备的琼脂培养基（海胆培养基），从病变部分离到了能够再现这种疾病特征症状的细菌，推定为该病的病原菌。这种细菌（图3）是富有屈曲性的未鉴定的革兰氏阴性杆菌，从形态学和血清学发应（组织切片酶标抗体反应）来看，是在组织标本中看到的丝屑样细菌。在海胆培养基反复传代后，短杆菌的数量逐渐增加，产生鞭毛而具运动性。

【对策】

　　没有有效的预防和治疗方法，不过，将水温升至16℃以上能够减少损失。天然海域发生这种疾病，目前为止还没有应对方法。

（金井欣也）

由同样病因引起的出现类似症状的其他鱼种
马粪海胆、紫海胆

斑点病
Spotting disease

图1

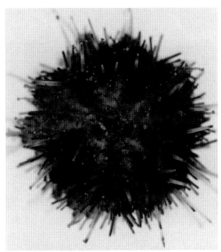

图2

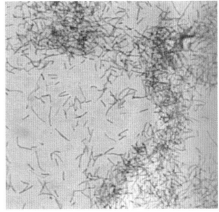

图3

　　人工种苗饲育过程中，饲育水温在20℃以上的7月下旬到8月下旬发生该病。患病海胆出现黑紫色的斑点症状之后，表现急剧脱棘，随之发生死亡。从发病到死亡的时间短的只有3~4d，这是该病的特征。

　　这种疾病自1988年发生在北海道积丹町的海胆种苗生产场以来，道中、道南的种苗生产场也有发生，给种苗的稳定供应带来影响。

【症状】

　　感染初期，外观可见壳表面由于体腔细胞浸润导致的黑紫色的斑点（图1、图2），除此之外，没有特殊症状。有的个体，棘的前端有上述体腔细胞浸润引起的紫色色素沉积（图1、图2）。

　　之后，管足损伤，个体从饲育笼脱落，表现急剧脱棘，然后死亡。

【病因】

　　一种革兰氏阴性杆菌（*Tenacibaculum* sp.）（图3）。感染引起该病。这种细菌在水温低的冬天和升温期（1~6月）有活性，但是不能培养，即处于所谓的"存活而不能培养"（即VBNC）状态，夏天复苏后引起该病。

【对策】

　　该病病原菌对紫外线、臭氧的敏感度与已报道的鱼类病原菌相同或比后者更高。在该病病原菌生长的下限温度（即15~16℃）饲养海胆可以抑制发病。

（田岛研一）

由同样病因引起的出现类似症状的其他鱼种
无

海壶菌病
Haliphthoros infection (Haliphthorosis)

图1

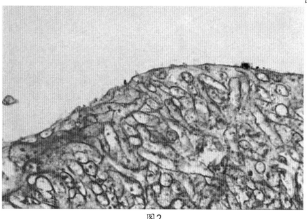

图2

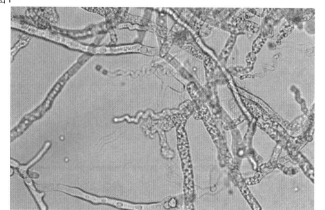

图3

该病是6~8月发生在暂养中鲍的真菌病。夏天将鲍放养在水温15℃左右的冷却循环过滤式水泥槽中，约7d发病，不久死亡。

【症状】

患病鲍的特征性病症如图1所示，形成小突起状或扁平状患部，在这些患部内经常可以观察到菌丝体（图2：PAS染色）。

【病因】

该病是由属于海水性卵菌纲链壶菌目的密尔福海壶菌（*Haliphthoros milfordensis*）感染引起的真菌病。这种菌菌丝粗，直径为11~29μm（图3）。该菌在11.9~24.2℃的温度范围内繁殖。另外，有时也能从表现类似病症的鲍中分离到*Halocrusticida*属的细菌。

【对策】

由于患病鲍治愈困难，杀灭作为感染源的暂养槽内的游走孢子被认为是唯一的预防方法。为此，可以定期用氯制剂进行海水的杀菌消毒。

（畑井喜司雄）

由同样病因引起的出现类似症状的其他鱼种
无

卵巢肥大病
Ovary enlargement disease

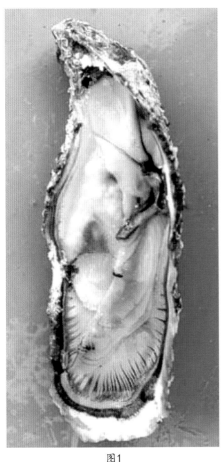

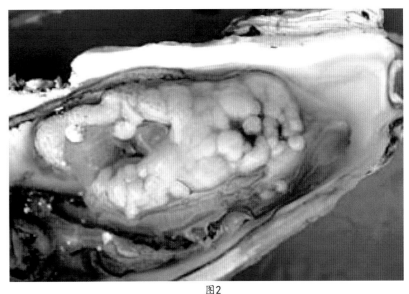

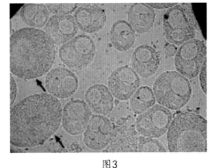

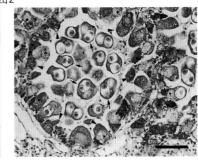

图1

图2

图3

图4

（图1、图2由小川和夫提供，图3由Key Lwin Tun提供）

该病是一种原虫病，1934年被报道在濑户内海的牡蛎养殖场开始发生。其后各地均报道有该病发生，从感染的牡蛎外观的"异常卵块"或"带卵"（图1、图2）即可知道牡蛎所患疾病为这种原虫病。

该病不仅仅在日本发生，在韩国南部的牡蛎养殖场也有发生，带来了巨大的损失。除太平洋牡蛎之外，已知岩牡蛎也有感染。但是，没有因外观症状导致产业损失的报告。另外，日本和韩国产的浅蛎，澳大利亚产的牡蛎即棘刺牡蛎[Striostrea mytilioides（= Saccostrea echinata）]，均报道有类似的寄生虫病发生。

【症状】

发病主要是在产卵后的夏季至秋季。原本产卵后萎缩的卵巢呈现异样外观（图1、图2）而丧失商品价值，因此，该病对牡蛎养殖者是一个重大的问题。冬天过后感染率慢慢下降。一般认为由于感染了寄生虫，患病的牡蛎死亡率升高。

【病因】

病原寄生虫被鉴定为原生动物门的派琴虫（Marteilioides chungmuensis）。从外观不能判断牡蛎患病，开壳后有肉眼可见的淡黄色的患部隆起。隆起部的大小各异，为数毫米至1cm，数量上没有规律。

直接镜检患部（图3：箭头所示为未感染的卵细胞）或组织切片（图4），在卵细胞内可以观察到寄生虫。该寄生虫在感染的细胞内形成孢囊，继续发育，最终形成孢子，然后随卵细胞一同排出体外，其后的生活史不明。感染欧洲平牡蛎的这种寄生虫的近源种马尔太虫（Marteilia refringens），以一种桡足类浮游生物为一个中间宿主。本寄生虫也可能有中间宿主，但尚未被确认。

【对策】

到目前为止还没有确立有效的防治对策。但是，从感染海域引入种苗后，有扩大这种疾病地理分布的可能，对此应予以控制。这种寄生虫在盐分浓度低的海域和营养盐少的海域感染率低。此外，据说养殖筏的中央有比外周感染率低的倾向。这些在今后也许可以作为对策加以应用。

（伊藤直树）

由同样病因引起的出现类似症状的其他鱼种
岩牡蛎

扇贝袋虫病
Pectenophilosis

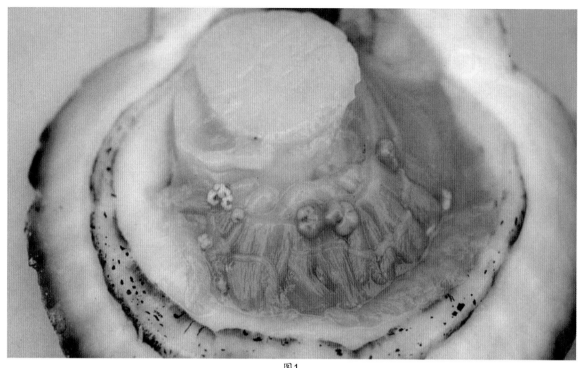

图1

图2

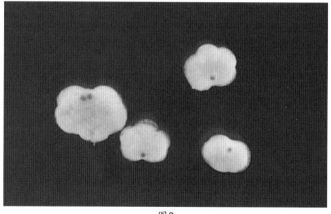

图3

　　该病发生在北海道南部（津轻海峡）和东北地区（陆奥湾和太平洋海岸）养殖的扇贝。在纪伊半岛沿岸养殖的意大利贝科类也有该病病原寄生。

【症状】

　　在患病扇贝的鳃寄生有黄色到橙黄色的虫体（图1、图2）。虫体口部直接和宿主的血管相连而直接吸血。寄生虫体数量少的情况下，看不到扇贝有异常情况，但当寄生虫体数量多时，可以导致扇贝消瘦、肥满度下降。

【病因】

　　该病由属于甲壳纲桡足类的蟹奴（*Pectenophilus ornatus*）寄生引起（图3）。寄生在扇贝的是雌虫，雄虫生活在雌虫的体内。雌虫最大为8mm。雌虫呈平柿形，缺少在其他桡足类容易被识别的颈部和腹部、生殖节等体节构造。从这些特征来看，蟹奴一直被认为是属于蔓足类的一种寄生虫。

　　体侧部分5叶，各叶膨大隆起。体表光滑，缺少附属肢，背面有一个产出孔。在雌虫体内孵化的无节幼体从这个产出孔排出到水中。

　　该虫主要在春天感染扇贝，夏天发育，从秋天到冬天成熟。但是对宿主的详细感染模式仍然不明。本种的分布和水温的关系密切，冬季海水温度在5~6℃或以下的地区没有分布。

【对策】

　　应极力避免从发病地域引进活的扇贝。垂直养殖扇贝时，越接近海面寄生虫数量越少，海面养殖的扇贝比海底放流养殖的扇贝寄生该虫的数量少。

（长泽和也）

由同样病因引起的出现类似症状的其他鱼种
红盘贝、栉孔扇贝

派琴虫病
Perkinsosis

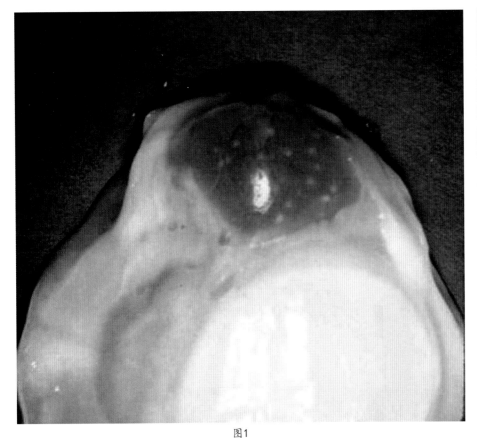

图1

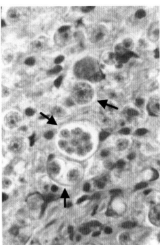

图2

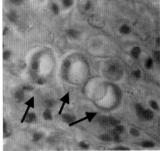

图3
（图由S.M.Bower提供）

以养殖为目的，引种到加拿大不列颠哥伦比亚省的日本产扇贝中发生了这种原虫病。稚贝的死亡率非常高，有时达到90％以上。这种疾病尚未传入日本，但是，一旦传入的话，就有可能造成很大的危害。

【症状】

肉眼可以观察到患病扇贝的生殖腺、消化盲囊和外套膜有乳白色的小脓疱（图1）。

【病因】

由属于原生动物的派琴虫（*Perkinsus qugwadi*）寄生在扇贝各个脏器的结缔组织内引发这种疾病。该原虫也叫海扇贝原生生物SPX（Scallop protistan X）。在宿主体内，可以观察到包涵营养体（直径10μm以下）和2~8个小型营养体（直径5μm以下）的分裂前体（图2）。另外，在派琴虫属可以观察到特征性的具有空泡、带"印章"的戒指状构造的营养体（图3）。在稚贝的体内有时也能观察到游走子囊和游走孢子。这些虫体向全身的结缔组织扩展增殖，导致被感染的贝衰弱死亡。这种疾病由游走孢子直接传播。

在RFTM培养基中，该虫前游走孢子不形成子囊。故通过RFTM培养基不能诊断该病。另外，尚未确立PCR等基因诊断法诊断该病。因此，只有依据组织病理观察进行诊断。

在RFTM培养基中，该虫前游走孢子不形成子囊，在宿主体内形成游走子囊和游走孢子。这点是和其他派琴虫属种类不同的特征。rRNA遗传基因的ITS领域的碱基序列和其他派琴虫属种类的同源性也不高。从这些情况来看，将这种寄生虫归属于派琴虫属是有问题的。

【对策】

疾病发生之后找不到有效的对策。为了防止病原体侵入，不引入感染海域的扇贝是唯一的对策。在不列颠哥伦比亚省，认为外来贝类为原始宿主的传播途径成立，但是，真正的原始宿主尚不明确。此外，在不列颠哥伦比亚省以外的海域感染状况不明。因此，对其他海域的扇贝，或扇贝以外的贝类也有必要加以注意该病。

（良永知義）

由同样病因引起的出现类似症状的其他鱼种
尚不清楚

派琴虫病
Perkinsosis

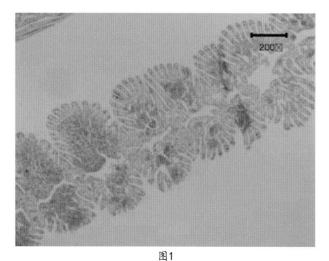

图1

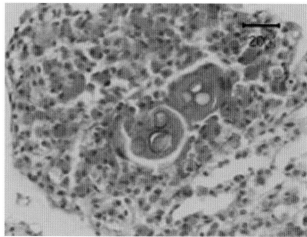

图2

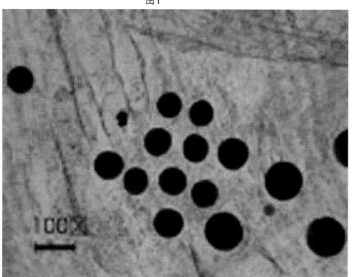

图3

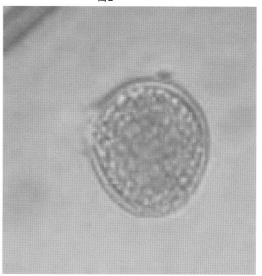

图4

除北海道的部分海域外，几乎在日本全部沿岸都可见浅蛎的原虫感染症。由这种疾病引起浅蛎死亡的情况已经由实验结果证实，与近年来浅蛎资源量减少有关。

【症状】

在重症个体的外套膜和鳃瓣等上面可见具有乳白色小结节的孢囊状构造。

【病因】

由奥尔森派琴虫（*Perkinsus olseni*）寄生而引起。虽然有一部分海域报告有洪深派琴虫（*Perkinsus honshuensis*）的感染，但仍然以奥尔森派琴虫为优势种。

寄生虫在鳃（图1）和外套膜的感染明显。在被寄生的浅蛎的结缔组织内可以观察到细胞质具有空泡的、带"印章"的戒指状构造的营养体，其周围可见宿主的血细胞（带印章戒指）（图2）。宿主的防御反应显著，基本发展不到全身感染。

这种寄生虫在宿主死亡后进入厌氧状态的话，营养体肥大，成为前游走子囊（图3：复方碘染色的前游走子囊），它在海水中发育成游走子囊（图4）。在游走子囊中形成具有感染能力的游走孢子，释放到水中。

诊断上，可通过组织病理学检查确认虫体或使用RFTM培养法确认虫体。RFTM培养法是利用RFTM培养基培养感染组织，检验是否形成被复方碘液浓染的前游走子囊（图3）。这种方法可以通过计数形成的游走子囊数，进行感染强度的定量检查。也可使用PCR法进行检查。

【对策】

没有找到有效的对策。

（良永知義）

由同样病因引起的出现类似症状的其他鱼种
杂色蛤仔、菲律宾蛤仔

珠母贝变红病
Akoya oyster disease

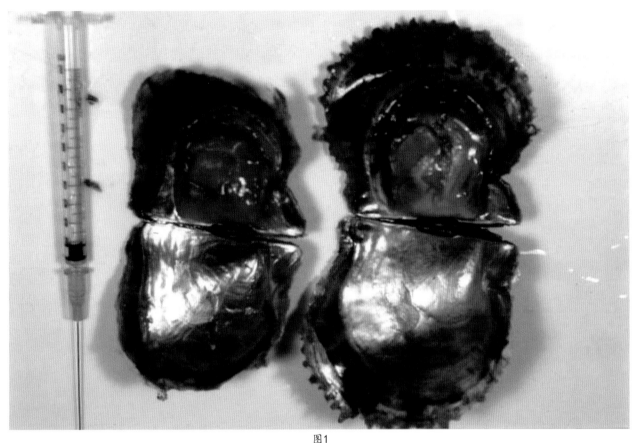

图1

图2

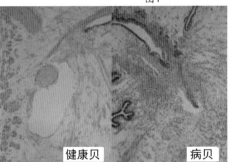

图3

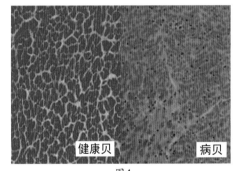

图4

在养殖珍珠的日本西部地区，1996年开始发生伴随软体部变红的珠母贝的大量死亡病例，给珠母贝养殖业和珍珠养殖业的经营单位带来了严重的影响。该病发生是从夏天开始到秋天，使软体部，特别是使闭壳肌着色成赤褐色，其后珠母贝急剧衰弱死亡。低水温期闭壳肌的着色变浅，向恢复方向发展。

【症状】

肉眼可见患病珠母贝软体部特别是闭壳肌的赤褐色着色，软体部全部萎缩（图1、图2）。在变红的珠母贝的组织可以确认外套膜以及闭壳肌的特征性病变。在外套膜的结缔组织可以发现伊红染色良好的纤维成分多的结缔组织，或可能是浸润来的大量血细胞。另外，临近外套神经的外套动脉血管壁断裂，病情严重的个体，血管构造模糊不清（图3）。在闭壳肌的肌纤维间，包含有大量血细胞的结缔组织显著发达（图4）。

【病因】

该病明显表现为滤过性病原体感染症（也有因某种特定病毒引起的感染症的说法），尚未确定其致病病原体。

【对策】

使用紫外线杀菌后的海水饲养人工采集的种苗，并进行隔离饲育，可以防止这种疾病的发生。只有一部分养殖场能够实施这种方法。此外，已经明确在冬季13℃以下的海域进行2个月以上的低水温饲育，可以明显减少由该病引起的死亡。通过选择育种和与外国产的珠母贝杂交，日本正在开展"不易死亡的珠母贝"的开发工作，利用这些方法，养殖场的死亡率近几年正在持续下降。

（山下浩史）

由同样病因引起的出现类似症状的其他鱼种
尚不清楚